by Gosy.Q

精彩实例 工业造型设计 —— 绘制手表 ◉ 第3章 绘制手表

by 飞乐无限

by jnlilin

多米诺自由学丛书

CorelDRAW X4
多米诺自由学

崔飞乐 张予 编

化学工业出版社

·北京·

本书采用图文并茂的形式来进行讲解，语言通俗易懂，作者在对每一个知识点讲授的同时都精心地设计了相应的操作实例，方便读者灵活、准确、全面地掌握所学知识。

本书由浅入深地讲解了形状编辑类工具、裁剪工具、曲线类工具、绘图类工具、交互式工具、文本类工具、填充类工具以及常用的菜单命令，内容全面，结构严谨，版式活泼。其中，每个工具组里所包含的小工具都附有小型案例进行说明，在每个工具组的最后则以大型的案例来详细剖析此工具组的作用，深入介绍了 CorelDRAW X4 的主要功能与使用，包括 CorelDRAW X4 的新功能和特性、绘制基本形状、图形的操作、曲线调节、增强的文本功能、位图高级处理、透视与变形等内容。

本书区别于市场上同类 CorelDRAW 教学用书，在介绍基本工具使用的同时，还着重分析了 CorelDRAW 在实际工作当中的一些应用技巧及经验，是一本不可多得的好书。

随书附赠的配套光盘中附有相应的实例文件，以方便读者理解和掌握所学知识。

本书可作为高等院校的教学用书，也可作为 CorelDRAW 初、中级用户和 CorelDRAW 图像设计爱好者的自学参考书。

图书在版编目（CIP）数据

CorelDRAW X4 多米诺自由学/崔飞乐，张予编. —北京：化学工业出版社，2009.1
（多米诺自由学丛书）
ISBN 978-7-122-03870-8
ISBN 978-7-89472-015-3（盘号）

Ⅰ. C⋯ Ⅱ. ①崔⋯ ②张⋯ Ⅲ. 图形软件，CorelDRAW X4 Ⅳ. TP391.41

中国版本图书馆 CIP 数据核字（2008）第 160069 号

策划编辑：王思慧　孙　炜　　　　　　　　装帧设计：尹琳琳
责任编辑：瞿　微　张素芳

出版发行：化学工业出版社（北京市东城区青年湖南街 13 号　邮政编码 100011）
印　　刷：大厂聚鑫印刷有限责任公司
装　　订：三河市延风印装厂
787mm×1092mm　1/16　印张 26 1/2　彩插 1　字数 635 千字　2009 年 1 月北京第 1 版第 1 次印刷

购书咨询：010-64518888（传真：010-64519686）　　售后服务：010-64518899
网　　址：http://www.cip.com.cn
凡购买本书，如有缺损质量问题，本社销售中心负责调换。

定　　价：48.00 元(含 1CD-ROM)　　　　　　　　　　版权所有　违者必究

丛 书 序

丛书介绍

《多米诺自由学丛书》将引导读者进入艺术美学领域的数码世界，领略主流软件的强大功能，在这里会学到如何掌握软件操作要领，如何便捷地完成效果命令，如何将软件的功能与实例相结合，同时还能学到不同软件所对应行业的相关知识、美术基础知识等。书中采用"多米诺"教学理念将知识点按功能分类，供读者有选择地学习，以提高效率。本书编排了大量精美实用的例子，以帮助读者更快、更好地学习。

丛书定位

1. 软件版本的定位

《多米诺自由学丛书》全部采用最新版本的软件。

最新版本的软件不仅对老版本的BUG（问题）加以修正，拥有更先进的功能，还有更广泛的兼容性，这些对读者的学习和日后的使用都有很大的帮助。

2. 教学理念的定位

《多米诺自由学丛书》采用了"多米诺"教学理念。

多米诺骨牌是一种高自由度的棋牌形式，其自由灵活的搭配方式受到世界各地人的喜爱，本套丛书就是引入了多米诺这种"自由灵活"的特点作为教学理念。作者将知识点按功能分类，让读者对每一类知识点自由地、有选择地学习，学习对自己有用的知识点，舍弃不需要的知识点，以节省时间，提高学习效率。

读者对象

《多米诺自由学丛书》以入门和实用为主，是面向软件初中级用户的教程。本套丛书版面活泼、清晰，讲解深入浅出，通俗易懂，图文并茂，具有很强的可读性，是艺术专业类学生及初、中级用户理想的自学教材。

结构安排

《多米诺自由学丛书》在结构上采用"一对一"的方式安排，即一个知识点对应一个例子，在每一章的最后基本都会讲解一个综合的例子。通过这种结构方式，读者可以更清楚地掌握每章节的讲述规律，更快捷地拟订自学计划。

近期出版的图书

《多米诺自由学丛书》最近即将出版的图书涉及的软件有 CorelDRAW、Illustrator、Photoshop、Flash、InDesign 等，后续还将分批出版介绍其他软件应用的图书供读者选购。

《多米诺自由学丛书》由友基科技数码艺术顾问，插画中国教材编委会委员张予任技术监制。

张 予

2008 年 8 月

前　　言

　　CorelDRAW 是 Corel 公司屡获殊荣的一款软件，其应用范围非常广泛。Corel 公司于 2008 年 1 月 23 日发布了 CorelDRAW X4 英文版，同年 8 月份，发布了官方简体中文版。这是一个全新的版本。在 CorelDRAW X4 中，之前最让用户头痛的颜色管理系统得到了优化和改进，新的文本格式实时预览功能和新增的表格工具更是令 CorelDRAW X4 如虎添翼。CorelDRAW X4 丰富的工具，可以将用户的任何想法都表现得淋漓尽致。

　　本书案例非常丰富，涉及 CorelDRAW X4 中较难使用的网格填充技法、DM 的制作流程、工业产品设计等，更重要的是本书将 CorelDRAW X4 的功能进行了全面剖析，可以使初学者快速上手。相信看过本书的朋友，一定会对 CorelDRAW X4 爱不释手。使用 CorelDRAW X4 从此不再存在版本兼容上的问题，另外，软件的稳定性大大增强，提高了工作效率。

　　全书主要以 CorelDRAW X4 软件功能详细剖析与案例相结合的方式进行讲解，在操作过程中更注重软件的技巧性和实用性，是一本不可多得的技术宝典。

　　本书内容新颖、实例丰富，CorelDRAW X4 初学者可以使用本书进行全面、系统的学习，同时，中级用户可以从中学习到很多宝贵的经验技巧，对于高级爱好者，本书更像是一本用户手册，可以温故而知新。

　　特别感谢曲云涛和李麟老师为本书提供精彩的案例文件。

　　如果您在使用本书的过程中遇到问题，可登陆多米诺自由学丛书的配套网站（www.2dtalk.com）与笔者进行交流。

编　者

2008 年 10 月

目　录

第4章 增强的文本功能

第 1 章　CorelDRAW X4 入门基础

欢迎来到 CorelDRAW X4 的精彩世界。本章主要介绍 CorelDRAW X4 的一些基本知识，包括 Corel 公司简介、CorelDRAW 的发展历史以及最新版 CorelDRAW X4 的一些新功能和新特性，帮助您快速步入 CorelDRAW 的设计殿堂。

CorelDRAW 是一款基于矢量的绘图与排版设计软件。CorelDRAW X4 是 Corel 公司推出的最新版本，几乎达到了无法挑剔的地步，用它可轻松地绘制和创作各种专业级的美术作品。从简单的商标到复杂的大型多层图，使用 CorelDRAW X4 均可轻松完成制作。其应用范围小至街头的喷绘小店，大至跨国广告机构，案例涉及彩页画册、平面广告设计、工业表现、包装、海报招贴、标志 LOGO、VI、插画、报刊等各种形式。

1.1　Corel 公司简介及 CorelDRAW 发展历程

1.1.1　Corel 公司简介

Corel 公司成立于 1985 年，由 Michael Cowpland 博士创立。总部设立于加拿大安大略省渥太华市。经过 22 年的发展，Corel 公司现在已是全球排名前十位的软件包生产供应商。作为知名的设计软件公司，Corel 公司产品的销售覆盖世界 75 个国家和地区。Corel 公司的产品主要分为 3 个类别：图形设计软件、办公软件和数字媒体软件。

Corel 公司现有员工 700 名，致力于以用户为中心的产品开发。并不断地通过产品兼并，来扩大产品的覆盖领域和向广大的用户提供更加全面的解决方案。

CorelDRAW 作为图形设计软件的代表，以其杰出和革新的特性赢得了长期的声誉和用户的赞赏。

1.1.2　CorelDRAW 的发展历程

1. CorelDRAW

1989 的春天，CorelDRAW 正式面世，它当时是专为 Microsoft 公司而制作的，以今天的眼光来看，还颇为原始。一年后，Corel 公司开发出了内含滤镜、能兼容其它绘图软件的 CorelDRAW 1.01，可在配置有 40MB 硬盘和 2MB 内存的 IBM 286 个人电脑上运行。

2. CorelDRAW 2

CorelDRAW 2（如图 1-1 所示）于 1991 年秋季正式推出，它提供了多个从未在任何绘图软件中出现过的非常先进的增强功能，包括封套、混色留影、立体和透视等。

3. CorelDRAW 3

1992 年，伴随 Microsoft Windows 3 的发布，Corel 公司发布了第一个图形设计套装软件 CorelDRAW 3（如图 1-2 所示），第一次在电脑绘图软件领域提供了极有竞争力的价格和 All-in-one 的一体化解决方案。

虽然 CorelDRAW 和 CorelDRAW 2 都在绘图软件业界树立了新标准，但 CorelDRAW 3 才是主要里程碑，它是今天功能齐全的绘图组合式软件的始祖，也是第一套专为 Microsoft Windows 3.1 而制作的绘图软件包。CorelDRAW 3 包括了 Corel PHOTO-PAINT、CorelSHOW、CorelCHART（自 3D Graphics 购入）、Mosaic 和 CorelTRACE。Corel 是首家推广光盘技术的软件公司之一，当 CorelDRAW 3 推出时，Corel 公司把光盘和磁盘一并包装出售。

图 1-1　CorelDRAW 2

图 1-2　CorelDRAW 3

4. CorelDRAW 4

CorelDRAW 4（如图 1-3 所示）于 1993 年 5 月推出，Corel PHOTO-PAINT 和 CorelCHART 的程序代码经过整理，在外观和感觉上都紧贴 CorelDRAW。此外，CorelDRAW 开发部门扩展成为更专门的开发小组，专注发展个别的应用程序。

5. CorelDRAW 5

CorelDRAW 5（如图 1-4 所示）于 1994 年 5 月推出，被公认为是第一套功能齐全的绘图和排版软件包，该版本包括了之前版本所有的应用程序和实用程序，以及广受欢迎的 Ventura 桌面排版应用程序。

6. CorelDRAW 6

1995 年 Corel 公司的 CorelDRAW 6（如图 1-5 所示）和 Microsoft 公司的 Windows 95 同时推出。Windows 95 是第一个 32 位的操作系统。CorelDRAW 6 是首套专为 Microsoft Windows 95 而制作的绘图软件包，再度跨越当时绘图软件开发的界限，充分利用 32 位元的能力，提供用于三维动画制作和描绘的新应用程序，以及用于商业和多媒体简报制作的 Corel PRESENTS。

图 1-3 CorelDRAW 4

图 1-4 CorelDRAW 5

7. CorelDRAW 6 苹果版

1996 年，Corel 公司为苹果电脑用户开发了第一套图形设计套装软件 CorelDRAW 6 Suite for Power Macintosh（如图 1-6 所示）。在收购著名商务应用系列软件 WordPerfect 以后，Corel 公司又成为办公自动化软件市场里的主要力量。之后，公司又慎重地强化了该产品线，使得该软件的生产率更高。

图 1-5 CorelDRAW 6

图 1-6 CorelDRAW 6 苹果版

8. CorelDRAW 7

1996 年 10 月，Corel 公司正式推出 CorelDRAW 7（如图 1-7 所示），这是首套充分利用 Intel MMX 技术的软件包。专为 Windows 95 和 Windows NT 而制作的 CorelDRAW 7 开始在应用程序中整合 Corel PHOTO-PAINT 程序，提供了一个更顺畅的制作环境。

9. CorelDRAW 8

Corel 公司在 1998 年推出了在应用程序中整合了三维技术的 CorelDRAW 8（如图 1-8 所

示）。除了目前这个充分利用 MMX 技术的版本外，Corel 公司还计划推出一个可充分利用 Digital Electronic Corp.新 Alpha 芯片技术的版本。此外，公司于 1998 年初推出 Macintosh 版的 CorelDRAW 8，该版本的 CorelDRAW 8 具备与 Windows 版的 CorelDRAW 8 同样的功能和文件兼容性。同年，CorelDRAW 8 被 Macintosh 评为用户消费奖。

图 1-7　CorelDRAW 7

图 1-8　CorelDRAW 8

10．CorelDRAW 9

1999 年 5 月，Corel 公司发布 CorelDRAW 9 Graphics Suite（如图 1-9 所示），即刻获得为数众多的著名的奖项和独特的荣誉——用来设计新欧元的硬币。CorelDRAW 已经毫无疑问地奠定了其世界第一 PC 图形设计软件的地位。

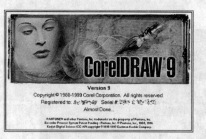

图 1-9　CorelDRAW 9

Corel 公司是在 1998 年 CorelDRAW 8 中文版发布后，因为市场收效不理想而离开中国内地市场的，但是整个大陆市场的业务并没有停止。另一方面国内仍然有正版 CorelDRAW 的市场需求，于是就有部分公司通过不同渠道，从海外购买 CorelDRAW 来国内销售。

Corel 公司并没有制作 CorelDRAW 9 简体中文版，而是一家非常著名的软件公司自行对 CorelDRAW 9 英文版进行了"硬"汉化，然后推出了简体中文版。但 Corel 公司从来没有承认过这个版本的合法性，并且不对汉化过程中导入的任何错误负责。

在 CorelDRAW 9 简体中文版的具体使用过程中，很多用户发现了不少问题。其中最严重的是，用该简体中文版制作的文件，不能和更高版本的软件兼容，只能兼容包括 CorelDRAW 8 之前版本制作的文件。这就给使用 CorelDRAW 9 简体中文版的用户在输出文件和文件交流上造成了巨大麻烦。

11．CorelDRAW 10

2000 年 8 月 29 日，Corel 公司终于揭开了 CorelDRAW 10（如图 1-10 所示）的神秘面纱，该版本软件给设计师提供了矢量动画、页面设计、网站制作、位图编辑和网页动画等多种功能。据 Corel 公司宣称 CorelDRAW 10 将极大地提高专业设计人员工作效率。无论是制作印刷品、网站还是跨媒体的作品，CorelDRAW 10 卓越的功能都将鼓舞艺术家的创造力。

2001 年，Corel 公司公布其新战略。CorelDRAW 10 获得《个人电脑》编辑选择奖。

12. CorelDRAW 11

2002 年，Corel 公司发布了 CorelDRAW 11（如图 1-11 所示），单独推出了面向专业用户的 Procreate 系列产品。

在 CorelDRAW 11 这个基于矢量的图形程序中增加了许多新的特性。其中提供了对特征符的支持，可在特定的对象中使用特征符，使创建的文件更小。新增的 Library Docker 面板可供用户管理这些特征符。点阵图形软件 PHOTO-PAINT 11 也有重大变化。该软件有漂亮的用户界面，这种界面更直观，其色标和菜单项都作了重新安排，还有带高级模式的可感知上下文的简化属性条，可防止界面混乱，同时，PHOTO-PAINT 还增加了对 JPEG 2000 格式的支持。R.A.V.E 在这个版本里面也将有令人耳目一新的变化。

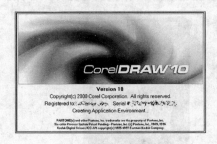

图 1-10　CorelDRAW 10

图 1-11　CorelDRAW 11

13. CorelDRAW 12

2004 年 2 月中旬，Corel 公司发布了 CorelDRAW 12（如图 1-12 所示），CorelDRAW 12 的新增特性和功能以及智慧型工具将帮助用户有效地提高工作效率。

"CorelDRAW 12 是因为杰出和革新的特性，为 CorelDRAW 图像程序赢得了一个长期的声誉。这套新程序包超越了以往人们看到的任何图像程序的水平。"世界市场的首席执行官 Brett Denly 如此评价该软件。

2005 年，Corel 公司正式来到了中国，为广大的中国用户带来了业界领先的软件产品。Corel 公司希望在今后可以为中国用户提供更多更好的软件产品和服务。

14. CorelDRAW X3

2006 年 1 月 21 日，Corel 公司推出了 CorelDRAW X3（如图 1-13 所示）的英文版本。CorelDRAW X3 增加了 40 种新的特性，在超过 400 种性能方面进行了增强，例如，Corel PowerTRACE 可以将位图转化为矢量图形。CorelDRAW X3 在图片编辑方面增加了许多新的特性和新的学习工具，在插画和页面布局方面也进行了加强。同时保留了原有的图形转换以及文字版式等。

2007 年 7 月 28 日，Corel 公司正式推出 CorelDRAW X3 简体中文版。

图 1-12　CorelDRAW 12

图 1-13　CorelDRAW X3

15. CorelDRAW X4

2008 年 1 月 23 日，Corel 公司正式推出了 CorelDRAW X4 英文版（如图 1-14 所示）。

图 1-14　CorelDRAW X4

1.2　CorelDRAW X4 的新功能及特性

　　CorelDRAW X4 在性能上有很大地提升，其运行速度明显优于 CorelDRAW X3，稳定性也得到了很大的提高，有关版本不兼容的问题已经在 CorelDRAW X3 中得到了完美的解决。

1.2.1　新增和改进的功能

　　如图 1-15 所示，凹显的菜单命令即为 CorelDRAW X4 较 CorelDRAW X3 新增或改进的功能。

　　安装 CorelDRAW X4 后，整个 CorelDRAW 文件夹的大小达到了 615M，这是因为安装目录下包含了安装备份文件，这些备份文件是 Corel 公司为防止安装文件损坏而制作的，其大小为 310M，去除这些备份文件，CorelDRAW X4 比 CorelDRAW X3 安装后的文件体积增大了 49M。

图 1-15　新增和改进的功能

1.2.2　字体实时预览功能

当在【字体】下拉列表中选择不同的字体和对字体应用字符格式化或段落格式化时，段落文本中的字体格式将会以预览方式供用户查看，如图 1-16 所示。这一新增的功能大大提高了用户的工作效率。

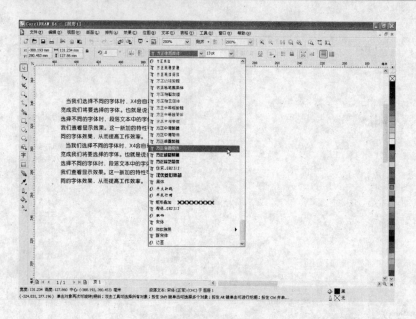

图 1-16　字体实时预览

1.2.3　字体识别功能

当用户遇到不认识的字体时，可以单击菜单栏中的【文本】→【这是什么字体】命令，将不认识的字体框选，然后单击，CorelDRAW X4 会自动联网搜索相关目标字体，并打开网页供用户参考，如图 1-17 所示。

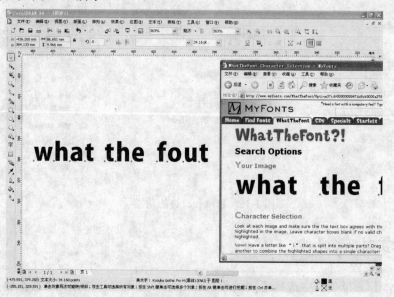

图 1-17　字体识别功能

1.2.4 页面无关层控制和交互式工作台控制

用户可单独对多页面中的一页进行参考线和出血位的控制，也可以运用【对象管理器】泊坞窗中的【主页面】进行参考线和图像的页面共享处理。操作方法如下。

（1）单击菜单栏中的【窗口】→【泊坞窗】→【对象管理器】命令，弹出【对象管理器】泊坞窗。

（2）直接将页面中的任一图像拖放到【对象管理器】泊坞窗的【主页面】列表中即可。例如，要把页面1中的图像共享，可以直接拖动页面1中的图像到【主页面】列表中即可，如图1-18所示。

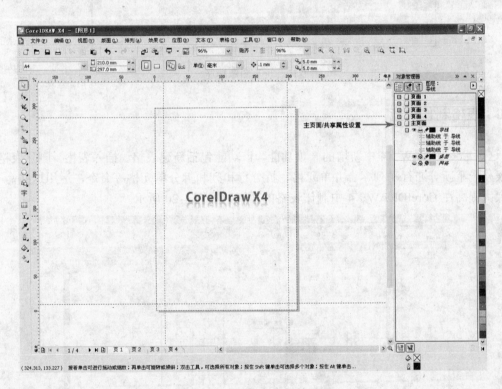

图 1-18 主页面共享属性设置

1.2.5 矫正图像功能

这是 CorelDRAW X4 中新增的一项功能，单击菜单栏中的【位图】→【矫正图像】命令，可以校正照片的水平和垂直度，如图1-19所示。

图 1-19　矫正图像功能

1.2.6　表格制作功能

这是 CorelDRAW X4 中新增的一项功能，该功能包括新建表格、插入表格、删除表格、选定表格、重新分布行和列、合并单元格、拆分行和列和拆分单元格等命令，运用这些命令可以大大提高在 CorelDRAW X4 中制作表格的效率，如图 1-20 所示。

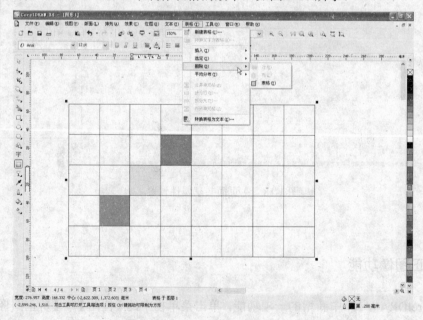

图 1-20　表格制作功能

1.2.7 新的界面

CorelDRAW X4 的界面相比之前的所有版本也焕然一新，工具箱中的工具改成了竖式排列方式，不同的工具后面都标注了文字说明，可以大大方便初学者上手。

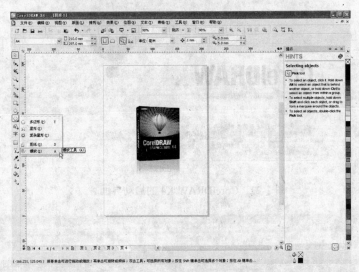

图 1-21 新的界面

1.3 CorelDRAW X4 的系统配置

CorelDRAW X4 的推荐系统配置如下。

- 操作系统：Windows XP SP2（安装最新补丁）。
- CPU：赛扬 3.0 或 AMD3000+以上。
- 内存：512MB 或更高。
- 硬盘：40GB 或更高。
- 显示器：1024×768 或更高。
- 驱动器：DVD-ROM。

1.4 CorelDRAW X4 界面

1.4.1 启动界面

CorelDRAW X4 的启动界面又回到了最初的热气球界面，简洁漂亮，如图 1-22 所示。启动后的默认界面如图 1-23 所示。

图 1-22　CorelDRAW X4 的启动界面

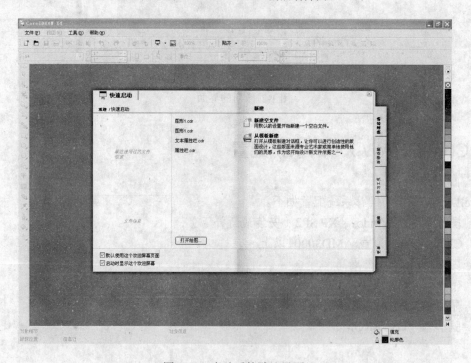

图 1-23　启动后的默认界面

1.4.2　工作界面

CorelDRAW X4 工作界面相比 CorelDRAW X3 在视觉上显得更为柔和、专业，如图 1-24 所示。

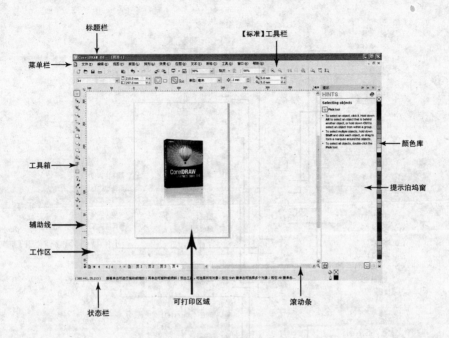

图 1-24　CorelDRAW X4 的工作界面

- 标题栏：主要用于显示当前程序名称。
- 菜单栏：主要用于显示所有菜单。
- 【标准】工具栏：主要用于显示常用操作按钮。包括新建或打开文件、复制、粘贴、导入、导出等。
- 工具箱：CorelDRAW X4 的核心部分，主要包括形状编辑类、曲线调节类、文本类、填充和交互式工具等。
- 辅助线：主要用于辅助设计，使图像更加精确。
- 工作区：是工作的主要区域。
- 状态栏：主要用于显示当前的操作信息。
- 可打印区域：只打印此区域内的对象，在此区域外的对象都不在打印范围之内。
- 滚动条：有水平和竖直两种滚动条，主要用于移动画面。
- 颜色库：可以对闭合的矢量对象进行颜色填充。
- 提示泊坞窗：辅助用户工作，被称之为"CorelDRAW 小帮手"，可以帮助用户发现一些平时很难接触到的小技巧。

1.4.3　工具箱

CorelDRAW X4 的工具箱中的工具数量达到了目前 CorelDRAW 家族之最，如图 1-25 所示。

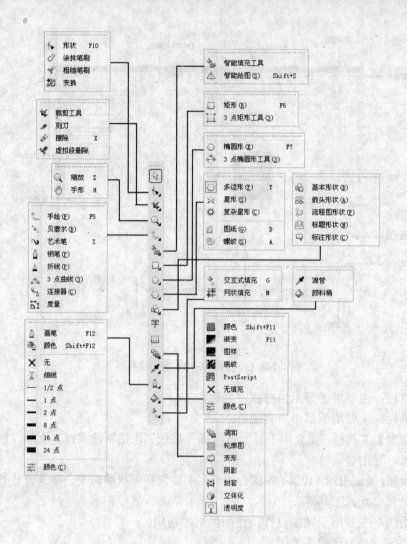

图 1-25　工具箱

1.5　CorelDRAW X4 的优化

通过对 CorelDRAW X4 的优化，可以大大提高 CorelDRAW X4 的运算效率和运行速度。主要通过【选项】对话框来对 CorelDRAW X4 进行优化。

1. 取消声效

按<Ctrl>+<J>键，打开【选项】对话框，在【工作区】下的【常规】选项界面中取消【启用声效】复选框的勾选（如图 1-26 所示）。在【常规】选项界面中还可以设置 CorelDRAW X4 启动后的默认设置，如欢迎屏幕、新建文件、打开文档等。

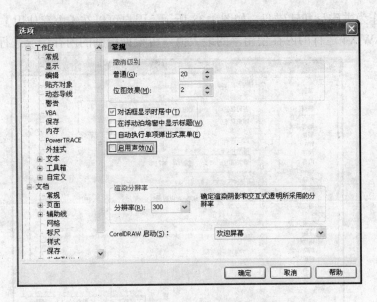

图 1-26　取消【启用声效】复选框的勾选

2．设置自动备份

有很多用户反映在使用 CorelDRAW X4 的过程中容易死机，这是因为 CorelDRAW X4 的系统默认每 20 分钟进行自动备份，用户可以在【选项】对话框的【保存】选项界面中进行设置，如图 1-27 所示。

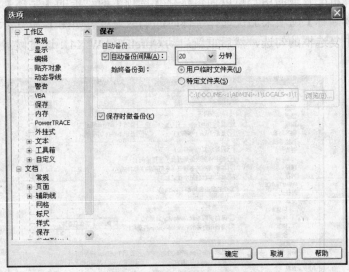

图 1-27　设置自动备份

3．设置内存

这是最重要的一项优化措施，主磁盘和辅磁盘主要用来交换数据，建议将剩余空间最大的两个磁盘作为主磁盘和辅磁盘，如图 1-28 所示。用户可以在【内存使用】选项组中设置支持 CorelDRAW X4 运行的内存使用率的最大值，可根据电脑的内存情况进行合理设置。

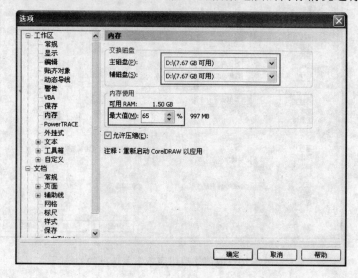

图 1-28　设置内存

4．优化字体预览速度

很多用户抱怨 CorelDRAW 在选择字体的时候响应速度较慢，尤其是增加了字体实时预览效果后。计算机配置低的用户可以通过优化【选项】对话框的【字体】选项界面中的【使用字体显示字体名称】选项来加快选择字体时的响应速度。如图 1-29 所示，取消【使用字体显示字体名称】复选框的勾选，然后重新启动 CorelDRAW X4，这时候字体的响应速度是不是快了很多。

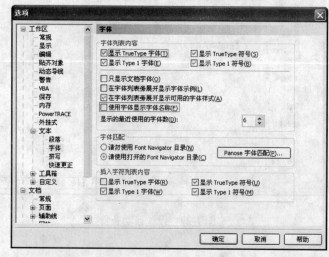

图 1-29　取消【使用字体显示字体名称】复选框的勾选

1.6 基本概念

1.6.1 矢量图与位图

1. 矢量图

矢量图又称为向量图形。矢量文件中的图形元素称为对象，每个对象都是一个自成一体的实体，它具有颜色、形状、轮廓、大小和屏幕位置等属性，不存在像素的概念。可以对它任意地进行放大或缩小，而不用担心它的质量会有所下降。

2. 位图

位图又被称为点阵图，它是由很多像素组成的，每个像素都附有不同的颜色值，当将位图图像放大到一定比例时，画面上会出现各种颜色的小方块。可以通过调节亮度、饱和度和色相来调节整张图片的颜色信息。位图的主要优点是显示效果逼真、丰富，缺点是不能无限放大或缩小。

矢量图与位图的区别如图 1-30 所示。

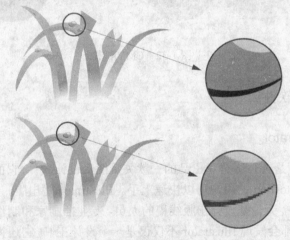

图 1-30 矢量图（上）与位图（下）的区别

1.6.2 色彩模式

1. RGB 模式

RGB 模式中的 R 代表红色（Red），G 代表绿色（Green），B 代表蓝色（Blue），如图 1-31 所示。这 3 种不同的颜色叠加在一起，就组成了丰富多彩的颜色。电脑显示器、彩色电视、网页上的图片等的色彩模式都是 RGB 模式。RGB 模式是基于 3 种基色光的混合原理，将红（R）、绿（G）和蓝（B）3 种基色按照从 0～255 的色值在每个色阶中分配，当不同亮度的基色混合后，便会生成约 1670 万种颜色。

图 1-31　RGB 模式

2. CMYK 模式

CMYK 模式中的 C 代表青色，M 代表洋红，Y 代表黄色，K 代表黑色，如图 1-32 所示。这种色彩模式主要用于印刷，C、M、Y、K 分别代表 4 种不同的油墨。CMYK 按照从 0～100 的色值将颜色进行调配，可以生成符合印刷要求的各种颜色。

图 1-32　CMYK 模式

1.6.3　常用矢量软件

1. Adobe Illustrator

Adobe Illustrator 是 Adobe 公司出品的一款矢量图形设计软件，它的操作界面与 Photoshop 相似，经常使用 Photoshop 的用户可以快速上手。Illustrator 是出版、多媒体和在线图像的标准矢量图形设计软件。无论是设计出版线稿的人员、专业插画家和制作多媒体图像的艺术家，还是网页的制作者，都会发现 Illustrator 不仅仅是一个设计工具，它还为线稿提供精度和控制，适合进行小型设计和复杂的大型项目的设计。

作为全球著名的图形软件之一，Illustrator 以其强大的功能和友好的界面已经占据了全球矢量图形编辑软件中的大部分份额。据不完全统计，全球有 67%的设计师在使用 Illustrator 进行艺术设计，尤其基于 Adobe 公司的 PostScript 技术的运用，Illustrator 已经完全占领专业的印刷出版领域。

随着网络技术的不断发展，Adobe 公司也不断调整产品的发展方向，而 Illustrator CS3 的诸多新的功能大大强化了它在图形图像设计领域中的地位。

该软件的最新版本为 Adobe Illustrator CS3，如图 1-33 所示为 Adobe Illustrator CS3 的启动界面。

图 1-33 Adobe Illustrator CS3 启动界面

2．CorelDRAW X4

CorelDRAW 是一款屡获殊荣的软件，被广泛地应用在图形图像、工业设计和页面设计领域。CorelDRAW 以易上手，功能强大为众多的设计公司所使用。每年 Corel 公司举办的设计大赛中的作品精美程度也达到了令人难以想象的程度，如图 1-34 所示。

3．FreeHand

Freehand 是一款与 Illustrator 和 CorelDRAW 齐名的矢量图形设计软件，无论您是要做机械制图、插画设计还是要绘制建筑蓝图，无论是想制作海报招贴、还是想实现广告创意，Freehand 都是一款强大、实用而又灵活的利器。

Freehand 原属于 Macromedia 公司，后来被 Adobe 公司收购，因此在 2007 年 Adobe 公司终结了 FreeHand，至此 FreeHand 走了 19 年已到了尽头。为了把用户全面吸引到 Illustrator 上，Adobe 除向原 FreeHand 提供"移植向导"的价格优惠政策之外，Adobe Illustrator 还在新版本中也提供 FreeHand 独有功能和支持 FreeHand 文件导入。

图 1-34 1997 年的头奖作品《明星——海迪·拉玛》

而事实上由于 Adobe Illustrator 对 Freehand 文件导入等支持，稳定了大批 Freehand 老用户，特别是在苹果机上的专业设计用户大部分还是选择使用 Freehand，而 Adobe 公司也没有最后明确终结 Freehand！

该软件的最新版本为 Freehand MX，如图 1-35 所示为 Freehand MX 的启动界面。

4．Xara Xtreme

Xara Xtreme 是英国矢量图形软件公司 Xara 开发的矢量图像设计软件，可以用于绘图、处理图像、制作 WEB 图形，具有制图速度快、软件体积小、界面美观等特点，被誉为"世界上速度最快的绘图软件"。

Xara Xtreme 分为两个版本，一个为 Xara Xtreme 普通版，一个为 Xara Xtreme PRO 版，相比前者，后者的功能更全面一些，该软件的最新版本为 Xara Xtreme 4.0，如图 1-36 所示为 Xara Xtreme PRO 4 启动界面。

图 1-35　FreeHand MX 启动界面　　　　　　图 1-36　Xara Xtreme PRO 4 启动界面

Xara Xtreme 具有以下特点。

- 启动速度和运行速度快，文件体积小。
- 优秀的抗锯齿能力，实时的防混淆抗假信号、透明度、现实的影子实现、使效果成为斜面等。
- 一款简单但功能强大的图像处理软件，可以用于绘画处理和修饰画作。
- 优秀的网页制作能力。用户可以画一个按钮放到自己的网页上面，然后再让它们动起来，或者从一个视频中截取一段，然后把它们转换成 GIF 等。
- 最最实用的羽化功能，这点就连最新的 CorelDRAW X4 也难超越。
- 新版本的 Xara Xtreme 4.0 引入了 Xara 3d 中最优秀的 3D 功能。
- 支持中文输入。

如图 1-37 所示为使用 Xara Xtreme 绘制的作品。

5．DrawPlus

DrawPlus 是 Serif 公司出品的一个以向量绘图为基础的软件，具有向导和支持拖放的特色，可以轻松做出理想的作品，此外还支持 PostScript CMYK 分色输出、网页图片分割及影像地图等许多功能，适用范围非常广泛，该软件的最新版本为 DrawPlus X2。

DrawPlus 自 DrawPlus8 版本开始支持中文输入，它具有优秀的透明和（网格）填充功能，简洁友好的界面，非常适合熟悉 CorelDRAW 和 Illustrator 的用户上手。

如图 1-38 所示为 DrawPlus8 默认启动界面，如图 1-39 所示为运用 DrawPlus 绘制的插图作品。

图 1-37　Xara Xtreme 作品

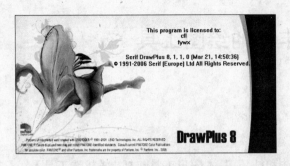

图 1-38　DrawPlus8 默认启动界面

图 1-39　DrawPlus 作品

第 2 章 丰富的绘图工具

2.1 基本图形工具

本节主要介绍基本图形工具的使用方法和技巧,基本图形工具包括 ▷【挑选工具】、◯【缩放工具】、🖐【手形工具】等,掌握这几种工具的使用方法,对后续学习将会有很大的帮助。

2.1.1 挑选工具

▷【挑选工具】主要用来选取图形和图像。当选中当前一个图形或图像时,可对其进行旋转、缩放等操作。当要选择多个图形时,可在激活 ▷【挑选工具】的状态下框选所需要的图形即可,或者结合<Shift>键来选择。双击 ▷【挑选工具】或者按<Ctrl>+<A>键可全选对象。按住<Shift>键依次单击对象,可逐一取消对对象的选择。

可以通过以下几种方法来执行 ▷【挑选工具】。

- 启动 CorelDRAW X4,新建文件后,系统默认的工具就是 ▷【挑选工具】。
- 单击工具箱中的 ▷【挑选工具】。
- 单击工具箱中的任意工具,再按<Space>键,可在当前任意工具和 ▷【挑选工具】之间进行切换。

1.【挑选工具】属性栏

▷【挑选工具】属性栏如图 2-1 所示,其中各选项功能如下。

- [A4]【纸张类型/大小】:用于设置纸张的类型。可供选择的纸张类型有幻灯片、信纸、公文、连环画、报表、行政用纸、三联单、双面、单面宽幅纸、A0、A1、A2、A3、A4、A5、A6、B1、B4、B5、C3、C4、C5、C6、RA2、RA3、RA4、信封、德式复写簿、德式公文复写簿、日本明信片、日本回邮明信片、名片、网页、WEB 标题等 50 多种。如果以上规格没有适合的,可自定义纸张类型。
- [210.0 mm / 297.0 mm]【纸张宽度和高度】:主要用于修改当前页面尺寸或对象尺寸。在不选择对象的前提下,系统默认修改的是页面尺寸。利用其右侧的上下小箭头可以相应地增加或减小尺寸值。
- [□ □]【纵向】和【横向】:主要用于修改当前页面的方向。当新建文件时,系统默认的是纵向页面,单击 □【横向】按钮则会转换成横向页面。
- [□ □]【设置默认或当前页大小和方向】:用于设置默认或当前页的大小和方向。
- [单位: 毫米]【绘图单位】:用于设置当前文件的绘图单位。该下拉列表中包括英寸、毫米、点、像素、英尺、码、英里、厘米、米、千米、Q、H 等尺寸单位。

- 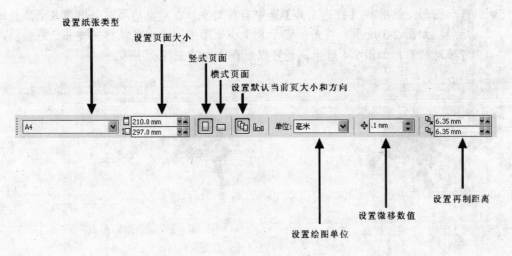 **【微调偏移】**：用于设置微移数值。此选项经常在拼版印刷加角线时使用，具体使用方法是，在不选择任何对象的情况下，在此处设置数值，然后选择当前对象，按方向键进行移动，设置数值越大，移动范围越大；反之，则越小。

- **【再制距离】**：主要配合【编辑】菜单中的【再制】命令使用，用于设置图形与图形之间的再制距离。

图 2-1　【挑选工具】属性栏

2.【挑选工具】状态栏

【挑选工具】状态栏如图 2-2 所示，其中各选项的含义如下。

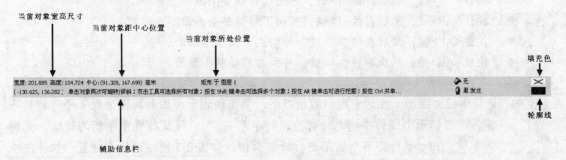

图 2-2　【挑选工具】状态栏

- **【当前对象宽高尺寸】**：显示当前操作对象的宽和高的尺寸。
- **【当前对象距中心位置】**：以中心坐标为准，显示当前对象距中心的位置坐标值。
- **【当前对象所处位置】**：如果当前文件有 3 个图层，而绘制的矩形放置于最顶层，这时候就会显示"矩形于图层 3"。
- **【填充色】**：显示当前图形的填充颜色，无填充色时，系统将显示 ╳ 。
- **【轮廓线】**：显示图形的边线颜色。右击调色板中的 ⊠ 按钮可删除轮廓线；右击调色板中任意颜色块可改变轮廓线的颜色。按<F12>键可弹出【轮廓笔】对话框，在其中可进行详细设置。

- 【辅助信息栏】：针对当前操作工具而显示的一些提示帮助信息。

3. 利用【挑选工具】对图形进行编辑

- 移动图形：使用 ⯑【挑选工具】选中当前对象，在对象的周围会出现 8 个黑色的小矩形，如图 2-3 所示。将光标置于 8 个小矩形中间，按住鼠标左键并任意拖动，即可移动图形，如图 2-4 所示，还可以配合方向键来移动图形。

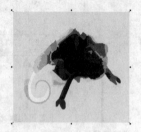

图 2-3　选中图像状态　　　　　　　　　　图 2-4　移动图形状态

TIPS:

- 移动图形时，按住<Shfit>键或<Ctrl>键可左右平移和上下垂直移动图形。
- 按住<Alt>键，然后再按<↑>键，可向上移动整个画面。
- 按住<Alt>键，然后再按<↓>键，可向下移动整个画面。
- 按住<Alt>键，然后再按<←>键，可向左移动整个画面。
- 按住<Alt>键，然后再按<→>键，可向右移动整个画面。

- 旋转和扭曲图形：在选中图形的状态下，单击该图形，图形周围出现 4 个可旋转手柄 ↰，相邻两个旋转手柄之间有拉伸的小箭头 ↔；将鼠标置于手柄的边缘，光标变为 ↻，拖动鼠标即可对图形进行旋转操作，如图 2-5 所示。将光标置于拉伸的小箭头处，可对图形进行扭曲操作，如图 2-6 所示。

- 复制图形：复制图形的方法有 3 种，第 1 种是传统的复制方法，选中图形后按<Ctrl>+<C>键复制，按<Ctrl>+<V>键粘贴图形；第 2 种是选中图形后，按小键盘中的<+>键，即可在当前图形的最前层复制图形；第 3 种是按住鼠标左键，在移动图形的过程中，单击鼠标右键，然后同时松开左右键，即可完成复制图形操作。

- 缩放图形：用 ⯑【挑选工具】选中图形，将光标置于图形四角的位置上光标会变成拉伸状，此时拖曳鼠标，图形就会放大或缩小（如图 2-7 所示）。同时按住<Shift>键，可以以图形中心为基准向图形中间和四周进行缩放。

（a）旋转前状态　　　　　　（b）旋转中状态　　　　　　（c）旋转后状态

图 2-5　旋转图形

（a）扭曲前状态　　　　　　（b）扭曲中状态　　　　　　（c）扭曲后状态

图 2-6　扭曲图形

TIPS:

按住<Ctrl>键可将图形按 15°的比例进行旋转。

（a）缩小图形　　　　　　　　　（b）放大图形

图 2-7　缩放图形

4．制作画框

（1）打开随书光盘"第 2 章/2-1/2.1.1 画框的制作"文件，如图 2-8 所示。

图 2-8　源文件

（2）过程分解如图 2-9 所示。

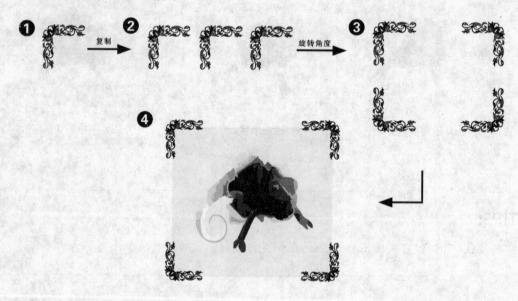

图 2-9　制作过程分解

（3）具体操作步骤如下。

1）启动 CorelDRAW X4，打开源文件。

2）选中边框并复制 3 次。

3）分别将复制的 3 个边框进行旋转操作。

4）组合边框和蜥蜴图片，完成画框制作。

2.1.2　缩放工具

利用 ⌕【缩放工具】（如图 2-10 所示）可以对当前页面中的任何对象进行缩放操作，

CorelDRAW X4 支持的放大比例高达 405651%，在 CorelDRAW X4 里可以观察到任何细微对象的细部特征。

可以通过以下几种方法来执行 🔍【缩放工具】。

● 按<Z>键，可自动切换到 🔍【缩放工具】。

● 单击工具箱中的 🔍【缩放工具】。

● 按<F2>键，也可自动切换到 🔍【缩放工具】。

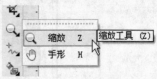

图 2-10　缩放工具

1.【缩放工具】属性栏

如图 2-11 所示为【缩放工具】属性栏，其中各选项的功能如下。

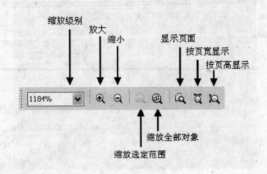

图 2-11　【缩放工具】属性栏

● 900% 【缩放级别】：主要用于设置当前对象的缩放比例，其中包括到合适大小、到选定的、到页面、到页宽、到页高和从 10%～400% 的各种不同的显示比例选项。

● 🔍【放大】和 🔍【缩小】：用于缩放当前窗口。执行 🔍【缩放工具】，按住<Shift>键单击，可缩小窗口。

● 🔍【缩放选定范围】和 🔍【缩放全部对象】：用于缩放选定范围和缩放全部对象。在选定某个对象的前提下，单击左侧按钮，或者按<Shift>+<F2>键，可将选定的对象放大到适合页面大小。单击右侧按钮，或者按<F4>键，可显示当前页面中的所有对象。

● 🔍【显示页面】、🔍【按页宽显示】和 🔍【按页高显示】：用于显示页面、按页宽显示和按页高显示。显示页面即可以显示当前页面中的所有对象；按页宽显示即以页宽为显示标准来显示对象，按页高显示即以页高为显示基准来显示对象。

● 调用【缩放 1:1】命令：按<Ctrl>+<J>键，弹出【选项】对话框，在其中找到【缩放1:1】命令，如图 2-12 所示。拖动该命令至【变焦】工具栏（执行菜单栏中的【窗口】→【工具栏】→【变焦】命令打开）中。

2.　显示比例和显示方式

执行 🔍【缩放工具】后，可以在【缩放工具】属性栏中设置显示比例和显示模式。各种显示比例如图 2-13～图 2-16 所示。

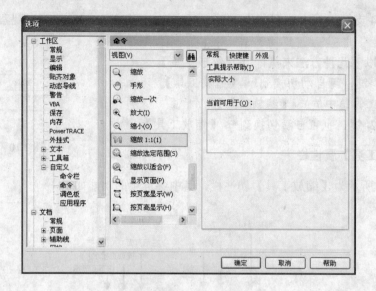

图 2-12　【缩放 1：1】命令位置

图 2-13　100%显示比例

图 2-14　400%显示比例

图 2-15　按页宽显示

图 2-16　按页高显示

任意打开一幅图像，按照所讲述的知识点实践一遍，以了解选择不同的显示比例和显示方式所显示的效果。

2.1.3　手形工具

【手形工具】属性栏与【缩放工具】属性栏基本相同，在此不再赘述。该工具的主要作用是平移窗口，这与在Photoshop 中按<Space>键的作用相同。单击【手形工具】，如图 2-17 所示，此时光标会变成抓手的形状，按住鼠标左键并拖曳，即可查看窗口中的图像。

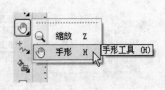

可以通过以下几种方法来执行【手形工具】。

图 2-17　手形工具

- 单击工具箱中的【手形工具】。
- 按<H>键。

打开任意一副图像，配合【缩放工具】，通过使用【手形工具】来查看图像的各个细节。

2.1.4　滴管工具和颜料桶工具

图 2-18　滴管工具和颜料桶工具

【滴管工具】主要用于复制各种属性，它包括轮廓属性、填充属性、文本属性、变换属性、透视属性、封套属性、调和属性、立体化属性、轮廓图属性、透镜属性、图框精确裁剪属性、阴影属性和变形属性。【颜料桶工具】的作用则是填充各种属性至新的对象当中。如图 2-18 所示。

1.【滴管工具】和【颜料桶工具】属性栏

如图 2-19 所示为【滴管工具】和【颜料桶工具】属性栏，其中各选项的功能如下。

- 对象属性 选项：用于选择是否对对象属性或颜色取样。
- 属性 选项：用于选择使用哪个对象属性。允许选择的对象属性包括轮廓、填充和文本。
- 变换 选项：用于选择将要使用的对象变换，包括大小、旋转和位置。
- 效果 选项：用于选择将要使用的样本大小。主要包括透视、封套、调和、立体化、轮廓图、透镜、图框精确裁剪、阴影和变形。
- 示例颜色 选项：用于选择是否对对象属性或颜色取样。
- 样本大小 选项：用于选择将要使用的样本大小。其中包含 3 种示例尺寸，分别为 1×1 像素示例、2×2 像素示例、5×5 像素示例。
- 从桌面选择 选项：用于从桌面取得颜色样本。单击该按钮，可从屏幕中复制一种颜色。

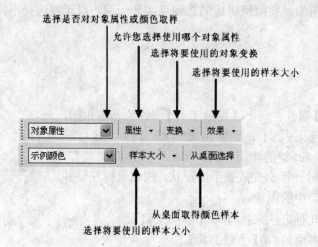

选择是否对对象属性或颜色取样
允许您选择使用哪个对象属性
选择将要使用的对象变换
选择将要使用的样本大小
对象属性
属性
变换
效果
示例颜色
样本大小
从桌面选择
从桌面取得颜色样本
选择将要使用的样本大小

图 2-19 【滴管工具】和【颜料桶工具】属性栏

2. 使用【滴管工具】复制图形属性

CorelDRAW X4 中的【滴管工具】是以属性为前提来复制对象的。当需要复制某一种属性时，直接在【滴管工具】属性栏中设置即可。

以复制如图 2-20 所示的文字立体化属性为例，使用【滴管工具】来复制属性，操作步骤如下。

（1）通过观察文字，会发现其包含以下几个属性：文本、填充、轮廓、阴影。

（2）输入文字“diguangongju”。

（3）单击【滴管工具】，再单击属性栏中的【属性】选项，勾选【文本】、【填充】、【轮廓】复选框；单击属性栏中的【效果】选项，在弹出的下拉菜单中勾选【阴影】复选框，单击【确定】按钮。

（4）在需要复制属性的图形上单击，复制其属性。

（5）单击【颜料桶工具】，在“diguangongju”字样上填充属性，复制成功，如图 2-21 所示。

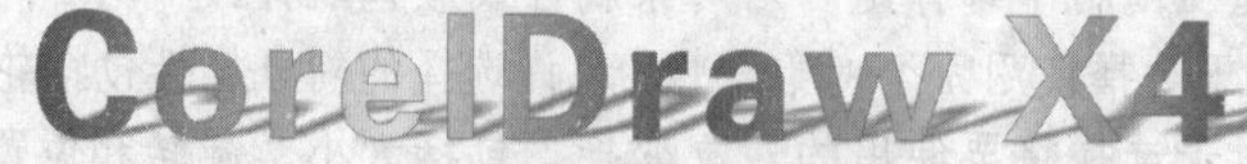

CorelDraw X4

图 2-20 立体化属性

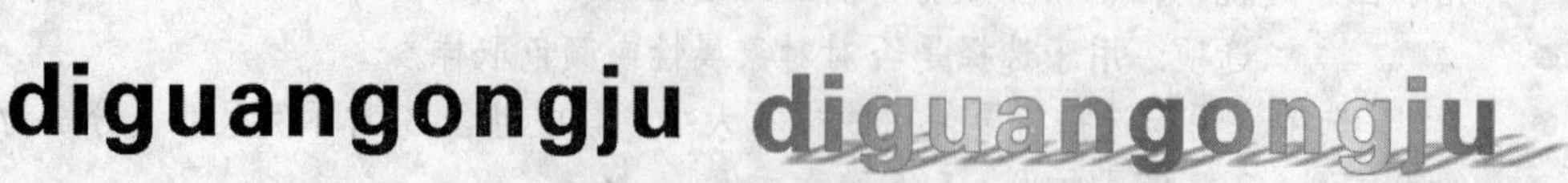

diguangongju
diguangongju

图 2-21 填充属性前后的效果

2.2 形状编辑类工具

　　在这一节中我们主要学习形状编辑类工具的使用和一些图形元素的建立。形状编辑类工具主要包括形状工具、涂抹笔刷、粗糙笔刷、自由变换工具、基本形状、箭头形状、流程图形状、标题形状、标注形状等，通过本节的学习，将使用户更加自如地运用以上工具进行图形创作。形状编辑类工具主要包括以下几种工具，如图2-22 所示。

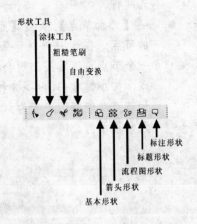

图 2-22　形状编辑类工具组

2.2.1 形状工具

　　【形状工具】是 CorelDRAW X4 中的常用工具之一。利用该工具可以很方便地进行效果流程图的绘制、工业造型、插图设计等。该工具（如图 2-23 所示）主要用于进行节点编辑，熟练地掌握该工具的使用方法，可以使用户很方便地绘制各类复杂的图形。单击该工具，光标会变成，此时即可对所有路径上的节点进行编辑。

　　可以通过以下几种方法来执行 【形状工具】。

● 单击工具箱中的 【形状工具】。

● 按<F10>键。

1.【形状工具】属性栏

　　如图 2-24 所示为 【形状工具】属性栏，其中各选项的功能如下。

图 2-23　形状工具

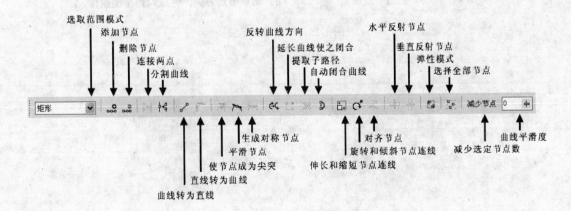

图 2-24　【形状工具】属性栏

● 矩形 【选取范围模式】：用于设定选取的范围。分为矩形选取模式和手绘选取模式两种。

-  【添加节点】和 【删除节点】：用于添加节点和删除节点。在路径上双击可添加节点；在选中一个节点的状态下，按小键盘中的<+>键，可在该节点附近添加另一个节点，连续按，则会连续添加；选中一个节点并在此节点上双击即可删除该节点，按小键盘中的<->键和<Delete>键同样可以删除节点。如图 2-25 所示为使用添加节点功能将图形变为六角星示例。如图 2-26 所示为使用删除节点功能将图形变为六角星示例。

（a）原图

（b）在需要添加节点的位置添加节点

（c）添加节点后

（d）调整节点方向，完成六角星的制作

图 2-25　添加节点示例

（a）原图

（b）删除节点，完成六角形的制作

图 2-26　删除节点示例

- 【连接两个节点】: 用于连接两个节点。用户会经常遇到图形不能填充的问题，这是因为没有形成闭合路径。选中一条路径上的两个未连接的点，单击该按钮可以使两点自动吸附到一起，组成闭合路径，如图 2-27 所示。

（a）连接节点前（非闭合路径）　　　（b）连接节点后（闭合路径）

图 2-27　连接节点前后的效果

- 【分割曲线】: 用于分割曲线，使之不形成闭合路径。该按钮功能与 【连接两个点】按钮相反。
- 【转换曲线为直线】: 用于将曲线转换为直线。
- 【转换直线为曲线】: 用于将直线转换为曲线，进而对曲线的节点、弧度等进行调节。
- 【使节点成为尖突】: 遇到平滑节点的时候单击该按钮，可在当前节点生成两条控制柄，通过拖曳控制柄来达到调节曲线的目的。
- 【平滑节点】: 遇到尖突的节点时，单击该按钮可使尖突节点变得平滑。
- 【生成对称节点】: 单击该按钮，可以使当前节点生成对称的平滑节点。
- 【反转曲线方向】: 当对路径进行调节时，单击该按钮可调节当前控制柄的顺序方向。
- 【延长曲线使之闭合】: 单击该按钮，系统会自动延长两条曲线，使之形成闭合路径。
- 【提取子路径】: 单击该按钮可将结合在一起的两个图形拆分成两个独立的图形。
- 【自动闭合曲线】: 自动闭合两条不相接的曲线，使之成为闭合路径。
- 【伸长和缩短节点连线】: 单击该按钮可以将当前选取的节点之间的线段伸长或缩短，如图 2-28 所示。
- 【旋转和倾斜节点连线】: 单击该按钮，可将当前选中的节点旋转和倾斜。
- 【对齐节点】: 选中需要对齐的节点后单击该按钮，打开如图 2-29 所示的【节点对齐】对话框，其中包括水平对齐、垂直对齐和对齐控制点 3 种对齐命令。

（a）伸长节点间的线段　　　　　　（b）缩短节点间的线段

图 2-28　伸长和缩短节点间的线段

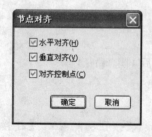

图 2-29　【节点对齐】对话框

- 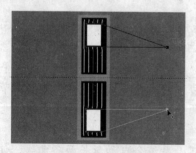 【水平反射节点】和 【垂直反射节点】：这两个按钮主要用于调节成对图形，以导线为基准，在用 【形状工具】选中两个节点的前提下，左右分别有两段路径。在垂直的状态下，对上边的路径进行调节时，下边的也会随之发生同样的变化；在水平的状态下，对左边的路径进行调节时，右边的也会随之发生同样的变化，如图 2-30 所示。该调节方法又被称为对称调节。

- 【弹性模式】：单击该按钮，可应用弹性模式，节点两边的控制柄会随着曲线的调节而调节。

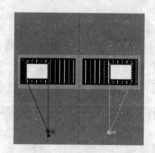

（a）水平反射节点　　　　　　　　（b）垂直反射节点

图 2-30　水平反射和垂直反射节点

- 【选择全部节点】：用于选择当前对象的全部节点。在对节点进行编辑的情况下，还可以通过单击菜单栏中的【编辑】→【全选】→【节点】命令来全选节点。在选中一个节点的情况下，按<Ctrl>+<A>键也可以达到全选节点的目的。

- 减少节点 0 ⊕ 【减少选定节点数】：用于减少节点，使路径更加平滑。选中节点很多的一条直线，单击该按钮，可以将直线节点减至 0。

2．绘制 Q 版人物插画

（1）打开随书光盘"第 2 章/2.2/2.2.1Q 版人物"文件。

（2）制作过程分解如图 2-31 所示。

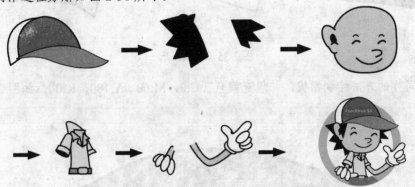

图 2-31　Q 版人物的绘制过程

（3）操作步骤如下。

1）单击工具箱中的 【手绘工具】按钮，绘制一个三角形，如图 2-32 所示。

2）选择 【形状工具】，在直线上单击，将直线调节成弧线，绘制出帽子的轮廓，并填充红色，如图 2-33 所示。

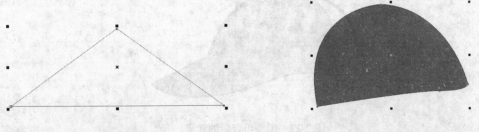

图 2-32　绘制三角形　　　　　　　　　图 2-33　帽子轮廓

3）复制图形，将复制后的图形等比放大，并填充颜色（C:43、M:76、Y:93、K:56）。排列两个图形的顺序（参考第 8 章中的 8.5.3 节），如图 2-34 所示。

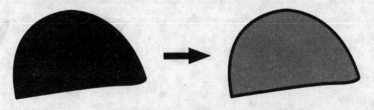

图 2-34　排列顺序

4）同时复制这两个图形，并将其等比缩小，在图形上右击，在弹出的快捷菜单中单击【结合】命令，进一步调整所有图形的位置关系，使其协调吻合，如图 2-35 所示。

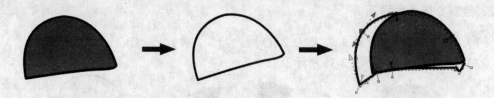

图 2-35　调整图形

5）用同样的方法绘制帽檐，并填充颜色（C:0、M:60、Y:100、K:0），如图 2-36 所示。

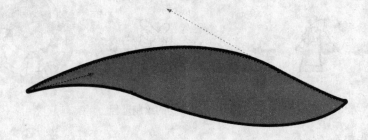

图 2-36　绘制帽檐

6）调整并组合所有的图形，如图 2-37 所示。

图 2-37　调整组合后的效果

7）使用 【手绘工具】绘制头发，并为其填充颜色（C:0、M:0、Y:0、K:100），如图 2-38 所示。

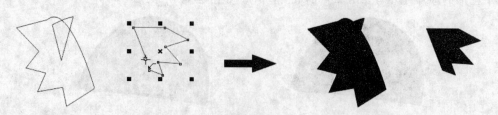

图 2-38　绘制头发

8）使用 【手绘工具】绘制线条，并配合 【形状工具】调节线条，参考帽子的绘制方法绘制头部，如图 2-39 所示。

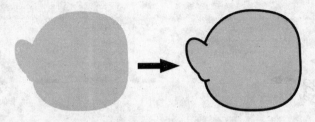

图 2-39　绘制头部

9）使用 【手绘工具】绘制出面部结构直线，再利用 【形状工具】对曲线进行调节，绘制出面部形象，如图 2-40 所示。

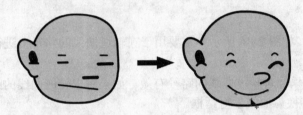

图 2-40　绘制面部形象

10）绘制衣服，如图 2-41 所示。

图 2-41　绘制衣服

11）用同样的方法绘制胳膊和手，如图 2-42 所示。

图 2-42　绘制胳膊和手

12）按比例调节并组合所有图形，最后绘制圆形，在帽子上输入文字，完成 Q 版人物的绘制，如图 2-43 所示。

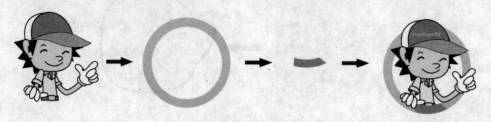

图 2-43　完成卡通人物的绘制

2.2.2　涂抹笔刷

【涂抹笔刷】（如图 2-44 所示）主要用于在转过曲线的路径上进行涂抹，从而绘制出各种不同的路径效果。

【涂抹笔刷】只针对转过曲线的路径有效。如果对未转成曲线的路径使用，则会弹出如图 2-45 所示的【转换为曲线】对话框。

图 2-44　涂抹笔刷

图 2-45　【转换为曲线】对话框

1.【涂抹笔刷】属性栏

如图 2-46 所示为 【涂抹笔刷】属性栏，其中各选项的功能如下。

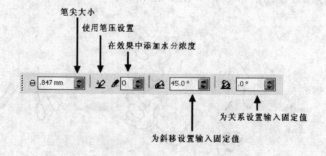

图 2-46　【涂抹笔刷】属性栏

● 【笔尖大小】：用于调节笔尖大小。输入的数值越大，笔尖越大，涂抹的路径就越大；反之，涂抹的路径也越小，如图 2-47 所示。其取值范围是 0.762mm～50.8mm。

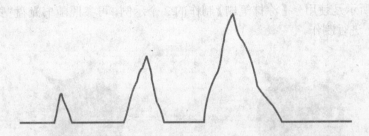

图 2-47　10mm、20mm 和 30mm 笔刷涂抹效果

● 【在涂抹效果中添加水分浓度】：调整该选项可以使涂抹的笔刷产生由小变大的效果，其取值范围是-10～10。当数值为正值时，涂抹的笔刷效果会逐渐变小；当数值为负值时，涂抹的笔刷效果会逐渐变大。即值越大，笔刷越小；值越小，笔刷越大，如图 2-48 所示。

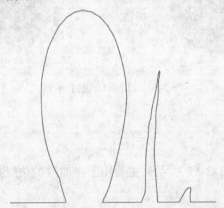

图 2-48　笔刷大小为 10mm，水分浓度分别为-10、5 和 10 的涂抹效果

● 【为斜移设置输入固定值】：用于控制笔刷的形状，取值范围是 15°～90°。如图 2-49 所示为 15°、30°、50° 和 90° 的笔刷形状。

图 2-49　几种笔刷形状

● ![按钮] 【为关系设置输入固定值】：用于设置笔刷的角度，取值范围为 0°～360°。

2．涂抹笔刷示例

如图 2-50 所示是使用 ![图标]【涂抹笔刷】制作的 2 个示例，可参照随书光盘"第 2 章/2.2/2.2.2 涂抹笔刷示例"进行制作。

图 2-50　【涂抹笔刷】示例

2.2.3　粗糙笔刷

![图标]【粗糙笔刷】（如图 2-51 所示）主要用于在曲线的边缘拖动，使之产生凹凸不平的锯齿效果。

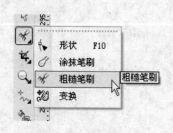

图 2-51　粗糙笔刷

如图 2-52 所示为 ![图标]【粗糙笔刷】属性栏，其中各选项的功能如下。

● ![框]【笔尖大小】：主要用于调节粗糙笔刷的笔尖大小，其取值范围为 0.254mm～50.8mm。

● ![框]【使用笔压控制尖凸频率】：使用笔压控制尖突频率，如图 2-53 所示，前提是必须要有压感笔，其取值范围为 1～10。

● ![框]【在效果中添加水分浓度】：可使锯齿产生越来越松散的效果，如图 2-54 所示，其取值范围为-10～10。

● ![框]【为斜移设置输入固定值】：主要用于控制锯齿的大小，数值越小，生成的锯齿越大，数值越大，生成的锯齿越小。数值设置范围在 1°～90°之间。

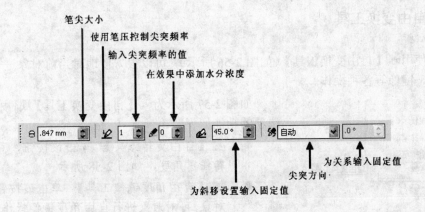

图 2-52 【粗糙笔刷】属性栏

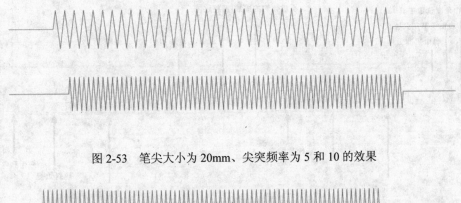

图 2-53 笔尖大小为 20mm、尖突频率为 5 和 10 的效果

图 2-54 水分浓度为 10 和-10 的效果

●  【尖突方向】和【为关系输入固定值】: 用于设置锯齿的尖突方向和角度。如图 2-55 所示为设置【尖突方向】为固定方向、【角度】为 50° 的效果。

图 2-55 设置【尖突方向】和【角度】值后的效果

2.2.4 自由变换工具

通过使用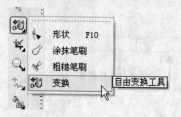【自由变换工具】（如图 2-56 所示），可以很方便地对当前对象进行缩放、变形、扭曲、镜像等各种操作。

图 2-56 自由变换工具

如图 2-57 所示为 【自由变换工具】属性栏，其中各选项的功能如下。

- ○【自由旋转工具】：单击该按钮，可将对象旋转任意角度，如图 2-58 所示。
- ○【自由角度镜像工具】：单击该按钮然后拖动对象，可对对象进行自由角度镜像操作，如图 2-59 所示。

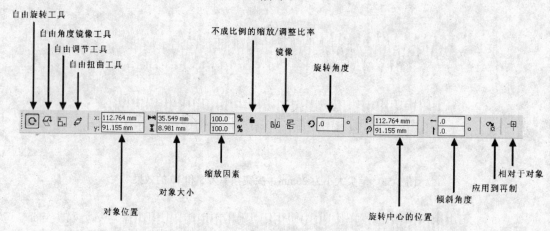

图 2-57 【自由变换工具】属性栏

图 2-58 旋转对象

图 2-59 自由角度镜像对象

- ○【自由调节工具】：用于将对象进行缩放、拉伸、变形等操作，如图 2-60 所示。
- ○【自由扭曲工具】：用于将对象进行任意角度的扭曲变形操作，如图 2-61 所示。

图 2-60 拉伸对象 　　　　　　　　　　　　　　　图 2-61 扭曲对象

- ● x: 37.401 mm　y: 261.945 mm 【对象位置】：用于设置对象在当前窗口中的坐标位置。
- ● 3.0 mm　3.0 mm 【对象大小】：用于改变对象的尺寸。
- ● 【水平镜像】和 【垂直镜像】：用于将对象进行水平镜像和垂直镜像操作，如图 2-62 所示。

图 2-62 【水平镜像】对象和【垂直镜像】对象

- ● .0 【旋转角度】：用于设置对象的旋转角度。
- ● 96.112 mm　114.355 mm 【旋转中心的位置】：用于设置对象的旋转中心。
- ● .0 【倾斜角度】：用于设置对象的倾斜角度。
- ● 【应用到再制】：单击该按钮后，当对图形执行任意操作时，CorelDRAW X4 会保留原对象而复制一个新对象，并对复制的对象进行操作。
- ● 【相对于对象】：单击该按钮后，当对图形执行任意操作时，【对象位置】的 X 值和 Y 值将变为 0，此时输入 X 或 Y 的值，对象将会以当前位置为原点改变位置。

2.2.5 基本形状工具

在 CorelDRAW X4 中可以创建一些基本的图形，这些图形看似比较简单，但徒手绘制起

图 2-63　基本的图形工具

来很麻烦。基本的图形工具主要包括 【基本形状】、 【箭头形状】、 【流程图形状】、 【标题形状】和 【标注形状】，如图 2-63 所示。

1.【基本形状】属性栏

下面以 【基本形状】工具为例，介绍基本的图形工具的属性栏（如图 2-64 所示）。

- 【对象位置】：用于设置对象在当前窗口中的坐标位置。
- 【对象大小】：用于设置对象的尺寸。
- 【缩放因素】：用于设置对象的缩放比例。
- 【旋转角度】：用于设置对象的旋转角度。
- 【水平镜像】和 【垂直镜像】：用于对对象进行水平镜像和垂直镜像操作。
- 【完美形状】：单击该按钮，可以发现其中包含了各种形状。
- 【轮廓样式选择器】：用于选择不同类型的轮廓线。
- 【段落文本换行】：主要用于设置文本绕图，可参考第 4 章的 4.7 节。
- 【轮廓宽度】：用于改变轮廓线的粗细。可以直接在选项框中选择，也可输入数值来进行调节。
- 【到图层前面】：在当前对象有两个或两个以上时，单击该按钮，可以将置于最底层的对象置于顶层。
- 【到图层后面】：在当前对象有两个或两个以上时，单击该按钮，可以将置于顶层的对象置于最底层。

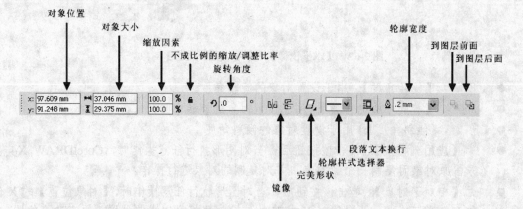

图 2-64　【基本形状】属性栏

2. 丰富的基本形状图形库

单击工具栏中的 【基本形状】、 【箭头形状】、 【流程图形状】、 【标题形状】或 【标注形状】按钮，在相应的属性栏中单击【完美形状】按钮，可显示如图 2-65～图 2-69

所示的图形库，在其中单击合适的图形后，按住鼠标左键并拖动即可绘制出相应图形。

图 2-65　基本形状图形库　　　　　　　　图 2-66　箭头形状图形库

图 2-67　流程图形状图形库　　　　图 2-68　标题形状图形库　　　图 2-69　标注形状图形库

2.3　裁剪类工具

裁剪类工具主要用于辅助图形设计，包括 【裁剪工具】、 【刻刀工具】、 【橡皮擦工具】、 【虚拟段删除】，如图 2-70 所示。

2.3.1　裁剪工具

图 2-70　裁剪类工具

在有 【裁剪工具】（如图 2-71 所示）之前，用户处理图片的时候都要导入到 Photoshop 中去，但操作并不规范。利用 【裁剪工具】可以简化操作步骤，让用户一劳永逸。

在 CorelDRAW X4 中，可裁剪的对象包括矢量图形、位图、段落文字、美工文字和所有的群组对象。打开如图 2-72 所示的图片，以此图为例，介绍如何使用 【裁剪工具】来裁剪对象。操作步骤如下。

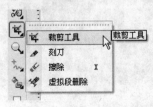

图 2-71　裁剪工具

图 2-72　手机图片

（1）启动 CorelDRAW X4，按<Ctrl>+<N>键新建文件。

（2）单击【标准】工具栏中的 【导入】按钮或按<Ctrl>+<I>键，将手机图片导入到当前工作区中，如图 2-73 所示。

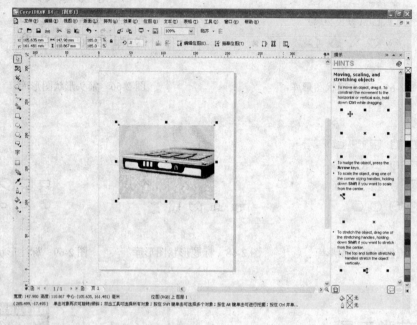

图 2-73　导入手机图片

（3）单击工具箱中的 【裁剪工具】，在图片中的手机侧面拖动光标，此时工作区内除去被裁剪选取框选中的部分外，其它位置都为灰度显示，如图 2-74 所示。

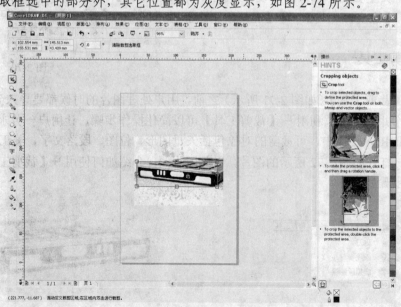

图 2-74　裁剪选取框

TIPS:

- 仔细观察裁剪选取框的边缘,会发现有 8 个控制点。将光标置于其中一点上拖动,即可改变裁剪选取框的大小。
- 将光标置于裁剪选取框中间或侧面中央的控制点上,按住<Shift>键并拖动控制点,可同时向内或向外伸缩裁剪选取框。如将光标放置在右上角的控制点上并拖动,可对裁剪选取框进行等比例缩放。
- 有两种方法来取消裁剪,一是在裁剪状态下,按<Esc>键;二是单击属性栏中的【清除裁剪选取框】按钮。

(4)裁剪区域是矩形,而需要裁剪的是手机的斜侧面。在属性栏的【旋转角度】文本框中输入 353.7,并移动裁剪选取框到合适位置,此时会发现裁剪选取框已经与手机的斜侧面相吻合了,如图 2-75 所示。

(5)在裁剪选取框中双击,即可完成裁剪操作,如图 2-76 所示。但 CorelDRAW X4 对于斜面裁剪的处理效果还不是很理想,如果裁剪的图片需要进行印刷,为了保证印刷效果,还需要进一步处理。虽然图片呈裁剪状态,但原图片其实还是存在的,读者可以使用 【形状工具】拉动手机素材

图 2-75 调整裁剪选取框

的 4 个节点进行测试,如图 2-77 所示。这种状态下的图形很容易在印刷中出错,为了避免出现错误,可单击菜单栏中的【位图】→【转换为位图】命令,将其彻底转换成位图,至此工作全部完成。

TIPS:

旋转裁剪选取框的另一种方法是在裁剪选取框内单击,此时在裁剪选取框的四角会出现呈旋转状的控制柄,将光标置于在控制柄上,按住鼠标左键拖曳即可旋转裁剪选取框。

图 2-76 裁剪后的效果

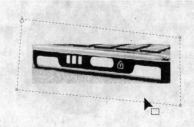

图 2-77 测试图片

2.3.2 刻刀工具

【刻刀工具】（如图 2-78 所示）主要用于分割矢量图形，使用 【刻刀工具】可以将当前矢量图形分割为两个独立的对象，还可以通过使用【拆分】命令对图形进行分割。 【刻刀工具】无法对位图进行分割。

如图 2-79 所示为 【刻刀工具】属性栏，其中各选项的功能如下。

图 2-78 刻刀工具

剪切时自动闭合

成为一个对象

图 2-79 【刻刀工具】属性栏

● 【成为一个对象】：在一个对象内进行分割，分割后的图形还是被裁剪的图形本身。下面通过一个实例来加以说明，打开一幅待分割的矢量图形。单击工具箱中的 【刻刀工具】，再单击属性栏中的 【成为一个对象】，然后在图形两侧的边缘单击，完成图形分割，如图 2-80 所示。单击属性栏中的【拆分】命令，分割的图形被打散，单击 【挑选工具】拖动图形，即可看到被分割的图形。

TIPS:

使用【刻刀工具】时，通过添加两个节点来达到分割图形的目的。完成分割后，由于不是闭合路径，所以暂时无法为分割后的图形填充颜色，如果要填充颜色，闭合路径即可。

单击属性栏中的【拆分】命令，分割的图形被打散，单击 【挑选工具】拖动图形，即可看到被分割的图形，如图 2-81 所示。

图 2-80 分割图形

图 2-81 分割后

● **【剪切时自动闭合】**：单击工具箱中的 **【刻刀工具】**，并在属性栏中选择 **【剪切时自动闭合】**，然后在图像一侧的边缘进行单击并拖动至图像的对面一侧，完成图像分割，如图 2-82 所示。

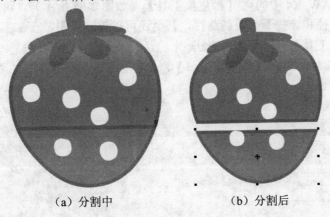

（a）分割中   （b）分割后

图 2-82 分割图形

TIPS：

完成图像分割后，会在图形上有一条不规格的线条。画分割线的时候，按住<Ctrl>键，即可绘制出直线。

同时执行属性栏中的 **【成为一个对象】**与 **【剪切时自动闭合】**时，可以很方便地将自己需要的形状从原图像中分离开来，如图 2-83 所示。

TIPS：

【刻刀工具】是不能对群组对象进行操作的。当我们对群组对象进行操作时，系统会自动提示，如图 2-84 所示。

图 2-83 同时执行后   图 2-84 提示

2.3.3 橡皮擦工具

利用 CorelDRAW X4 中的 【橡皮擦工具】（如图 2-85 所示），可以很方便地擦去矢量图形中多余的路径和一些不必要的路径，甚至还可以擦除位图。

执行【橡皮擦工具】有以下几种方法。

（1）单击工具箱中的 【橡皮擦工具】，直接在当前对象上单击并拖动即可擦除对象，如图 2-86 所示。

图 2-85 执行【橡皮擦工具】

图 2-86 直接拖动擦除对象

（2）单击工具箱中的 【橡皮擦工具】，在当前对象上单击，释放鼠标，此时可以发现出现一条虚线随着鼠标的不断移动而拉伸，再次单击，完成路径擦除，如图 2-87 所示。

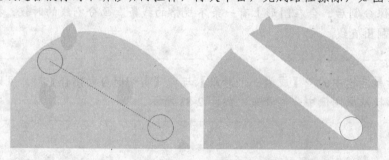

图 2-87 延伸路径直线擦除

（3）另外还可以对位图进行擦除。擦除方法同上。擦除后还可以对其进行【拆分】编辑，形成两个位图对象。如图 2-88 所示。

图 2-88 擦除位图

如图 2-89 所示为【橡皮擦工具】属性栏，其中各选项的功能如下。

● 【橡皮擦厚度】：主要用于控制橡皮擦的大小，橡皮擦的大小决定着擦除范围的大小。橡皮擦越大，擦除的面积就越大；反之则越小。它的取值范围在 0.025mm ～ 2540mm 之间。200mm 和 450mm 的笔尖对比效果如图 2-90 所示。

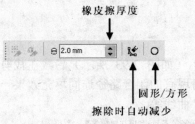

橡皮擦厚度

圆形/方形

擦除时自动减少

图 2-89 【橡皮擦工具】属性栏 　　　　图 2-90 200mm 和 450mm 的笔尖对比效果

TIPS:

　　按住<Shift>键的同时，向上拖动橡皮擦即可使笔尖越来越大，向下拖动可使笔尖越来越小。

● 　【擦除时自动减少】：该按钮主要用于控制擦除后的路径平滑度。单击该按钮可有效地减少节点，使路径更为平滑，反之则路径变得较为粗糙。如图 2-91 所示。

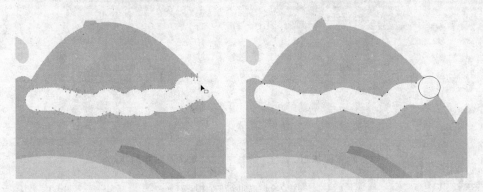

图 2-91 应用【擦除时自动减少】前后的对比效果

● 　【圆形/方形】：单击该按钮可以使当前的圆形笔头迅速转换为方形笔头，如图 2-92 所示。

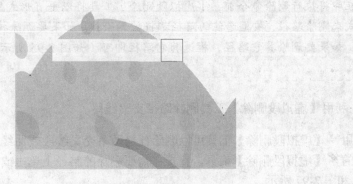

图 2-92 转换为方形笔头

2.3.4 虚拟段删除

图 2-93 【虚拟段删除】工具

【虚拟段删除】（如图 2-93 所示）隐藏在裁剪工具组中。利用此工具可以将现有的闭合路径连同填充效果一并删除掉，还可以删除线段、曲线等。

下面介绍如何使用 【虚拟段删除】工具。

1. 删除花朵根茎

在确认当前工具为 【虚拟段删除】工具的前提下，直接在花朵根茎上单击，即可删除根茎，如图 2-94 所示。

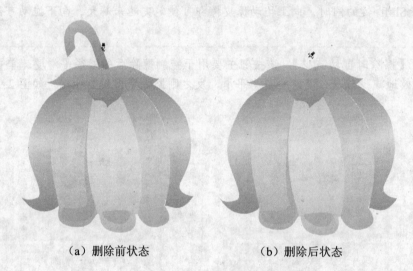

（a）删除前状态　　　　　（b）删除后状态

图 2-94 删除花朵根茎

TIPS:

在即将执行删除命令前，【虚拟段删除】工具将以垂直形式显示 。还可以采取框选的模式来删除路径，被框选住的路径都将被删除掉。如果要删除掉根茎，则直接框选根茎即可；如果要删除其它路径，框选其它路径即可（如图 2-95 所示）。

---

2. 利用【虚拟段删除】工具删除路径交叉线段

利用 【虚拟段删除】工具可以删除任何两条交叉线段或曲线的任意一段路径。单击工具箱中的 【虚拟段删除】工具，直接在需要删除的路径上单击或框选，即可删除路径，如图 2-96 和图 2-97 所示。

图 2-95　框选删除状态

图 2-96　删除前状态

图 2-97　删除后状态（图中灰度线条为被删除线段）

2.4　曲线类工具

插图的绘制、矢量路径的形成等，最重要的就是在于曲线的调节，因此曲线工具是至关重要的绘图调节工具，掌握好曲线类工具，可以使用户在工作中更加得心应手。曲线类工具主要包括 8 种不同的绘图工具，它们分别是 【手绘工具】、【贝塞尔工具】、【艺术笔工具】、【钢笔工具】、【折线工具】、【3 点曲线工具】、【交互式连线工具】、【度量工具】，如图 2-98 所示。

2.4.1　手绘工具

【手绘工具】（如图 2-99 所示）主要用于绘制曲线或直线，配合数位板和压感笔的使用效果会更好。

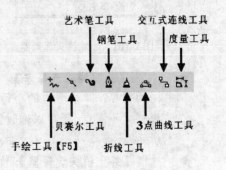

图 2-98　曲线类工具

图 2-99 【手绘工具】

如图 2-100 所示为【手绘工具】属性栏，其中各选项的功能如下。

- 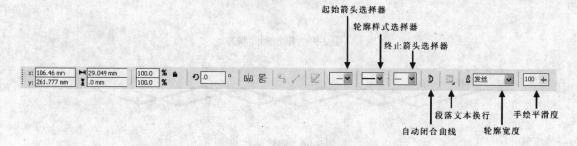【起始箭头选择器】：该命令主要用于设置当前线段起始箭头的形状，单击旁边的小箭头可弹出【起始箭头选择器】下拉列表框，如图 2-101 所示，如果找不到适合自己需要的，还可以通过【编辑箭头尖】来编辑自己需要的箭头形状，如图 2-102 所示。

图 2-100 【手绘工具】属性栏

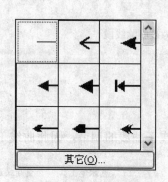

图 2-101 起始箭头选择器

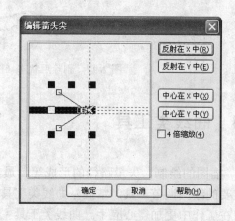

图 2-102 编辑箭头尖

- ─▾【轮廓样式选择器】：该命令可以用于选择各种各样的轮廓样式来满足各种不同的需要。单击旁边的小箭头可弹出样式列表，如图 2-103 所示。如果对现有的轮廓样式不满意，还可以通过【编辑线条样式】来编辑自己需要的轮廓样式，如图 2-104 所示。

- ─▾【终止箭头选择器】：如图 2-105 所示，该命令刚好和起始箭头选择器相反，利用该命令可以设置终止箭头的形状，如果对系统提供的不满意，可以通过【编辑箭头尖】来编辑自己需要的箭头形状。

- 【自动闭合曲线】：遇到两个未连接的节点时，单击该按钮可使两个节点迅速连接在一起，形成闭合路径。

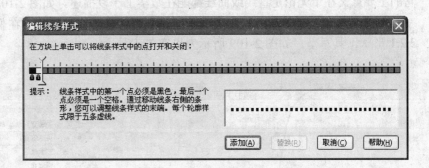

图 2-103　轮廓样式选择器　　　　　　　　　　图 2-104　编辑线条样式

- 【段落文本换行】：该命令主要应用于文本绕图上。当手绘的曲线形成闭合路径的时候，方可应用该命令。

- 【轮廓宽度】：主要用于控制轮廓线的粗细大小，单击旁边的小箭头，可弹出【轮廓宽度】列表，如图 2-106 所示。

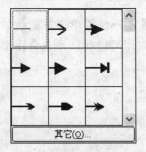　　　　　　　　　　

图 2-105　终止箭头选择器　　　　　　　　　　图 2-106　【轮廓宽度】列表

- 【手绘平滑度】：用于控制手绘线条的平滑度，数值范围在 0 ~ 100 之间，数值越小，平滑度越低，手绘的线条节点就越多；反之节点则越少，曲线也更为平滑。如图 2-107 所示为平滑值为 0 和 100 的对比效果。

图 2-107　平滑值为 0 和 100 的对比效果

2.4.2 贝塞尔工具

"贝塞尔曲线"又称"贝兹曲线"，是由法国数学家 Pierre E. Bezier（皮埃尔.E. 贝塞尔）所发现，该曲线是用于定义曲线的一种独特的数学系统，由此为计算机矢量图形学奠定了基础。它的主要意义在于无论是直线或曲线都能在数学上予以描述。如图 2-108 所示为贝塞尔原理。

【贝塞尔工具】属性栏与【形状工具】属性栏类似，在此不在赘述，具体可参见本章 2.2.1 形状工具章节。如图 2-109 所示为贝塞尔工具。

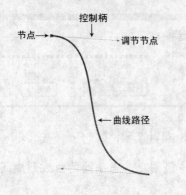

图 2-108　贝塞尔原理

图 2-109　贝塞尔工具

使用贝塞尔工具，操作步骤如下。

（1）单击工具箱中的 【贝塞尔工具】，在工作区任一位置单击并拖动，即可绘制出曲线路径。运用该工具配合调整曲线的 【形状工具】，即可进行任意矢量图形的设计与绘制工作，如图 2-110 所示。

图 2-110　贝塞尔绘制曲线路径

（2）单击工具箱中的 【贝塞尔工具】，在工作区中直接单击，即可绘制由直线组成的图形，如图 2-111 所示。

图 2-111　贝塞尔绘制直线路径

2.4.3 艺术笔工具

🖋【艺术笔工具】（如图 2-112 所示）主要包含一些基于矢量图形的笔刷、笔触，是艺术类创作人员必不可缺少的常用工具之一，它可以为创作提供现成的艺术图案，可大大提高图形设计工作效率。

可以通过以下方法来执行 🖋【艺术笔工具】。

● 单击工具箱中的 🖋【艺术笔工具】。

● 按<I>键，即可切换到 🖋【艺术笔工具】。

在使用 🖋【艺术笔工具】绘制艺术效果时，鼠标光标会自动变成 ✏。直接在工作区单击，即可绘制相关效果。

在【艺术笔工具】属性栏中包含 ⋈【预设】、🖌【笔刷】、🖍【喷罐】、🖋【书法】和 🖊【压力】5 种艺术笔效果。除去 🖋【书法】和 🖊【压力】两种艺术笔效果之外，其它的 3 种艺术笔效果都是在一条曲线的前提下建立的。

图 2-112 艺术笔工具

当绘制一种艺术笔效果后，使用 ▹【挑选工具】拖动它时，这条曲线就会出现，如图 2-113 和图 2-114 所示。单击菜单栏中的【排列】→【拆分艺术笔群组】命令，可以解除该曲线和艺术效果之间的关系，使之分离，如图 2-115 所示。

图 2-113 绘制直线艺术笔效果

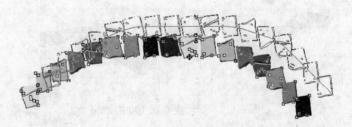

图 2-114 绘制弧线艺术笔效果

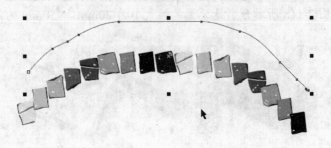

图 2-115 拆分艺术笔效果

在【艺术笔工具】属性栏中选择不同的艺术笔效果，其属性栏也随之发生变化，下面逐一介绍各艺术笔效果的属性。

1.【预设】艺术笔工具属性栏

如图 2-116 所示为【预设】艺术笔工具属性栏，其中各选项的功能如下。

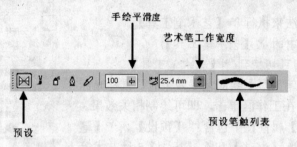

图 2-116 【预设】艺术笔工具属性栏

- ⋈【预设】：艺术笔工具的一种效果形式。
- 100 【手绘平滑度】：主要用于控制笔触的平滑度，数值在 0~100 之间，平滑度数值越低，笔触路径就越复杂，节点就越多；反之笔触路径就越简单，节点就越少，路径就越平滑，如图 2-117 所示。

图 2-117 平滑度 0 和 100 的效果

- 25.4 mm 【艺术笔工作宽度】：用于控制笔触的大小。控制范围在 0.762mm~254mm 之间。如图 2-118 所示分别是设置笔触大小为 20mm 和 50mm 的笔刷效果。

图 2-118 笔触大小为 20mm 和 50mm 的笔刷效果

- 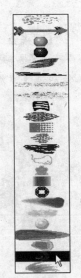 【预设笔触列表】：CorelDRAW X4 提供了 23
  种不同的艺术笔触效果，可以充分释放用户的创作灵
  感，如图 2-119 所示。

2.【笔刷】艺术笔工具属性栏

如图 2-120 所示为【笔刷】艺术笔工具属性栏，其中各选
项功能如下。

- 【笔刷】：艺术笔工具的一种效果形式。
- 【浏览】：浏览系统文件夹中的笔刷文件。
- 【笔触列表】：利用 CorelDRAW X4 中现有的笔
  刷样式，可以绘制多种风格的艺术作品。单击旁边的小
  箭头可弹出笔触列表，如图 2-121 所示。
- 【保存】：保存笔刷命令。用户可以自己进行图形的
  绘制，也可以将任意矢量图形定义保存为笔刷格式，方
  便下次调用。笔刷文件格式为.cmx。
- 【删除】：删除笔刷命令，主要用于删除自定义的笔
  刷，CorelDRAW X4 系统笔刷库中的笔刷是不可以被删

图 2-119　预设笔触列表

除掉的。单击笔触列表，选择自定义的笔刷后，原本是灰度的【删除】命令就会被
激活，单击即可删除笔刷。

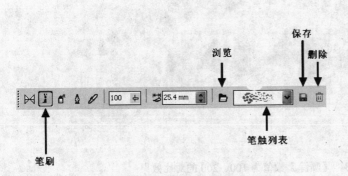

图 2-120　【笔刷】艺术笔工具属性栏

图 2-121　笔触列表

3.【喷灌】艺术笔工具属性栏

如图 2-122 所示为【喷灌】艺术笔工具属性栏，其中各选项功能如下。

TIPS:

绘制或打开一幅图形，然后将当前工具切换到 ✐【笔刷】状态，并在当前图形上单击，这时原本是呈灰度显示的【保存】按钮就会被激活，然后单击【保存】按钮即可将当前图形存储到 CorelDRAW X4 笔刷库中，保存之后，定义的矢量图形就会在笔刷列表中显示出来。

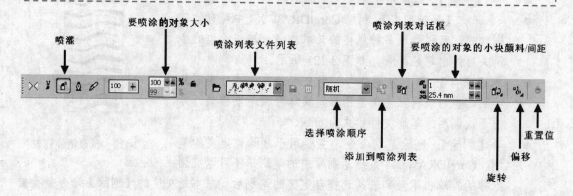

图 2-122 【喷灌】艺术笔工具属性栏

- ☐【喷灌】：艺术笔工具的一种效果形式。
- 【要喷涂的对象大小】：主要用于控制当前喷涂对象的大小。如图 2-123 所示分别是【喷涂】数值为 100、200 的对比效果。

图 2-123 【喷涂】数值为 100、200 的对比效果

- 【喷涂列表文件列表】：单击该命令即可展开喷涂列表，如图 2-124 所示，CorelDRAW X4 新增了多种不同的喷涂样式可供选择使用。
- 随机 ▾【选择喷涂顺序】：CorelDRAW X4 系统提供了 3 种不同的喷涂顺序可供选择，它们分别是随机、顺序、按方向，如图 2-125 所示。

图 2-124　喷涂列表

图 2-125　随机、顺序、按方向喷涂后的效果

- 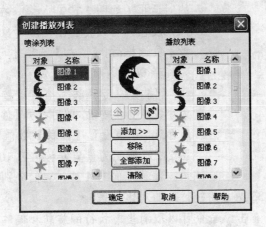【添加到喷涂列表】：该命令同【保存为艺术笔触】的原理相同，都是将任意矢量图形定义保存为笔刷格式，方便下次调用。笔刷文件格式为.cmx。使用方法与保存笔刷命令相同。

- 【喷涂列表对话框】：单击该命令即可打开【创建播放列表】对话框（如图 2-126 所示），该命令主要用于当前喷涂图形的添加和删除工作。

图 2-126　【创建播放列表】对话框

- 【要喷涂的对象的小块颜料/间距】：该命令主要用于控制当前喷涂对象的密度大小和分布距离。上面的数值主要控制密度大小，数值越大，密度越大，反之则越小。如图 2-127 所示为密度值设置为 1 和 5 的对比效果。下面的数值主要用于控制喷涂对象的分布距离，数值越大，之间的距离就越大；反之则越小。如图 2-128 所示为分布距离值设置为 0.5 和 2 的对比效果。

图 2-127　密度值为 1 和 5 的对比效果

图 2-128　分布距离值为 0.5 和 2 的对比效果

- 【旋转】：该命令主要用于控制当前喷涂对象的角度。单击该命令即可打开相应的对话框（如图 2-129 所示），在【角】文本框中直接输入角度值即可改变当前喷涂对象的角度。勾选【使用增量】复选框后，【增加】选项才可使用。如图 2-130 所示为旋转 90°的前后对比效果。

图 2-129　【旋转】对话框

- 【偏移】：运用该命令可以控制当前喷涂对象的偏移大小，单击该按钮，即可打开【偏移】对话框（如图 2-131 所示），直接设置【偏移】数值即可完成偏移工作。如图 2-132 所示为设置偏移值为 10mm 和 20mm 的对比效果。偏移方向有 4 种，它们分别是随机、替换、左部和右部，如图 2-133 所示为执行后的对比效果。

- 【重置值】：单击该命令可以取消当前执行的旋转和偏移命令，使喷涂图形回到初始状态。

TIPS:

【基于路径】是以当前喷涂对象的曲线路径为基准进行角度旋转，【基于页面】是以当前页面为基准进行角度旋转。

图 2-130 旋转 90°前后对比效果

图 2-131 【偏移】对话框

图 2-132 偏移 10mm 和 20mm 的对比效果

图 2-133 不同的偏移方向

4.【书法】艺术笔和【压力】艺术笔工具属性栏

如图 2-134 所示为【书法】艺术笔属性栏和【压力】艺术笔属性栏，之前介绍过的属性不再赘述，具体可参考本章 2.4.3 小节中【艺术笔工具】的属性栏设置。

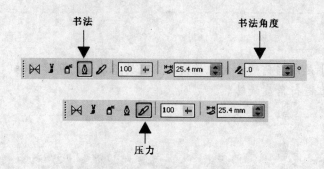

图 2-134 【书法】和【压力】属性栏

-  【书法】艺术笔工具：艺术笔形式的一种，主要用于模拟传统书法效果。
- 【书法角度】：主要用于控制书法的路径角度。如图 2-135 所示为设置书法角度为 10° 和 50° 的对比效果。
- 【压力】艺术笔工具：如果想使用该工具必须要有压感笔和绘图板的支持。其它属性同【预设】艺术笔工具属性。

5.【艺术笔】泊坞窗

【艺术笔】泊坞窗为我们提供了非常便捷的艺术笔选择操作窗口，可以通过单击菜单栏中的【窗口】→【泊坞窗】→【艺术笔】命令来实现，如图 2-136 所示。

图 2-135 书法角度 10° 和 50° 的效果

图 2-136 【艺术笔】泊坞窗

2.4.4　钢笔工具

钢笔工具（如图 2-137 所示）主要用于绘制线段和路径，在很多地方，它和贝赛尔工具的作用是相同的，唯一和贝赛尔有区别的地方就是它的绘制方法。

1．用【贝塞尔工具】和【钢笔工具】创建直线

● 【贝塞尔工具】的创建方法：单击工具箱中的 【贝塞尔工具】，直接在画面上单击创建一个起始节点，再单击创建结束节点。绘制过程中，拖动贝塞尔工具可以创建不同角度、弧度的曲线路径。如图 2-138 所示为【贝塞尔工具】创建直线的流程，具体使用方法可参考 2.4.2 节【贝塞尔工具】的介绍。

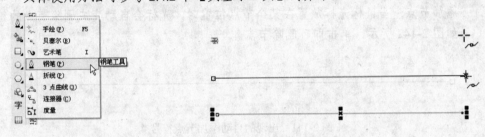

图 2-137　【钢笔工具】　　　　　　　　图 2-138　【贝塞尔工具】直线绘制方法

● 【钢笔工具】的创建方法：单击工具箱中的 【钢笔工具】，在画面上单击，创建起始节点，CorelDRAW X4 系统会自动创建一条蓝色的智能引导线；再单击即可创建下一个节点，这时候系统还会出现一条引导线，可以继续绘制下去。绘制过程中拖动鼠标可以创建不同的弧度。按<ESC>键可取消钢笔工具的连续绘制，创建终止节点，如图 2-139 所示。

图 2-139　【钢笔】直线绘制方法

2．【钢笔工具】属性栏

如图 2-140 所示为【钢笔工具】属性栏，其中各选项的功能如下。

预览模式

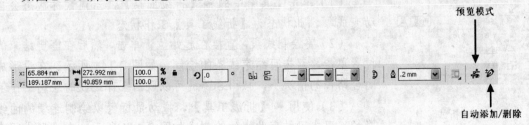

自动添加/删除

图 2-140　【钢笔工具】属性栏

- ✐ 【预览模式】：利用预览模式，可在当前起始节点和终止节点之间创建一条蓝色的引导线。具体可见【钢笔工具】的直线创建方法。

- ✎ 【自动添加/删除】：执行此功能后，可以利用此功能进行曲线路径上的自动添加节点，删除节点功能。单击工具箱中的 ✎【钢笔工具】，当鼠标光标放置在两个节点之间的路径上时，光标会自动变成添加节点的符号，如图 2-141 所示。单击即可添加节点；当鼠标光标放置在某个节点位置时，光标会自动变成删除节点的符号，如图 2-142 所示，单击即可删除节点。

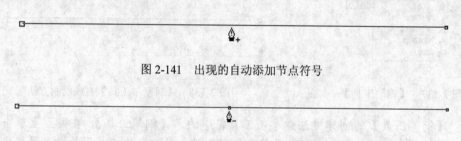

图 2-141　出现的自动添加节点符号

图 2-142　出现的自动删除节点符号

2.4.5　折线工具

▲【折线工具】（如图 2-143 所示）主要用于绘制连续的折线线段和曲线路径，也可形成闭合路径。

图 2-143　折线工具

【折线工具】属性栏和【手绘工具】属性栏相同，在此不再赘述，详情可参见 2.4.1 节手绘工具。下面来介绍【折线工具】的工作原理。操作步骤如下。

（1）单击工具箱中的 ▲【折线工具】，当前鼠标状态会自动变成 ✢，此状态为【折线工具】工作状态。

（2）要绘制线段，直接在起始位置单击，然后在需要结束的位置单击，双击可结束线条的绘制，如图 2-144 所示。在没形成闭合路径的情况下，按<ESC>键可以取消全部线段的绘制工作。

（3）使用 ▲【折线工具】，拖动鼠标可以绘制连续的曲线路径。双击可结束曲线的绘制，如图 2-145 所示，在没形成闭合路径的情况下，按<ESC>键可以取消全部线段的绘制工作。

图 2-144   直线绘制

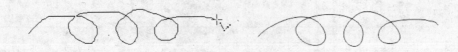

图 2-145   曲线绘制

2.4.6   3 点曲线工具

运用 【3 点曲线工具】（如图 2-146 所示）可以非常方便地在直线上或曲线上创建弧形曲线路径。

【3 点曲线工具】的属性栏和【手绘】工具的属性栏是一样的，在此不再赘述，详情可参见 2.4.1 节【手绘工具】属性栏。

下面介绍【3 点曲线工具】的工作原理。操作步骤如下。

（1）单击工具箱中的 【3 点曲线工具】，当前鼠标状态会自动变成 ，此状态为【3 点曲线工具】工作状态。

（2）使用 【3 点曲线工具】，直接在画面上单击绘制出起点，拖动鼠标到适当位置释放鼠标，鼠标最后所在处为曲线终点，如图 2-147 所示。

图 2-146   3 点曲线工具

（3）拖动鼠标，形成弧度，单击鼠标完成绘制，如图 2-148 所示。

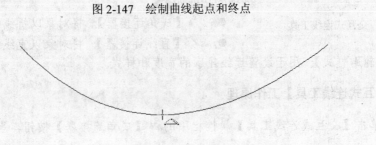

图 2-147   绘制曲线起点和终点

图 2-148   完成绘制

（4）步骤（2）中绘制直线长度的大小直接决定着弧度的大小，长度值越大，弧度越大，反之则越小，如图 2-149 所示。

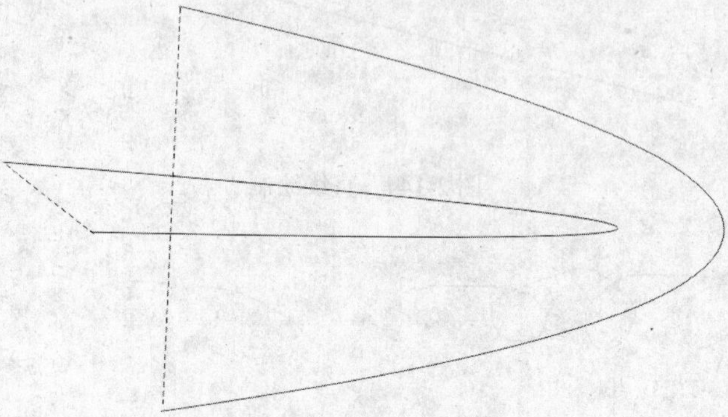

图 2-149　大小弧度对比

TIPS:

图 2-149 中为两条弧形路径，虚线部分同步骤（2）中绘制的直线。

2.4.7　交互式连线工具

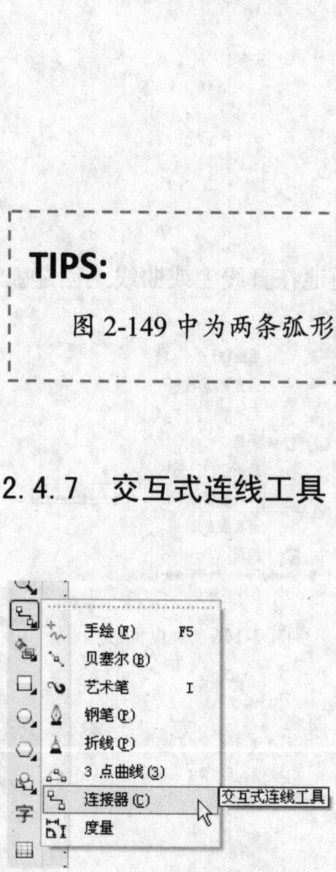

图 2-150　交互式连线工具

运用【交互式连线工具】（如图 2-150 所示）可以进行各种流程图的绘制工作，它可以在一条直线上绘制多条折线线段，并可以进一步对这些线段进行调节，进而形成各式各样的流程图和图标及示意图。

1.【交互式连线工具】属性栏

如图 2-151 所示为【交互式连线工具】属性栏，其中各选项的功能如下。

- 【成角连接器】：将对象以折线的方式连接起来。
- 【直线连接器】：将对象以直线的方式连接起来。
- 【轮廓样式】：用于设置连线轮廓的宽度和样式。

2.【交互式连线工具】工作原理

（1）单击【交互式连线工具】属性栏中的【成角连接器】按钮，当前鼠标的状态变成。

（2）直接在工作区中拖动鼠标，即可建立起一条折线路径。如图 2-152 和图 2-153 所示为前后绘制过程。

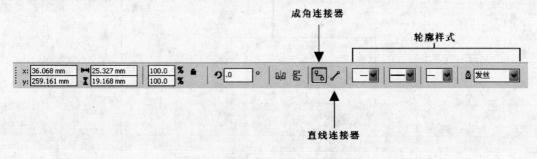

图 2-151 【交互式连线工具】属性栏

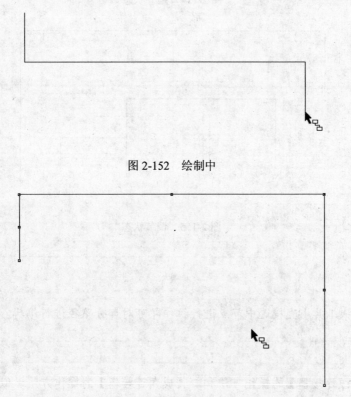

图 2-152 绘制中

图 2-153 绘制后

（3）在线段中某个节点上单击并拖动，即可延伸出另一条折线路径，如图 2-154 所示。

（4）当需要对绘制的路径进行调节时，可以使用 【形状工具】对现有的线段路径进行编辑，以达到符合自己要求的线段路径，如图 2-155 所示。

（5）如果想重新绘制而不需要原来的线段，可以选中不需要的线段，按<Delete>键将其删除即可。

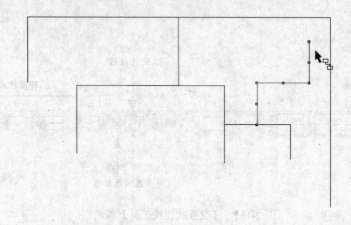

图 2-154　延伸状态

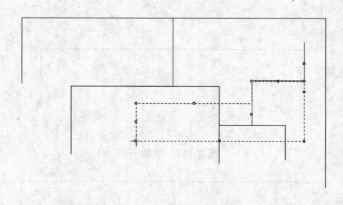

图 2-155　调节状态

TIPS:

用 【形状工具】直接选中节点进行拉伸即可对部分路径进行编辑。

（6） 【直线连接器】的操作方法和 【成角连接器】的操作方法类似，在此不再赘述。

（7）如果要连接两条直线，使用 【交互式连线工具】，在两条线段的 2 个节点上单击并拖动即可。

2.4.8　度量工具

【度量工具】（如图 2-156 所示）主要用于图形和图像的尺寸标注以及角度标注，多用于机械绘图和服装绘图上。

图 2-156 度量工具

1.【度量工具】属性栏

如图 2-157 所示为【度量工具】属性栏，其中各选项的功能如下。

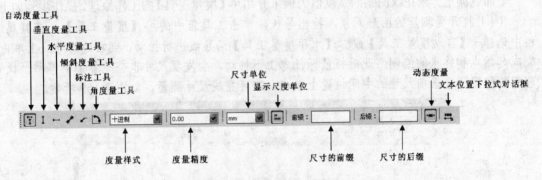

图 2-157 【度量工具】属性栏

- 【自动度量工具】：主要通过单击并拖动来标注度量尺寸，度量形式有水平和垂直形式两种。
- 【垂直度量工具】：以垂直的度量形式来标注尺寸。
- 【水平度量工具】：以水平的度量形式来标注尺寸。
- 【倾斜度量工具】：以倾斜的度量形式来标注尺寸。
- 【标注工具】：在已知尺寸的情况下，单击该按钮可直接对当前图形进行标注，其它参数不可用。
- 【角度量工具】：利用此工具可以方便地测出各种角度值。
- 十进制【度量样式】：度量样式包含十进制、小数、美国工程、美国建筑学 4 种度量样式。度量样式对标注工具和角度量工具是不起任何作用的。
- 0.00【度量精度】：也就是度量数值的精确度。十进制可精确到 0.0000000000；小数可精确到 01/1024；美国工程可精确到 0-0.0000000000；美国建筑学的可精确到 0-01/1024。
- mm【尺寸单位】：可标注的尺寸单位，其中包括英寸、英里、码、米、毫米、千米、点、厘米等尺寸单位。

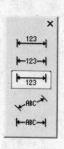

图 2-158　五种不同的文本显示位置

- **【显示尺度单位】**：显示当前度量的尺寸单位，可显示也可关闭该命令。

- 前缀：[　　] 后缀：[　　]　**【尺寸的前缀/后缀】**：主要起到标注的作用。比如说明性的文字。

- **【动态度量】**：使用该按钮标注尺寸，标注的尺寸会根据图形的改变而改变，在不执行该按钮的情况下，当前图形任意变化，标注的尺寸还是原来的尺寸。建议在做标注工作时使用该按钮。

- **【文本位置下拉式对话框】**：主要提供几种文本在标注时的显示位置。如图 2-158 所示。

2.【度量工具】的工作原理

下面以测量一幅花纹图案的宽度值为例来介绍 [　]【度量工具】的工作原理。操作步骤如下。

（1）打开要测量的图形对象，拉出导线，单击工具箱中的 [　]【度量工具】。在其属性栏中选择 T【自动度量工具】或 ┤【水平度量工具】沿导线进行拉动，到右边的导线上单击，完成起始点和终点的绘制；此时将鼠标任意上下移动，会发现尺寸也会随着上下移动；找到理想的位置，在当前尺寸的中间位置上单击，即可完成尺寸测量，如图 2-159 所示。

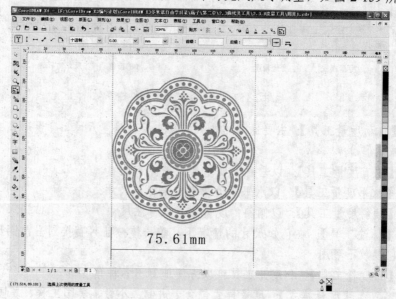

图 2-159　测量花纹的宽度

TIPS:

按住<Ctrl>键，可直接进行直线绘制。

（2）修改文字大小。用 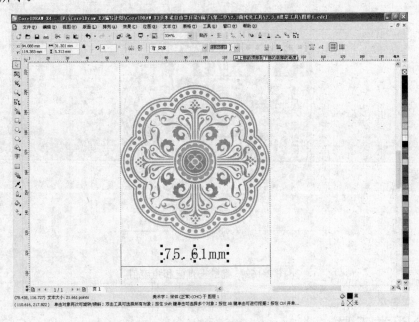【挑选工具】选中文字，直接在属性栏中修改文字大小即可，如图 2-160 所示。

图 2-160 修改字体大小

（3）修改文本显示方式。在选中当前标注尺寸的前提下，在【度量工具】属性栏中选择 【文本位置下拉式对话框】，从里面选择合适的文本显示方式，如图 2-161 所示。

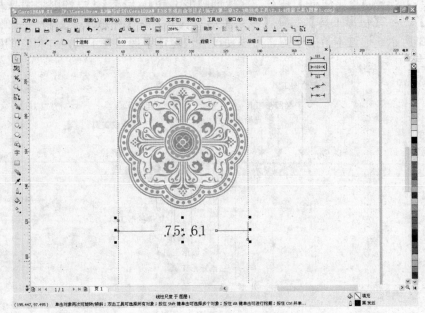

图 2-161 改变文本显示位置

（4）用类似的方法测量出垂直值和角度值，如图 2-162 所示。

图 2-162　测量垂直值和角度值

2.5　绘图类工具

本节主要介绍绘图类工具的使用方法，绘图类工具主要包括 △【智能绘图工具】、□【矩形工具】、□【3 点矩形工具】、○【椭圆形工具】、◈【3 点椭圆形工具】、⬡【多边形工具】、☆【星形工具】、✿【复杂星形工具】、▦【图纸工具】和 ◉【螺纹工具】，如图 2-163 所示。通过本节的学习，可以使读者快速地掌握这些工具，并将它们应用到实际工作当中去。

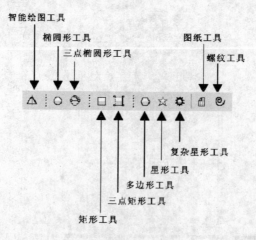

图 2-163　绘图类工具

2.5.1 智能绘图工具

△【智能绘图工具】（如图 2-164 所示）主要用于手绘形状图形的识别。运用此工具，可以很方便地将手绘草图转换为边缘平滑的矢量图形。

图 2-164　智能绘图工具

1.【智能绘图工具】属性栏

如图 2-165 所示为【智能绘图工具】属性栏，其中各选项的功能如下。

图 2-165　【智能绘图工具】属性栏

- 　【形状识别等级】：识别等级越高，识别的对象质量越高，该下拉列表中包含 6 项识别等级，分别为无、最低、低、中、高、最高。
- 　【智能平滑等级】：智能平滑等级越高，识别的对象质量越高。该下拉列表中包含 6 项识别等级，分别为无、最低、低、中、高、最高。
- 　【轮廓宽度】：主要用于改变当前轮廓的宽度值。

2.【智能绘图工具】工作原理

- 单击工具箱中的 △【智能绘图工具】或按<Shift>+<S>键，当光标变为 ✎，直接在工作区拖动绘制草图，如图 2-166 所示。

TIPS:

绘制过程中按住<Shift>键拖动鼠标，可擦除已绘制的草图。

- 绘制完毕后，CorelDRAW X4 系统会自动把当前草图转换为边缘平滑的矢量图形(如

图 2-167 所示）。这点【手绘工具】是做不到的。

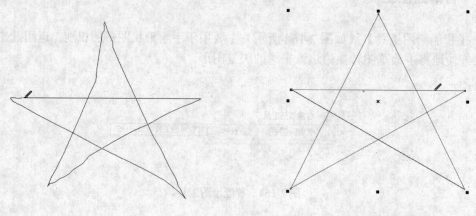

图 2-166 绘制草图   图 2-167 智能转换

● 利用 △【智能绘图工具】可以很方便地将各类草图转换为平滑的矢量图形。如图 2-168 所示。

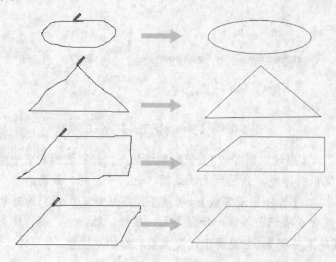

图 2-168 转换效果

2.5.2 矩形工具

图 2-169 矩形工具

在广告设计中，□【矩形工具】（如图 2-169 所示）是使用最频繁的工具之一，使用【矩形工具】可以很方便地创建正方形、平行四边形、梯形和各类圆角矩形。

1.【矩形工具】属性栏

如图 2-170 所示为【矩形工具】属性栏，其中各选项的功能如下。

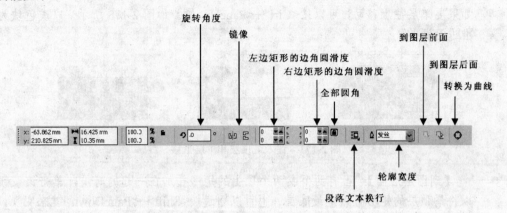

图 2-170 【矩形工具】属性栏

- ⟳ 回 ° 【旋转角度】：输入角度值，按<Enter>键旋转当前图形角度。
- 【镜像】：使图形上下或者左右镜像。
- 【左/右边矩形的边角圆滑度】：主要通过设定圆角矩形的上下左右四个角度值来绘制圆角矩形。在【矩形工具】属性栏中单击 □ 【全部圆角】按钮，输入数值后按< Enter >键，可获得四个角相同的圆角矩形；取消 □ 【全部圆角】命令，输入一个角度值，其它角度均不会发生变化。如图 2-171 所示。
- 【段落文本换行】：该命令主要用于文本绕图，如图 2-172 所示。当矩形放置在段落文本中间，选中当前矩形，直接单击该按钮即可。详细介绍请参见第 4 章 4.7 节文本绕图。

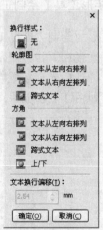

图 2-171 【全部圆角】前后对比效果　　　图 2-172 【段落文本换行】选项

- 回 发丝 ▼ 【轮廓宽度】：主要用于改变当前矩形工具的轮廓宽度值。
- 【到图层前面】：当有两个或两个以上的矩形叠加在一起的时候，单击该按钮可以将最底层的矩形置入到最上面这一层。也可以通过按<Shift>+<PageUp>键来实现。如果要单层往上移动，可以按<Ctrl>+<PageUp>键。如图 2-173 所示，以浅色块为基准进行调节。

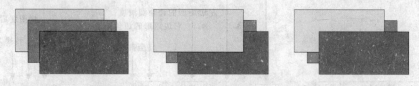

图 2-173　置入最顶层和单层上移

● □ 【到图层后面】：当有两个或两个以上的矩形叠加在一起的时候，单击该按钮可以将最顶层的矩形置入到最底层。也可以通过按<Shift>+<PageDown>键来实现。如果要单层往下移动，可以按<Ctrl>+<PageDown>键。如图 2-174 所示，以浅色块为基准进行调节。

图 2-174　置入最底层和单层下移

● ✿ 【转换为曲线】：将当前矩形图形转换为可编辑的曲线路径，也可通过按<Ctrl>+<Q>键来实现。

2．用【矩形工具】绘制正方形、平行四边形、梯形和圆角矩形

● 正方形的绘制。单击工具箱中的 □ 【矩形工具】，当鼠标光标变为 ⁺□ 时，按住<Ctrl>键，直接在工作区中从左上往右下拖动，完成绘制，如图 2-175 所示。按住<Shift>键，将鼠标光标放置在正方形的右上角并拖动，可对正方形等宽和等高同比进行缩放，如图 2-176 所示。

图 2-175　正方形的绘制

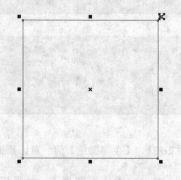

图 2-176　等比例缩放

- 平行四边形的绘制。单击工具箱中的 □ 【矩形工具】，当鼠标光标变为 □ 时，直接在工作区中从左上往右下拖动，完成矩形绘制，然后使用 ▷ 【挑选工具】在矩形上单击，此时周围会出现 8 个描点，进一步单击，并将鼠标放置在中间上面的描点上进行平行拖动，形成平行四边形，如图 2-177 所示。

图 2-177　平行四边形的绘制

- 梯形的绘制。首先绘制一个矩形，然后单击【矩形工具】属性栏中的 ○ 【转换为曲线】按钮，使用 ▷ 【形状工具】，分别拖动矩形上面的两个节点，形成梯形，如图 2-178 所示。

图 2-178　梯形的绘制

- 圆角矩形的绘制。首先绘制一个矩形，在不转换为曲线的前提下，使用 ▷ 【形状工具】直接单击矩形的任意一个角进行拖动，形成圆角矩形；也可以通过设置【矩形工具】属性栏中的【左/右边矩形的边角圆滑度】来完成圆角矩形的绘制，如图 2-179 所示。

图 2-179　圆角矩形的绘制

2.5.3　3 点矩形工具

利用 □ 【3 点矩形工具】（如图 2-180 所示）可以很方便地绘制各类角度和不同规格的矩形。绘制 3 点矩形的方法如下。

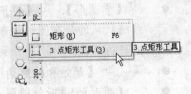

- 单击工具箱中的 □ 【3 点矩形工具】，当鼠标光标变为 □ 时，在工作区中单击并拖动，创建 3 点矩

图 2-180　3 点矩形工具

形的起始位置①、角度值、长度值②和宽度值③，如图 2-181 所示。

● 再次单击，完成绘制，如图 2-182 所示。

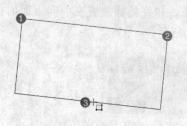

图 2-181　绘制 3 点矩形

图 2-182　完成绘制

2.5.4　椭圆形工具

利用 ○【椭圆形工具】（如图 2-183 所示）可以很方便地创建正圆形和各类饼形效果图。

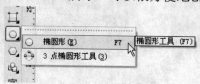

图 2-183　椭圆形工具

1．【椭圆形工具】属性栏

如图 2-184 所示为【椭圆形工具】属性栏，其中各选项的功能如下。

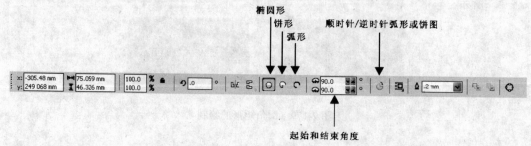

图 2-184　【椭圆形工具】属性栏

● ○【椭圆形】、⌒【饼形】和 ◠【弧形】：主要用于绘制椭圆形、饼形和弧形效果。
系统默认的是椭圆形绘制效果，当绘制好一个椭圆形效果后，可以在这三个效果之
间进行切换。

● ⌒ 90.0【起始和结束角度】：主要针对饼形和弧形，椭圆形不存在角度的问题。

● ◔【顺时针/逆时针弧形或饼图】：主要针对弧形和饼形，如图 2-185 所示为顺时针
和逆时针饼图和弧形效果。

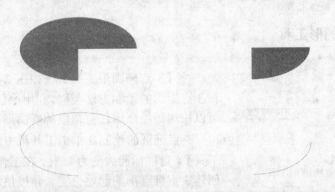

图 2-185 顺时针和逆时针饼图和弧形效果

2. 绘制椭圆形、饼形和弧形

● 椭圆形的绘制。单击工具箱中的 ○【椭圆形工具】或按<F7>键，当鼠标箭头变为 ⁺○ 时，在工作区中单击并拖动，形成椭圆形。绘制的同时按住<Crtl>键，可以绘制正圆，如图 2-186 所示。按住<Shift>键的同时将鼠标光标放置在椭圆形的右上角并拖动，可对椭圆形等宽和等高同比进行缩放，如图 2-187 所示。

图 2-186 椭圆形和正圆形   图 2-187 按等高和等宽比例缩放

● 饼形和弧形的绘制。首先绘制一个正圆形，然后单击【椭圆形工具】属性栏中的 ○【饼形】或 ○【弧形】按钮，如果对所绘制的饼形或弧形角度不满意，可在【起始和结束角度】文本框中进行角度值设置。如图 2-188 所示为饼形的绘制方法，弧形的绘制方法与此方法类似，在此不再赘述。

（a）绘制正圆   （b）设置饼形起始位置为50°   （c）复制饼形   （d）顺时针/逆时针弧形或饼图   （e）组合图形

图 2-188 饼形绘制

2.5.5 3 点椭圆形工具

图 2-189　3 点椭圆形工具

⊕【3 点椭圆形工具】（如图 2-189 所示）的绘制和 3 点矩形的绘制方法类似，利用 ⊕【3 点椭圆形工具】，可以快速地绘制出任意角度的椭圆形。

3 点椭圆的绘制。单击工具箱中的 ⊕【3 点椭圆形工具】，当鼠标箭头变为 ⁺○ 时，在工作区中单击并拖动，创建 3 点椭圆形的起始位置、角度值和宽度值，再次单击，完成绘制，如图 2-190 所示。

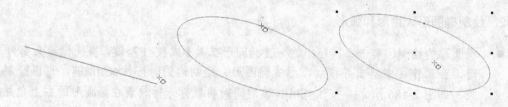

图 2-190　3 点椭圆形绘制

TIPS:

按住<Ctrl>键可以直接绘制正圆。

2.5.6 多边形和星形工具

⬡【多边形工具】、☆【星形工具】和✿【复杂星形工具】如图 2-191 所示。运用这些工具，可以很方便地创建各类精确的五角星、星形和爆炸形体等。

CorelDRAW X4 支持创建的点数和边数为 500，可最大限度地发挥多边形工具和星形工具的应用范围。如图 2-192 所示为多边形点数和边数为 500 的效果图。

图 2-191　多边形和星形工具

图 2-192　点数和边数 500 的多边形效果

1. 多边形的绘制和编辑

单击工具箱中的 ▢【多边形工具】，当鼠标光标变为 ⁺。时，在工作区中单击并拖动，形成多边形，在不转曲线的前提下，可以利用 ▸【形状工具】快速地对多边形进行编辑，进而形成五角星，如图 2-193 所示。

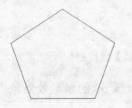

图 2-193　五角星的形成

可以通过【多边形】属性栏来增加边数，如图 2-194 所示。

2. 星形和复杂星形的绘制及编辑

单击工具箱中的 ☆【星形工具】或 ✿【复杂星形工具】，当鼠标箭头变为 ⁺☆ 或 ⁺✻ 时，在工作区中单击并拖动，可直接绘制星形和复杂星形，如图 2-195 所示。

图 2-194　多边形属性栏　　　　图 2-195　绘制星形和复杂星形

通过修改【星形工具】和【复杂星形工具】属性栏中的边数值和锐度值，可得到不同的图形，如图 2-196 所示。

边数

锐度

图 2-196　【星形工具】和【复杂星形工具】属性栏

如图 2-197 所示分别是设置边数为 10 或 20，锐度为 20 或 50 的星形效果。

图 2-197　星形效果

TIPS:

以上图形在未转曲线的情况下，都可以用【形状工具】进行整体调整。

如图 2-198 所示分别是设置边数为 10 或 3，锐度为 45 或 6 的复杂星形效果。

图 2-198　复杂星形效果

在未转曲线的情况下，用【形状工具】单击其中某个节点，可对整体效果进行调整，如图 2-199 所示。

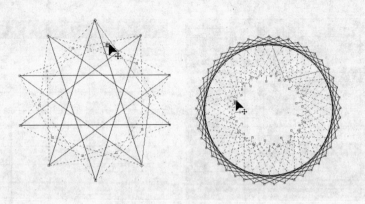

图 2-199　编辑复杂星形

2.5.7　图纸工具

看到 ▢ 【图纸工具】（如图 2-200 所示）就想到了小时候用的方格纸，用 ▢ 【图纸工具】绘制的图纸正是由一块块矩形组成的。运用【图纸工具】，可以大大提高我们在工程制图方面的工作效率，通过设置行数与列数，即可瞬间绘制出自己理想的图表信息。

图 2-200　图纸工具

1．【图纸工具】属性栏

【图纸工具】属性栏（如图 2-201 所示）和【螺纹工具】属性栏组合在一起，上面为设置行数，下面为设置列数。CorelDRAW X4 允许绘制的最大行数与列数均为 99。

可以通过以下几种方法来执行 ▢ 【图纸工具】。

● 单击工具箱中的 ▢ 【图纸工具】。
● 按<D>键。

在【图纸工具】属性栏中的【行数】和【列数】文本框中输入自己需要绘制图形的行数和列数。当鼠标箭头变为 ▫ 时，开始绘制。

图 2-201　【图纸工具】属性栏

2．图表的编辑

绘制完成后，可以直接对完成的图表进行编辑。可以对图表的整体颜色进行更改，也可以对单块矩形进行编辑。通过单击属性栏中的 ▨ 【取消群组】按钮或按<Ctrl>+<U>键，选择需要改变颜色的矩形块，填入相关颜色即可，如图 2-202 所示。

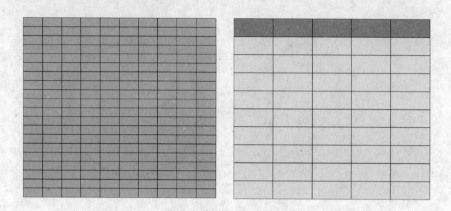

图 2-202　对图表进行颜色编辑

2.5.8　螺纹工具

如果想将直线做成漩涡状的怎么做，有了 【螺纹工具】（如图 2-203 所示），实现这个效果将变得非常容易。运用【螺纹工具】，可以很方便地制作对称式螺纹和对数式螺纹。

可以通过以下几种方法来执行 【螺纹工具】。

● 单击工具箱中的 【螺纹工具】。
● 按<A>键。

在【螺纹工具】属性栏中设置螺纹回圈，选择螺纹方式。当鼠标箭头变为 时，在工作区中单击鼠标左键并拖动，开始绘制。

【螺纹工具】属性栏（如图 2-204 所示）和【图纸工具】属性栏组合在一起，在图 2-204 中仅显示了螺纹工具的属性。其中各选项的功能如下。

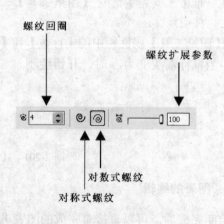

图 2-203　螺纹工具　　　　　　图 2-204　【螺纹工具】属性栏

● 【螺纹回圈】：用于设置螺纹的圈数，需要在绘制螺纹之前设定。如图 2-205

所示是设置【螺纹回圈】分别为 10 和 20 的对称式螺纹对比效果。

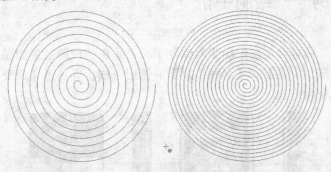

图 2-205　【螺纹回圈】分别为 10 和 20 对比效果

TIPS:

按<Ctrl>键，可以绘制正圆形螺纹。按住<Shift>键或<Ctrl>键可同时将螺纹向中心或四周进行缩放。按<F12>键，弹出【轮廓线】对话框，在该对话框中可改变螺纹的轮廓粗细和线条样式。

- ● 【对称式螺纹】和 【对数式螺纹】：这是两种不同的螺纹形式，如图 2-206 所示。对称式螺纹之间的螺纹间距是一样的，对数式螺纹是由中心向四周扩散的一种螺纹形式，通过设置【螺纹扩展参数】值，可以绘制出不同的对数式螺纹效果。

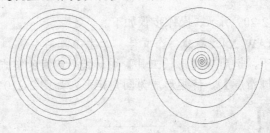

图 2-206　对称式螺纹和对数式螺纹

- ● 【螺纹扩展参数】：主要用于设置对数式螺纹的数值，如图 2-207 所示为【螺纹扩展参数】值分别为 15 和 50 的对比效果。

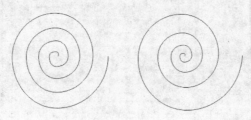

图 2-207　【螺纹扩展参数】值为 15 和 50 的效果

2.6 综合案例——绘制手机

本节主要学习如何综合运用绘图工具绘制手机。手机的最终效果如图 2-208 所示。通过本例重点练习【贝塞尔工具】和【形状工具】的使用方法，并熟悉【渐变填充】工具和【高斯式模糊】命令的使用方法。

图 2-208　手机效果图

2.6.1 绘制手机背景

手机背景效果如图 2-209 所示。操作步骤如下。

（1）启动 CorelDRAW X4，新建一个文件。单击工具箱中的 □【矩形工具】，绘制矩形，在未转曲线的情况下，运用 ▷【形状工具】拖动矩形四周的节点，或通过调节【矩形工具】属性栏中的【边角圆滑度】，使矩形成为圆角矩形，如图 2-210 所示。

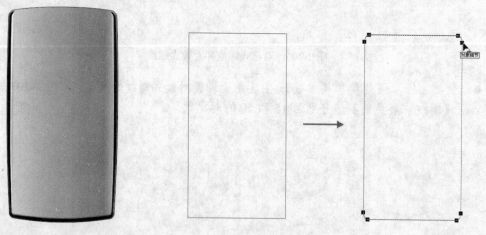

图 2-209　手机背景效果

图 2-210　绘制圆角矩形

（2）按<Ctrl>+<Q>键，将当前图形转换为曲线，使用 【形状工具】，进行细致的曲线调节，得到手机形体轮廓，如图 2-211 所示。

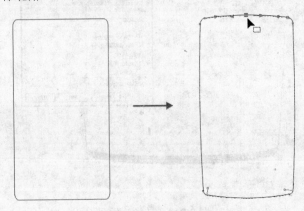

图 2-211　手机形体轮廓

（3）运用 【贝塞尔工具】和 【形状工具】绘制手机的内侧，并为其填充黑色（K:80），如图 2-212 所示。

图 2-212　绘制手机内侧

（4）进一步调节内侧形体，如图 2-213 所示。

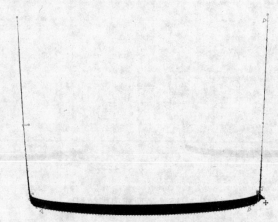

图 2-213　调节手机内侧形体效果

（5）单击菜单栏中的【位图】→【转换为位图】命令，将当前绘制的图形转换为位图，属性设置如图 2-214 所示。

图 2-214　转换为位图

TIPS:

图形必须要在工作区当中，否则不能转换。

（6）单击菜单栏中的【位图】→【模糊】→【高斯式模糊】命令，对转换后的位图进行模糊处理，得到边缘模糊柔化的质感效果，如图 2-215 所示。

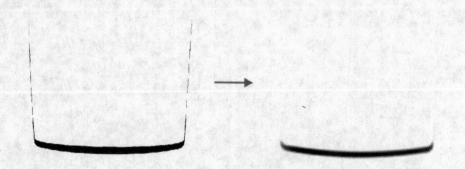

图 2-215　高斯式模糊效果

（7）复制刚才绘制的手机轮廓，将做好的手机内侧图像置入到手机轮廓当中。首先选择手机内侧图像，然后单击菜单栏中的【效果】→【图框精确剪裁】→【放置在容器中】命令。当出现箭头符号标志时，直接在手机轮廓上单击，完成置入，如图 2-216 所示。

（8）CorelDRAW X4 默认的置入方式是居中显示，但这并不是我们所要的效果，此时可在当前图形上右击，在弹出的右键快捷菜单中选择【编辑内容】，直接在图框内对置入的图形进行编辑，如图 2-217 所示。

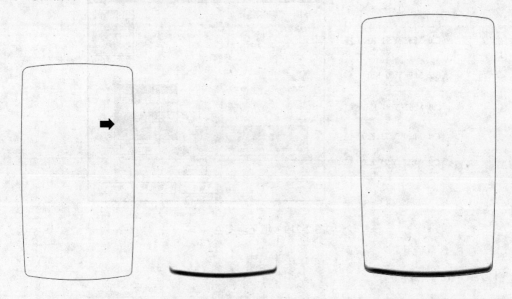

图 2-216　放置在容器中　　　　　　　　图 2-217　编辑后的效果

（9）参考步骤（3），运用 ✎【贝塞尔工具】和 ▶【形状工具】绘制手机的侧面。最终效果由 3 个图层叠加而成，如图 2-218 所示。

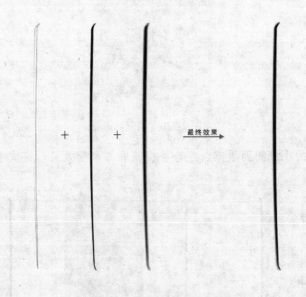

图 2-218　绘制手机侧面质感

（10）再次复制绘制好的手机轮廓，按<F11>键，设置并填充渐变色，如图 2-219 所示，填充后的效果如图 2-220 所示。

(C:0 M:68 Y:91 K:0) **a**

(C:2 M:9 Y:60 K:0) **b**

(C:0 M:62 Y:84 K:0) **c**

(C:1 M:20 Y:73 K:0) **d**

(C:1 M:77 Y:95 K:0) **e**

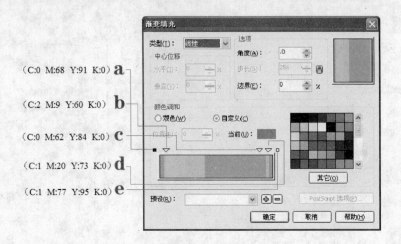

图 2-219　填充渐变色

图 2-220　填充后

（11）复制绘制的手机侧面质感，组合手机轮廓与渐变效果，完成手机背景的绘制，如图 2-221 所示。

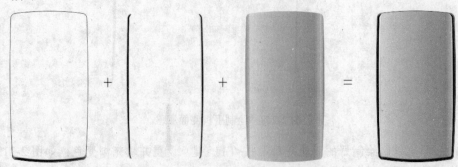

图 2-221　完成手机背景绘制

2.6.2 绘制手机面板

手机面板效果如图 2-222 所示。操作步骤如下。

（1）运用 【贝塞尔工具】和 【形状工具】绘制手机的面板轮廓，并应用线性渐变双色填充模式，设置渐变值从 C:85、M:77、Y:61、K:36 到 C:87、M:80、Y:65、K:56，如图 2-223 所示。

图 2-222 手机面板效果

图 2-223 绘制手机面板轮廓

（2）运用 【贝塞尔工具】和 【形状工具】绘制如下图形，设置填充值为 K:70，并应用【转换为位图】与【高斯式模糊】命令，完成面板轮廓最上方的质感表现，如图 2-224 所示。

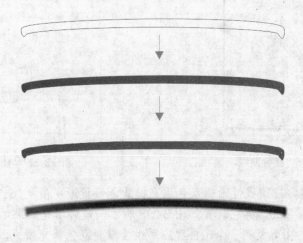

图 2-224 面板上方质感表现

（3）运用 【贝塞尔工具】和 【形状工具】绘制曲线线段，按<F12>键，在打开的【轮廓笔】对话框中设置曲线轮廓宽度为 0.35mm，如图 2-225 所示。

93

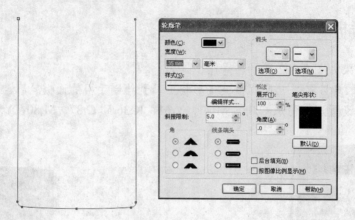

图 2-225　绘制曲线

（4）复制两条绘制好的曲线线段，并将这两条曲线缩放到适当大小（如图 2-226 所示），按<Ctrl>+<L>键执行【结合】命令。

（5）此时还不能为对象填充颜色，因为它不是闭合路径。使用 【形状工具】，框选最上面的两个节点，单击【形状工具】属性栏中的【延长曲线使之闭合】按钮（如图 2-227 所示），使两条线段形成闭合路径。用同样的方法使另外两个节点闭合，并去除轮廓线。

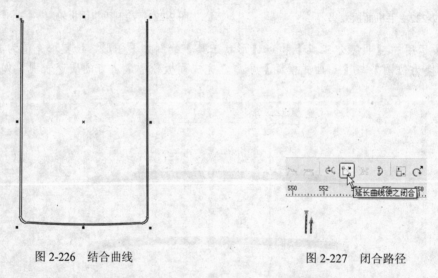

图 2-226　结合曲线　　　　　　　　　　　　图 2-227　闭合路径

（6）按<F11>键，应用线性渐变双色填充模式，设置渐变值从 C:5、M:84、Y:87、K:0 到 C:2、M:13、Y:33、K:0，其它设置如图 2-228 所示，最终填充效果如图 2-229 所示。

（7）将绘制好的图形复制一个，再次应用线性渐变双色填充模式，设置渐变值从 C:85、M:74、Y:69、K:74 到 C:67、M:56、Y:47、K:5，填充效果如图 2-230 所示。

（8）组合刚才绘制的所有图形，得到如下图形，如图 2-231 所示，其边缘叠加效果如图 2-232 所示。

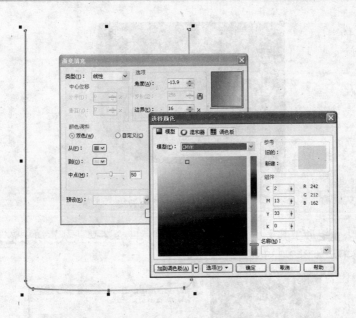

图 2-228　设置渐变填充

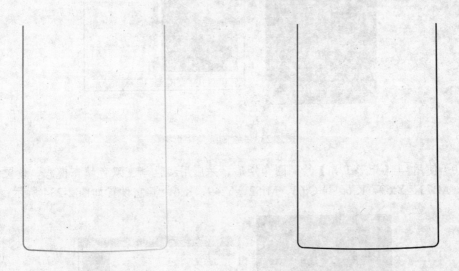

图 2-229　渐变填充效果　　　　　　　　　　　　　图 2-230　应用渐变填充效果

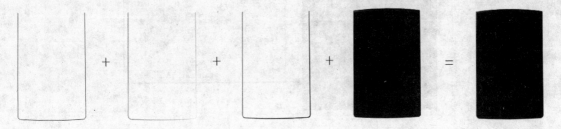

图 2-231　初步完成面板绘制

图 2-232　边缘叠加效果

（9）使用 □【矩形工具】绘制圆角矩形，注意圆角不要太大，并设置填充值为 C:82、M:70、Y:65、K:40，如图 2-233 所示。

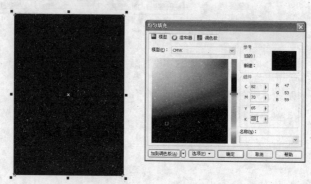

图 2-233　绘制圆角矩形

（10）使用 □【矩形工具】绘制圆角矩形，并应用线性渐变双色填充模式，设置渐变值从 C:84、M:73、Y:69、K:66 到 C:63、M:52、Y:49、K:6，其它设置如图 2-234 所示。

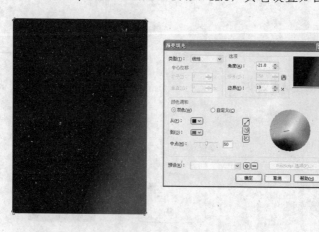

图 2-234　设置渐变填充

（11）运用 \[贝塞尔工具\]绘制如图 2-235 所示的图形，运用 \[交互式透明工具\]为其填充渐变效果。单击菜单栏中的【位图】→【转换为位图】命令，再单击菜单栏中的【位图】→【模糊】→【高斯式模式】命令，绘制面板内侧 1。

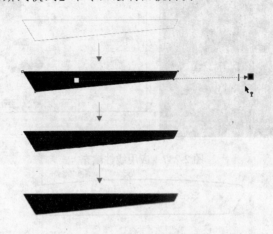

图 2-235　绘制面板内侧 1

（12）用同样的方法绘制如图 2-236 所示的面板内侧 2 效果，并设置填充值为 K:60。

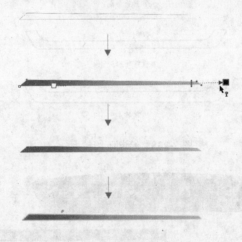

图 2-236　绘制面板内侧 2

（13）使用 \[矩形工具\]绘制一个圆角矩形，并应用线性渐变双色填充模式，设置渐变值从 C:84、M:72、Y:71、K:82 到 C:82、M:71、Y:63、K:35，其它设置如图 2-237 所示。

（14）下面绘制听筒。运用 \[贝塞尔工具\]和 \[形状工具\]绘制听筒的轮廓组成部分，如图 2-238 所示。

（15）分别对听筒组成部分的单个对象应用线性渐变填充。为听筒轮廓 1 应用线性渐变双色填充模式，设置渐变值从 C:85、M:74、Y:69、K:70 到 C:66、M:56、Y:43、K:4，其它属性设置如图 2-239 所示。

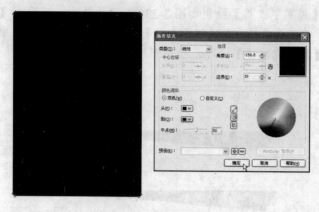

图 2-237　应用线性填充

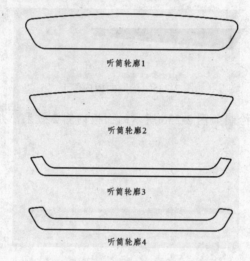

听筒轮廓1

听筒轮廓2

听筒轮廓3

听筒轮廓4

图 2-238　绘制听筒轮廓

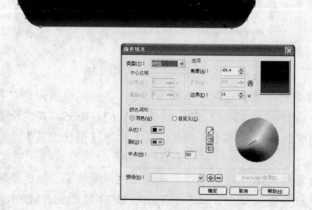

图 2-239　听筒轮廓 1 渐变填充

（16）为听筒轮廓 2 设置填充色值为 C:85、M:74、Y:70、K:76，并按<F12>键，在打开的【轮廓笔】对话框中设置轮廓宽度为 0.35mm，如图 2-240 所示。

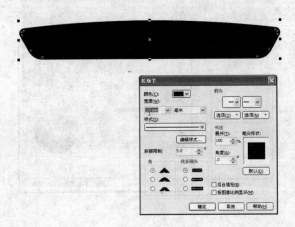

图 2-240　设置轮廓 2 宽度

（17）为听筒轮廓 3 设置渐变填充，总共包括 4 个渐变点，设置渐变色值从左往右依次为 C:15、M:11、Y:7、K:0；C:2、M:1、Y:1、K:0；C:66、M:55、Y:35、K:2；C:7、M:5、Y:4、K:0，其它属性设置如图 2-241 所示。

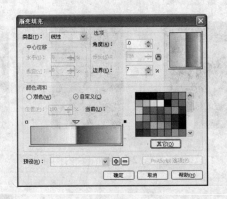

图 2-241　轮廓 3 填充线性渐变

（18）为听筒轮廓 4 应用线性渐变双色填充模式，设置渐变值从 C:0、M:0、Y:0、K:0 到 C:24、M:19、Y:15、K:0，其它属性设置如图 2-242 所示。

（19）组合绘制的听筒图形，完成听筒绘制，如图 2-243 所示。

（20）导入一张手机的操作界面图，运用【贝塞尔工具】和【交互式透明工具】做出透明效果。组合图形，完成手机面板大部分的绘制工作，如图 2-244 和图 2-245 所示。

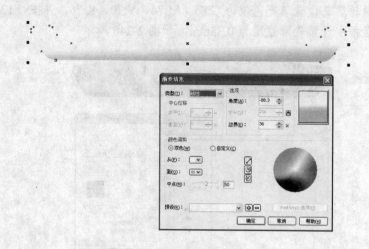

图 2-242　轮廓 4 填充线性渐变

图 2-243　完成听筒绘制

图 2-244　组合内侧面板

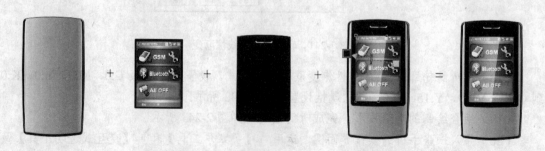

图 2-245　组合绘制好的手机面板图形

2.6.3 绘制手机按键

手机按键效果如图 2-246 所示。操作步骤如下。

图 2-246 完成的手机按键效果

（1）运用 【贝塞尔工具】结合 【形状工具】绘制按键的外轮廓，并应用线性渐变填充，设置渐变值从 C:85、M:77、Y:61、K:36 到 C:87、M:80、Y:65、K:56，其它属性设置如图 2-247 所示。

图 2-247 按键外轮廓填充设置

（2）运用 【贝塞尔工具】绘制如图 2-248 所示的曲线，运用 【形状工具】进行细致的调节。

（3）参考 2.6.2 小节中介绍的绘制手机面板的操作步骤，绘制以下图形，并应用线性渐变填充，设置渐变值从 C:5、M:84、Y:87、K:0 到 C:1、M:18、Y:50、K:0，其它属性设置如

图 2-249 所示。

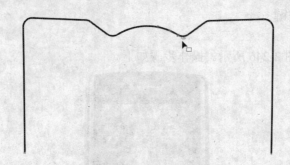

图 2-248 绘制按键轮廓曲线

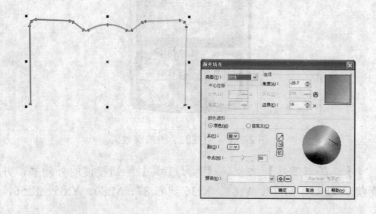

图 2-249 渐变填充设置

（4）参考 2.6.2 小节中介绍的绘制手机面板的操作步骤，绘制以下图形，并应用线性渐变填充，设置渐变值从 C:85、M:74、Y:69、K:74 到 C:67、M:56、Y:47、K:5，其它属性设置如图 2-250 所示。

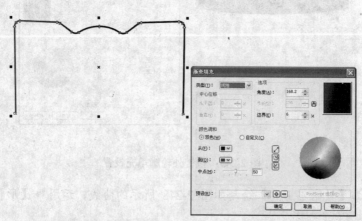

图 2-250 增加质感

（5）组合刚才绘制的图形，完成按键外轮廓的绘制，如图 2-251 所示，边缘叠加效果如图 2-252 所示。

图 2-251　按键外轮廓绘制

图 2-252　边缘叠加效果

（6）运用 　【贝塞尔工具】和 　【形状工具】绘制按键内侧轮廓。并应用线性渐变填充，设置渐变值从 C:85、M:75、Y:68、K:69 到 C:80、M:70、Y:58、K:21，其它属性设置如图 2-253 所示。

 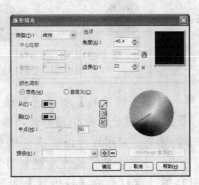

图 2-253　按键内侧轮廓渐变填充设置

103

（7）复制当前图形，并填充黑色 K:100，按<F12>键，在打开的【轮廓笔】对话框中设置轮廓宽度为 0.353mm，其它属性设置如图 2-254 所示。

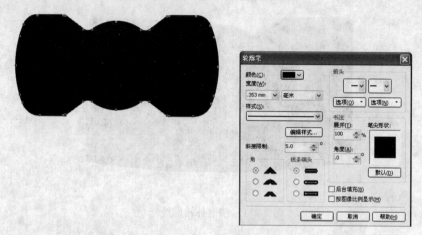

图 2-254　设置【轮廓笔】参数

（8）下面绘制按键，按键的绘制相对复杂，所以绘制的时候一定要有足够的耐心。按键的绘制主要应用了 【贝塞尔工具】、 【形状工具】、【渐变填充】工具和【高斯式模糊】命令来完成。按键的剖面效果如图 2-255 所示。

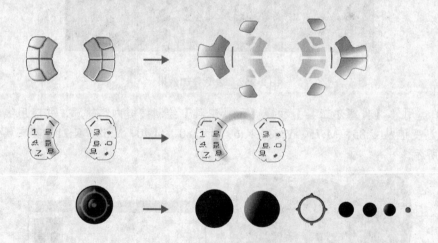

图 2-255　按键剖面效果

（9）运用 【贝塞尔工具】和 【形状工具】绘制如图 2-256 所示的图形，并应用线性渐变填充。下面将按键分成 9 个图形进行分解说明。

1）图形 1 的填充。应用线性渐变双色填充模式，设置渐变值从 C:0、M:0、Y:0、K:0 到 C:42、M:29、Y:24、K:0，其它属性设置如图 2-257 所示。

2）按<F12>键，在打开的【轮廓笔】对话框中设置轮廓宽度为 0.353mm，颜色为黑色 K:100。其它属性设置如图 2-258 所示。

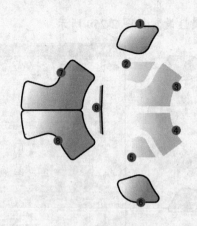

图 2-256　应用渐变步骤

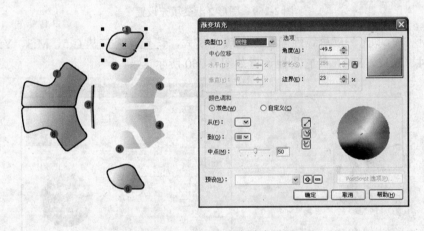

图 2-257　图形 1 渐变填充设置

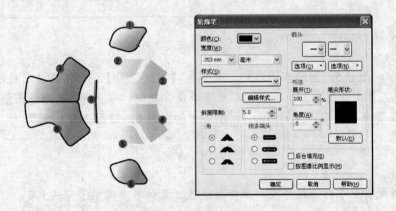

图 2-258　设置轮廓宽度

3）图形 2 的填充。应用线性渐变双色填充模式，设置渐变值从 C:0、M:0、Y:0、K:0 到

C:16、M:9、Y:8、K:0，其它属性设置如图 2-259 所示。

图 2-259　图形 2 渐变填充设置

4）图形 3 的填充。应用线性渐变双色填充模式，设置渐变值从 C:5、M:3、Y:2、K:0 到 C:23、M:14、Y:12、K:0，其它属性设置如图 2-260 所示。

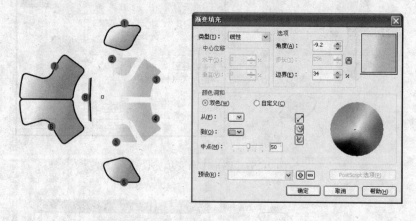

图 2-260　图形 3 渐变填充设置

5）图形 4、图形 5、图形 6 的填充。使用 【挑选工具】选择图形 1、图形 2 和图形 3，按住<Ctrl>键，单击并向下垂直拖动，右击完成镜像复制，并参照图形 1、图形 2 和图形 3，改变渐变的角度使之对称，得到图形 4、图形 5 和图形 6，如图 2-261 所示。

TIPS:

在【渐变填充】对话框中可以改变角度值，具体可参考第 5 章 5.3 节。

6）图形 7、图形 8 的填充。选择图形 7 应用线性渐变双色填充模式，设置渐变值从 C:0、M:0、Y:0、K:1 到 C:42、M:29、Y:24、K:0，利用步骤 4）中介绍的镜像复制的方法得到图

形8，其它属性设置如图2-262所示。

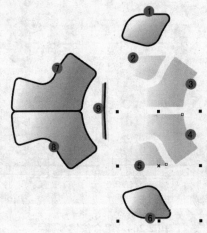

图2-261 图形4、图形5和图形6绘制

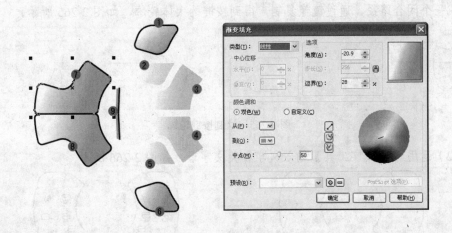

图2-262 图形8渐变填充设置

7）图形9的绘制。运用 【贝塞尔工具】和 【形状工具】绘制如图2-263所示的3个图形，并分别为其填充颜色，填充色值从左到右依次为C:43、M:30、Y:24、K:0；C:0、M:0、Y:0、K:100；C:7、M:4、Y:3、K:0，最后组合3个图形。

（10）组合并复制图形，改变渐变填充的角度和边界，完成按键的绘制工作。如图2-264所示为组合按键的操作步骤，依次为：a）复制前面绘制好的图形1和图形8，设置填充颜色为无，保留轮廓线；b）组合图形，完成按键左半部分的绘制；c）复制图形；d）进一步调节渐变角度和边角，完成右半部分按键的绘制；e）组合左右按键。

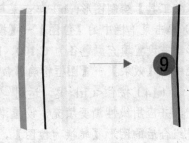

图2-263 图形9绘制

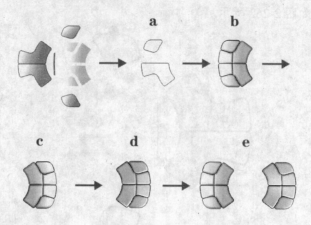

图 2-264　组合按键步骤

（11）下面绘制按键上的数字。从右半部分按键上复制出轮廓图形，并运用【焊接】命令，形成一个闭合路径，通过镜像复制，得到按键的大体轮廓，如图 2-265 所示。

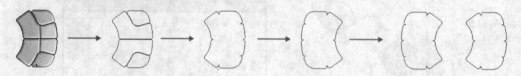

图 2-265　绘制按键轮廓

（12）运用 字【文字工具】输入文字和英文字母，如图 2-266 所示。

图 2-266　输入文字和英文字母

（13）增加按键质感。如图 2-267 所示为增加按键质感的分解步骤，依次为：a）运用 【贝塞尔工具】绘制图形；b）单击菜单栏中的【位图】→【转换为位图】命令，属性设置为默认；c）单击菜单栏中的【位图】→【模糊】→【高斯式模糊】命令；d）复制步骤 a 中所绘制的图形，并设置填充颜色各为 C:100、M:0、Y:100、K:0 和 C:96、M:42、Y:0、K:0；e）单击菜单栏中的【效果】→【图框精确剪裁】→【放置在容器中】命令，完成绘制。

（14）按住<Ctrl>键，运用 ○【椭圆形工具】绘制两个椭圆，按<Ctrl>+<L>键，完成组合，并应用线性渐变填充，设置渐变值从 K:40 到 K:0，角度为-24°，边界为 12%，进一步将组合后的图形【转换为位图】，应用【高斯式模糊】命令，并运用 【交互式透明工具】调出最终效果，如图 2-268 所示。

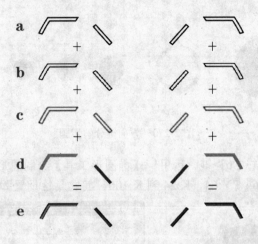

图 2-267　增加按键质感

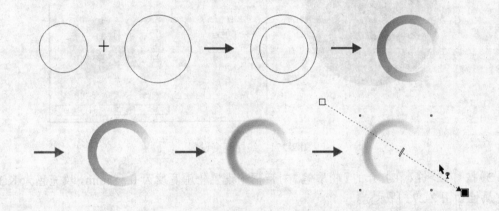

图 2-268　进一步增加按键质感

（15）按<Ctrl>+<I>键导入一张材质图，组合图形，完成数字按键绘制，如图 2-269 所示。

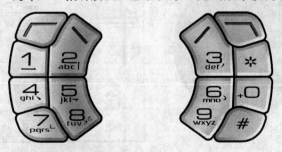

图 2-269　完成数字按键绘制

（16）绘制方向键。方向键主要运用 ○【椭圆形工具】绘制，♀【交互式透明工具】主要用于增加质感。如图 2-270 所示为方向键分解步骤。

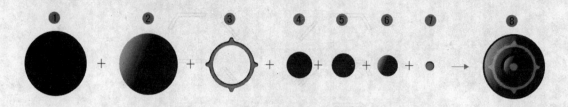

图 2-270　方向键分解步骤

1）绘制图形 1。按住<Ctrl>键，运用 ○【椭圆形工具】绘制圆形，并应用线性渐变填充，设置渐变值从 C:75、M:64、Y:64、K:24 到 K:100，其它属性设置如图 2-271 所示。

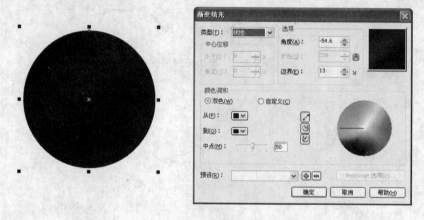

图 2-271　线性渐变设置

2）按<F12>键，在打开的【轮廓笔】对话框中设置轮廓宽度为 0.353mm，填充色为 K:100，其它属性如图 2-272 所示。

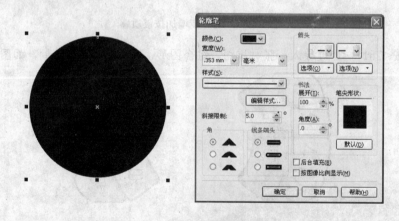

图 2-272　轮廓属性设置

3）绘制图形 2。按住<Ctrl>键，运用 ○【椭圆形工具】绘制圆形，并应用线性渐变填充，设置渐变值从 K:95 到 K:100，其它属性设置如图 2-273 所示。

图 2-273　渐变填充设置

4）运用 【贝塞尔工具】和 【形状工具】绘制白色路径，并应用 【交互式透明工具】绘出透明效果，如图 2-274 所示。

图 2-274　应用透明工具

5）绘制图形 3。运用 【椭圆形工具】、 【贝塞尔工具】和 【形状工具】绘制方向键的凹槽。执行【转换为位图】命令，并运用【高斯式模糊】增加质感效果，最后应用【图框精确剪裁】命令，完成图形 3 的绘制，如图 2-275 所示。

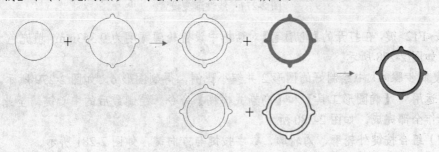

图 2-275　凹槽的绘制

111

6）绘制图形 4。按住<Ctrl>键，运用 ○【椭圆形工具】绘制圆形，并应用线性渐变填充，设置渐变值从 K:97 到 K:88，其它属性设置如图所示。

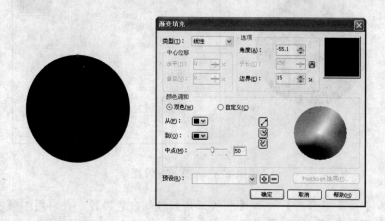

图 2-276 线性渐变设置

7）绘制图形 5。按住<Ctrl>键，运用 ○【椭圆形工具】绘制圆形，并应用线性渐变填充，设置渐变值从 C:75、M:64、Y:64、K:24 到 K:98，其它属性设置如图 2-277 所示。

图 2-277 线性渐变设置

8）按<F12>键，在打开的【轮廓笔】对话框中设置轮廓宽度为 0.353mm，填充色为 K:100，其它属性如图 2-278 所示。

9）复制步骤 4）中绘制好的图形 2 并缩小比例，得到图形 6，如图 2-279 所示。

10）运用 ○【椭圆形工具】和【高斯式模糊】命令，绘制最后的中心键。至此，方向键的绘制工作全部完成，如图 2-280 所示。

（17）组合按键外轮廓、内轮廓、数字按键与方向键，如图 2-281 所示。

（18）运用 ▲【贝塞尔工具】和 ▲【形状工具】给手机的下方添加质感，如图 2-282

所示。

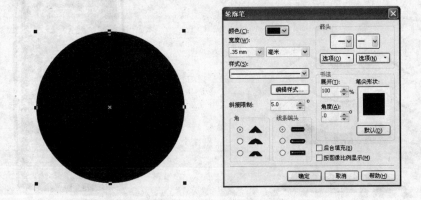

图 2-278　轮廓属性设置

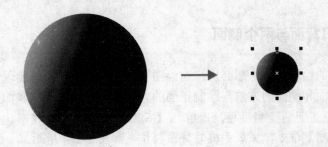

图 2-279　图形 6

图 2-280　绘制中心键

图 2-281　组合图形

（19）组合所有图形，完成手机按键绘制，如图 2-283 所示。

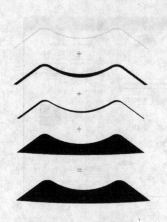

图 2-282　添加质感　　　　　　　　　图 2-283　完成手机按键绘制

2.6.4　绘制手机背面与两个侧面

　　通过手机正面的绘制工作，想必用户对绘图工具的使用和效果的实现已经掌握的比较透彻了。绘制手机背面和侧面的方法与绘制正面的方法差不多。操作步骤如下。

　　（1）参考手机正面的绘制过程，运用 [贝塞尔工具]、[形状工具] 和 [渐变填充] 和 [高斯式模糊] 命令，完成手机的背面制作，如图 2-284 所示。

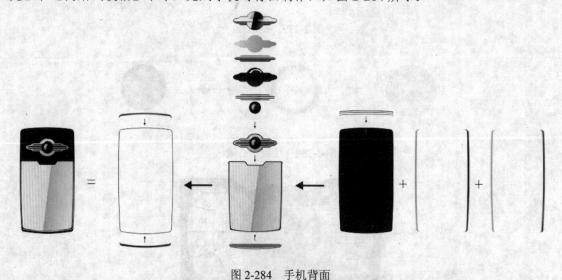

图 2-284　手机背面

　　（2）运用 [贝塞尔工具] 和 [形状工具] 配合填充工具，完成手机侧面的绘制，如图 2-285 所示。

　　（3）运用图层的叠加效果，可以很好地将质感表现出来，如图 2-286 所示。

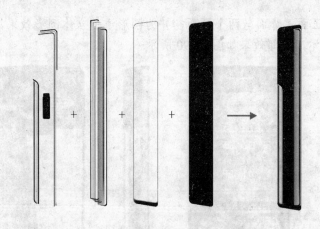

图 2-285　手机侧面

（4）运用 ↖【贝塞尔工具】和 ↖▸【形状工具】配合填充工具，完成手机侧面地绘制，如图 2-287 所示。

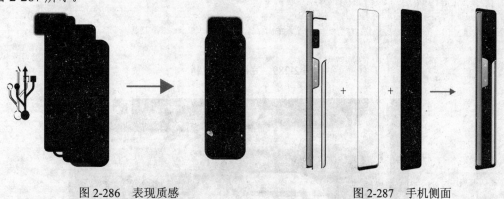

图 2-286　表现质感　　　　　　　　　　图 2-287　手机侧面

（5）添加合适的材质，运用适当的图层叠加效果，可以完美地表现手机的质感，如图 2-288 所示。

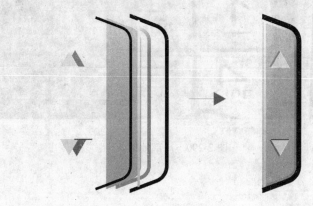

图 2-288　增加质感

115

（6）合并手机正面、背面与两个侧面，并为图形添加立体倒影效果，完成手机的绘制工作，如图 2-289 所示，局部效果如图 2-290 所示。

图 2-289　完成手机绘制

图 2-290　局部效果

第 3 章　强大的交互式功能

3.1　交互式调和工具

顾名思义，调和就是将两个颜色各异的图形调和在一起，又称为混合。除了调和颜色外，还可以调和两种甚至两种以上不同的形状。在 CorelDRAW X4 总共有 3 种不同的调和方式，即直接调和、路径调和及复合调和。如图 3-1 所示为 【交互式调和工具】。

图 3-1　交互式调和工具

3.1.1　调和原理

可以通过单击工具箱中的 【交互式调和工具】来执行调和命令。

在使用该工具时，必须要有两个需要相互调和的矢量图形或文字图形，然后从一图形拖动到另一图形，即可完成简单的调和。如图 3-2 所示为调和原理解析图。

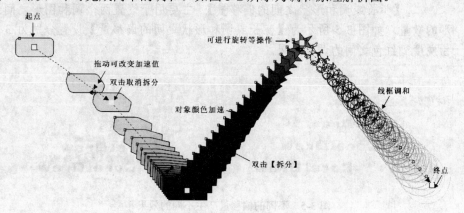

图 3-2　调和原理

3.1.2 【交互式调和工具】属性栏

如图 3-3 所示为【交互式调和工具】属性栏，其中各选项的功能如下。

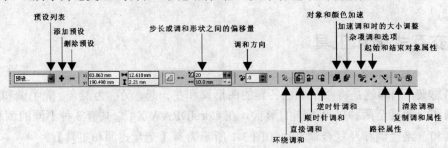

图 3-3　【交互式调和工具】属性栏

● 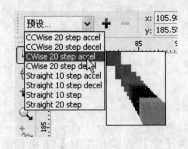【预设】：CorelDRAW X4 系统内置的一些调和效果。单击该下拉列表，可弹出预设列表，如图 3-4 所示。执行调和工具后，单击【+】按钮，可将当前效果存储到 CorelDRAW X4 系统内置的【预设】下拉列表中，下次使用的时候可以直接在【预设】下拉列表中选择即可。单击【-】按钮可以删除不需要的预设调和效果。

图 3-4　预设列表

● 【步长或调和形状之间的偏移量】：主要用于设置两个调和图形之间过渡图形的数量。如图 3-5 所示为【步长或调和形状之间的偏移量】设置分别为 3 和 8，由灰度到红色之间的调和效果。

图 3-5　不同的偏移量产生不同的效果

● 【调和方向】：可输入正值或负值来改变调和的角度值。用户可根据自己的需要自行设置，如图 3-6 所示为设置角度为 30° 的正负值调和对比效果。

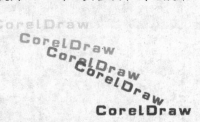

图 3-6 30°正负值调和对比效果

● 📑【环绕调和】：只有设置调和方向后，此选项才可以正常使用。单击该按钮后，系统会自动设置一个虚无的中心圆，并让调和图形有规律的环绕排列。如图 3-7 所示为环绕调和效果。

图 3-7 环绕调和

● 🔲【直接调和】、📑【顺时针调和】和 🔲【逆时针调和】3 种不同的调和选项。如图 3-8 所示为调和后的对比效果。

图 3-8 三种调和对比效果

● 📑【对象和颜色加速】：单击 📑【对象和颜色加速】按钮，打开如图 3-9 所示的【加速】对话框，拖动滑块，可同时对对象和颜色进行加速改变，单击旁边的小锁 🔒，解锁后可单独对【对象】和【颜色】进行操作。还可以通过拖动引导线上对称的两个蓝色小三角来改变加速的对象和颜色。调整加速【对象】和【颜色】效果如图 3-10 所示。

图 3-9 【加速】对话框

119

图 3-10　加速【对象】和【颜色】效果

- 　【加速调和时的大小调整】：主要用于调和对象形状大小的改变。单击该按钮后，中间的调和效果形状会有轻微的大小变化，效果如图 3-11 所示。

图 3-11　加速调和时的大小调整

图 3-12　【杂项调和选项】下拉菜单

- 　【杂项调和选项】：此选项主要用于拆分和熔合调和路径。单击该按钮，弹出如图 3-12 所示的下拉菜单。单击【拆分】命令，鼠标光标会自动变成，此时将光标在需要拆分的路径边缘单击，完成拆分，如图 3-13 所示。

- 　【起始和结束对象属性】：此选项主要用于设置调和对象的起点和终点。单击该按钮，弹出如图 3-14 所示的下拉菜单。其中，【新起点】命令用于设立新的起始点。新起点必须位于原始起点的后面，否则不能应用该命令，并且会

出现提示，如图 3-15 所示。选择【新起点】命令后，鼠标光标会变成，此时直接在新起点上单击，即可完成从【新起点】的调和。应用后，原始起点就失去了原来的作用，直接删除即可，如图 3-16 所示。单击【显示起点】命令可显示当前调和图形的起点图形。【新终点】命令用于设立新的结束终点。新终点必须位于原始起点的前面，否则不能应用该命令，并且会出现提示，如图 3-17 所示。选择【新终点】命令后，鼠标光标会变成，此时直接在新终点上单击，即可完成从【新终点】的调和。应用后，原始终点就失去了原来的作用，直接删除即可，如图 3-18 所示。单

击【显示终点】命令可显示当前调和图形的终点图形。

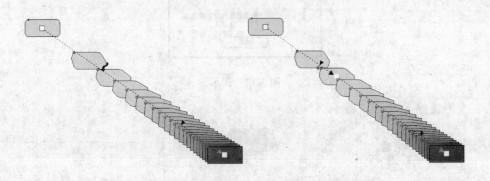

图 3-13 执行【拆分】命令

TIPS:

执行【拆分】命令后，所有的调和命令将不可用。也可直接在调和引导线上单击，完成拆分。在添加的拆分调和引导线的终点单击即可取消拆分。

新起点 (N)
显示起点 (S)

新终点
显示终点 (H)

图 3-14 【起始和结束对象属性】下拉菜单

CorelDRAW - 选择调和开始

始端对象必须在末端对象之后

确定

图 3-15 提示

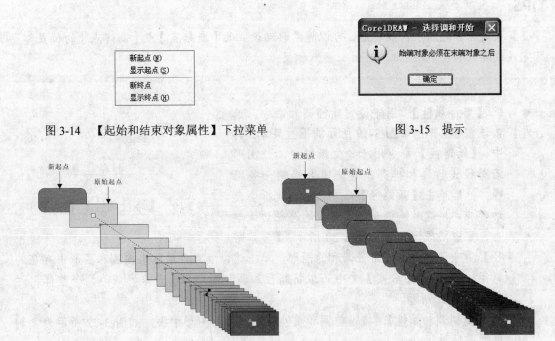

图 3-16 执行【新起点】命令

121

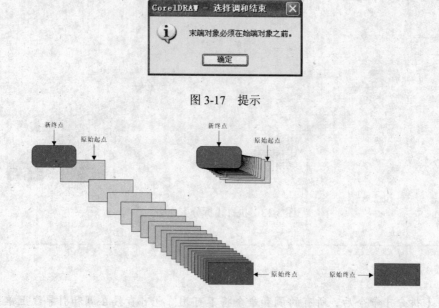

图 3-17　提示

图 3-18　应用【新终点】前后效果

TIPS:

　　置入到原始起点最前面之后，可以随意移动设立的【新起点】或【新终点】的位置都可完成最终调和。

- ⊾ 【路径属性】: 用于设置路径调和命令。单击该按钮，弹出如图 3-19 所示的下拉菜单。其中，【新路径】命令用于建立新路径，让图形沿路径进行调和排列。首先需要绘制一条路径，然后单击【新路径】命令，系统光标会自动变成 ✔，这时候将光标在绘制的路径边缘单击，完成路径调和，如图 3-20 所示。【显示路径】命令只针对进行路径调和的图形。单击该命令即可显示当前调和图形中存在的路径。【从路径中分离】命令可以将路径和调和图形分离开来，成为两个整体，过程如图 3-21 所示。

图 3-19　【路径属性】下拉菜单

- ⊡ 【复制调和属性】: 将当前调和属性应用到另外图形中去，如图 3-22 所示为复制属性前后过程。
- ⊛ 【清除调和】: 清除所有的调和效果，回到最初始的状态。

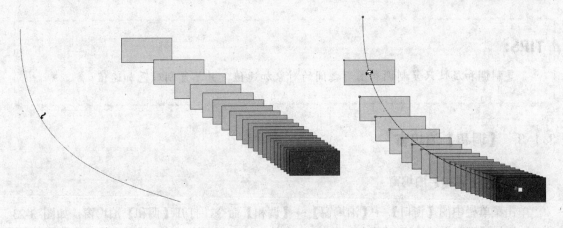

图 3-20　执行【新路径】命令

TIPS:

用【挑选工具】选择调和起点并拖动，即可改变调和的距离范围。用【挑选工具】选择路径线条，应用【去除轮廓线】，即可消除路径线条。

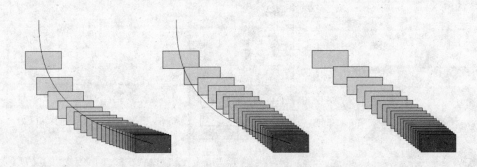

图 3-21　应用【从路径中分离】前后的效果

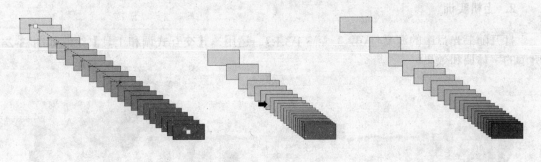

（a）复制中　　　　　　　　　　　　　　（b）复制后

图 3-22　复制调和属性

TIPS:

　复制调和属性只复制调和图形之间的对象加速值，并不复制颜色加速值。

3.1.3 【调和】泊坞窗

1．打开【调和】泊坞窗

　　单击菜单栏中的【窗口】→【泊坞窗】→【调和】命令，打开【调和】泊坞窗，如图 3-23 所示。通过【调和】泊坞窗，可以精确设定调和的步长和角度等，具体使用方法可以参考 3.1.2 节【交互式调和工具】属性栏的介绍。

图 3-23　【调和】泊坞窗

2．上机实训

　　打开随书光盘中的源文件\第 3 章\3.1\3.1.3。运用 ✎【交互式调和工具】绘制如图 3-24 所示的字体调和效果。

图 3-24　字体调和效果

3.2 交互式轮廓图工具

 【交互式轮廓图工具】（如图 3-25 所示）主要用于为图形或文字路径添加轮廓效果，CorelDRAW X4 中的轮廓方式有 3 种，分别是到中心、向内和向外。

图 3-25 交互式轮廓图工具

3.2.1 【交互式轮廓工具】属性栏

如图 3-26 所示为【交互式轮廓图工具】属性栏，其中各选项功能如下。

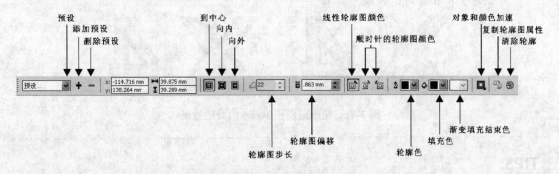

图 3-26 交互式轮廓图工具属性栏

- 【预设】：系统内置的预设效果。单击【+】按钮可将目前工作区中的轮廓效果添加到 CorelDRAW X4 系统的预设效果中；单击【-】按钮可删除预设效果；单击【预设】下拉列表，可弹出【预设】列表，如图 3-27 所示。

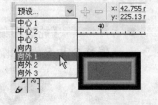

- 【到中心】：3 种轮廓样式中的一种。由图形的边缘向中心进行轮廓的添加，如图 3-28 所示。

图 3-27 【预设】列表

- 【向内】：3 种轮廓样式中的一种。类似到中心的轮廓效果。将图形由边缘向内进行收缩，进而形成轮廓效果的添加，如图 3-29 所示。

- 【向外】：3 种轮廓样式中的一种。自图形边缘向外进行扩展，进而形成轮廓效果，

125

如图 3-30 所示。

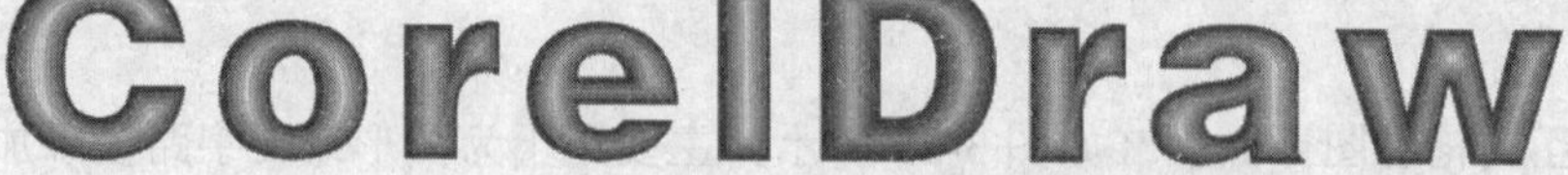
CorelDraw

图 3-28　到中心

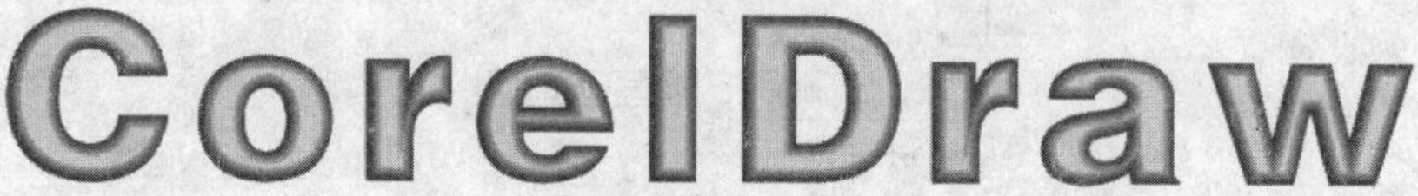
CorelDraw

图 3-29　向内

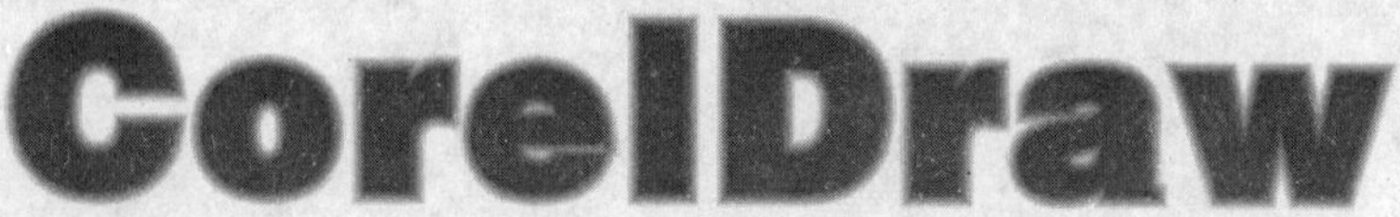
CorelDraw

图 3-30　向外

- 【轮廓图步长】：用于设置轮廓扩展的数量。如图 3-31 所示为设置轮廓图步长为 3 和 6 的对比效果。

X4
X4

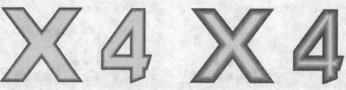

图 3-31　轮廓图步长 3 和 6 的对比效果

TIPS:

仔细观察边缘就会发现一个是 3 条轮廓边，一个是 6 条轮廓边。

- 【轮廓图偏移】：用于设置每一个步长轮廓的宽度值。如图 3-32 所示为设置偏移 3 和 5 的对比效果。

X4
X4

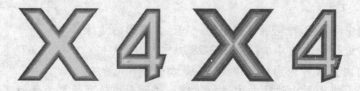

图 3-32　偏移为 3 和 5 的对比效果

- 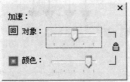【线性轮廓图颜色】和 【顺时针轮廓图颜色】：两种不同的轮廓图颜色设定，效果如图 3-33 所示。

图 3-33　线性轮廓图颜色与顺时针轮廓图颜色

- 【轮廓色】：用于设置轮廓颜色。单击该选项，在可弹出的色块库中可选择需要的色块，也可单击【其它】按钮，选择更多其它的颜色。
- 【填充色】：用于改变当前的填充颜色。
- 【渐变填充结束色】：该命令主要用于设置渐变填色的最后一个颜色值。该命令只能对应用渐变填色的轮廓效果使用。
- 【对象和颜色加速】：单击该按钮，弹出如图 3-34 所示的【加速】对话框，拖动滑块，可同时调整对象和颜色的加速；单击旁边的小锁，解锁后可单独进行【对象】和【颜色】的操作。如图 3-35 所示为加速后的效果。

图 3-34　对象和颜色加速　　　　　　　　　图 3-35　加速后的效果

- 【复制轮廓图属性】和【清除轮廓】：单击【复制轮廓图属性】按钮，可以复制当前的轮廓图属性至新的对象上面；单击【清除轮廓】按钮，可以清除当前轮廓效果，使对象回到初始状态。

3.2.2　【轮廓图】泊坞窗

单击菜单栏中的【窗口】→【泊坞窗】→【轮廓图】命令或按<Ctrl>+<F9>键，打开【轮廓图】泊坞窗，如图 3-36 所示。具体使用方法可参考 3.2.1 节。

图 3-36　【轮廓图】泊坞窗

3.3 交互式变形工具

图 3-37 交互式变形工具

【交互式变形工具】（如图 3-37 所示）主要用于进行各种图形的变形操作，CorelDRAW X4 中的变形方式主要有 3 种，分别是推拉变形、拉链变形和扭曲变形，掌握好这 3 种不同的变形工具，可以创造出很炫目的效果。

【交互式变形工具】属性栏如图 3-38 所示，选择不同的变形方式，其属性栏也随之发生变化。其中各选项功能如下。

- 【预设】：系统内置的预设变形效果，可以直接对图形进行应用。单击【+】按钮可将目前工作区中的变形效果添加到 CorelDRAW X4 系统的预设列表中，单击【-】按钮可删除变形效果。单击该下拉列表，可弹出预设列表，如图 3-39 所示。

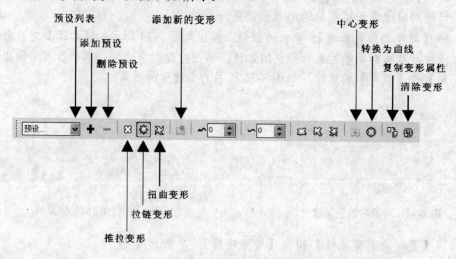

图 3-38 【交互式变形工具】属性栏

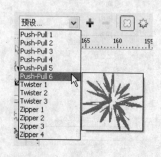

图 3-39 预设列表

- 【推拉变形】：运用推和拉的方式来形成变形效果，如图 3-40 所示。如图 3-41 所示为推拉原理分析图。如图 3-42 所示为【推拉变形】属性栏。通过调整 【推拉失真振幅】微调框，可以改变变形的振幅大小，振幅值设置范围为 0～200；也可以通过控制手柄进行拖动，从而达到合适的振幅效果。如图 3-43 所示分别是设置振幅大小为 5 和 50 的推拉效果。

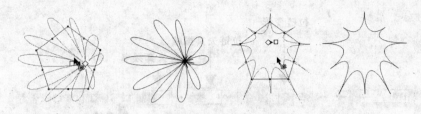

图 3-40 推和拉产生的不同效果

图 3-41 推拉原理分析图

图 3-42 【推拉变形】属性栏

图 3-43 振幅大小为 5 和 50 的推拉效果

TIPS:

可以通过以下方法来执行【推拉变形】，单击工具箱中的 ♡【交互式变形工具】，在其工具属性栏中单击 【推拉变形】按钮，在【推拉失真振幅】微调框中设定振幅值或直接在需要变形的图形上单击并拖动，即可形成推拉变形效果。

● ♢【拉链变形】：使用该工具执行变形效果后，周围会有锯齿状效果，所以又称锯齿变形效果。如图 3-44 所示为【拉链变形】属性栏。如图 3-45 所示是振幅大小为 5 和 50 的对比效果。在 ⌄⁵ ≑【拉链失真频率】微调框中调整失真频率，在两幅图形失真振幅值相等的时候，失真频率值越大，相应的锯齿密度就越大。设置值在 0～100 之间。如图 3-46 所示两幅图形振幅为 10，失真频率分别为 20 和 50。

129

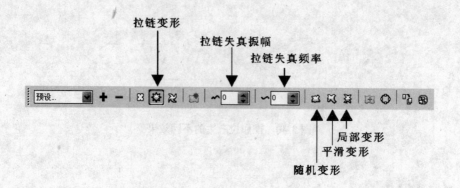

图 3-44　【拉链变形】属性栏

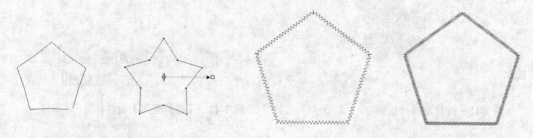

图 3-45　振幅对比效果　　　　　　　图 3-46　失真频率对比效果

TIPS:

在【拉链失真振幅】值为 0 的状态下，【拉链失真频率】不会发生任何变化。

● 　【随机变形】、　【平滑变形】和　【局部变形】，这 3 种变形效果只针对拉链
变形。随机变形即 CorelDRAW X4 系统自动的随机变形；平滑变形即主要针对边缘
进行了平滑处理，使过渡更自然；局部变形即只针对局部进行变形。3 种变形效果
如图 3-47 所示。

图 3-47　随机变形、平滑变形和局部变形

● 　【扭曲变形】：对图形进行扭曲化处理，以达到特殊的效果。如图 3-48 所示为扭
曲变形属性栏。　【逆时针旋转】和　【顺时针旋转】用于逆时针或者顺时针旋转

扭曲图形。 ^{4 0}【完全旋转】用于设置旋转值，其范围从 0～9。 ¹⁶【附加角度】用于设置角度值，其范围从 0～359。如图 3-49 所示为设置附加角度为 60 的顺时针和逆时针旋转效果。如图 3-50 所示为扭曲原理的解析。

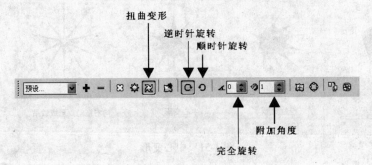

图 3-48　扭曲变形属性栏

图 3-49　完全角度为 7 附加角度为 60 的顺时针和逆时针旋转效果

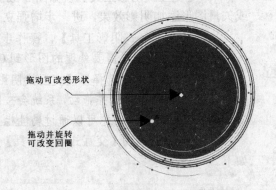

图 3-50　扭曲原理解析

TIPS:

拖动图中的控制点，可以形成很多意想不到的效果。

● 【添加新的变形】：可以在当前图形上应用新的变形效果。

● 【中心变形】：自图形中心向四周变形，这种效果不能直接应用，只有在应用了推拉变形、拉链变形和扭曲变形中的任意一种变形效果之后，此选项才可使用，效果如图 3-51 所示。

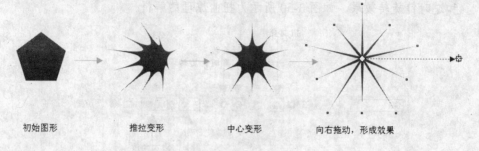

初始图形　　　　　推拉变形　　　　　中心变形　　　　向右拖动，形成效果

图 3-51　中心变形

- ⟡【转换为曲线】：用于将当前图形转换为路径曲线，也可以通过按<Ctrl>+<Q>键来实现。
- ⟡【复制变形属性】：用于将变形属性应用到另外的图形中。
- ⟡【清除变形】：用于清除当前变形效果，回到最初始的状态。

3.4　交互式阴影工具

图 3-52　交互式阴影工具

⟡【交互式阴影工具】（如图 3-52 所示）主要用于为位图或矢量图形添加阴影效果，进一步增强立体感。

执行 ⟡【交互式阴影工具】，操作步骤如下。

（1）导入位图或需要处理的图形到 CorelDRAW X4 中。

（2）在工具箱中选择⟡【交互式阴影工具】。

（3）在位图上单击并拖动，系统会按照默认的属性进行阴影效果的添加，如果不满意可以通过属性栏上的设置进行修改。

如图 3-53 所示为【交互式阴影工具】属性栏，其各选项功能如下。

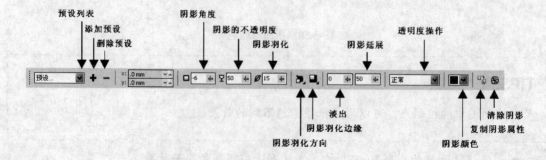

图 3-53　【交互式阴影工具】属性栏

- 【预设】：系统内置的预设阴影效果，可以直接对图形图像进行应用。单击【+】按钮可将目前工作区中的阴影效果添加到 CorelDRAW X4 系统中的预设效果中，单击【-】按钮可删除阴影效果。单击【预设】下拉列表，可弹出预设列表，如图 3-54 所示。

图 3-54　预设列表

- 【阴影偏移】：用于设置阴影的偏移方向，可以输入正负数值来进行控制。如图 3-55 所示是分别设置阴影正值 50 与负值 50 后的对比效果。

- 【阴影角度】：用于控制阴影的角度，设置范围为 -360°～360° 之间，在右侧单击可弹出滑块，直接拖动滑块可直接改变角度值。如图 3-56 所示是阴影角度分别为 20° 和 50° 的对比效果。

图 3-55　正值 50 与负值 50 的对比效果

图 3-56　阴影对比效果

- 【阴影的不透明度】：用于控制阴影的不透明度，设置范围为 0～100，在右侧单击可弹出滑块，直接拖动滑块可直接改变不透明度。如图 3-57 所示为不透明度设置 20° 和 50° 的对比效果。

- 【阴影羽化】：可以直接对阴影效果进行虚化处理，效果不亚于 Photoshop 中的羽化功能。设置范围为 0～100，在右侧单击可弹出滑块，直接拖动滑块可直接改变羽化值。如图 3-58 所示是羽化值分别设置 20° 和 50° 的对比效果。

图 3-57   不透明度对比效果

图 3-58   羽化对比效果

TIPS:

　　羽化值配合不透明度一起使用，可达到完美效果。

- 　【阴影羽化方向】：主要用于控制阴影的羽化方向，单击可打开如图 3-59 所示的【羽化方向】对话框。CorelDRAW X4 中的羽化方向分为向内、中间、向外、平均 4 种，如图 3-60 所示分别为这几种羽化的效果。

图 3-59   羽化方向　　　　　　　图 3-60   向内、中间、向外、平均羽化效果

- 　【阴影羽化边缘】：主要用于羽化阴影的边缘，单击可打开如图 3-61 所示【羽化

边缘】对话框。羽化边缘效果包括 4 种，分别为线性、方形、反白方形和平面，对比效果如图 3-62 所示。执行后的效果前 3 种基本上是看不出来差异区别的，唯一变化较大的就是【平面】羽化边缘效果。

图 3-61　羽化边缘　　　　　　　　图 3-62　线性、方形、反白方形和平面对比效果

TIPS:

　　【阴影羽化边缘】效果只有在执行了羽化方向后才能使用。

● 　　【淡出】和 　　【阴影延展】：【淡出】命令主要配合【阴影延展】来使用，设置值在 0 ~ 100 之间，通过【淡出】命令，可以设置阴影的浓淡程度，效果如图 3-63 所示；【阴影延展】命令主要用来设置阴影的拉伸程度，设置值在 0 ~ 100 之间，效果如图 3-64 所示。

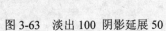

图 3-63　淡出 100 阴影延展 50　　　　　　　　图 3-64　淡出 80 阴影延展 60

TIPS:

　　在执行【交互式阴影工具】后，可以直接拖动阴影工具上的滑块和黑色方块来进行【淡出】和【阴影延展】效果的设置。

● 　　【透明度操作】：主要是进行透明度属性调节，包括正常、添加、减少、差异、乘、除、如果更亮、如果更暗、底纹化、色度、饱和度、亮度、反显、和、或、异或、红色、绿色、蓝色共 19 种模式。

- ■ ▾ 【阴影颜色】：用于改变阴影的颜色效果，单击旁边的小箭头，可打开颜色库进行选择。如果没有自己需要的，可以单击【其它】按钮进入颜色选择器进行颜色数值设置，如图 3-65 所示。添加阴影后，可以直接通过【阴影颜色】进行颜色修改，效果如图 3-66 所示。如果是要印刷，为了保证印刷效果，添加阴影后，按<Ctrl>+<K>键将阴影和原图分离，并将阴影【转换为位图】。

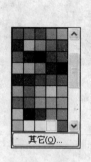

图 3-65　阴影颜色

图 3-66　添加阴影

- 🔁 【复制阴影属性】和 ⊗ 【清除阴影】：【复制阴影属性】是将当前应用的阴影效果应用到另外一副图形或图像中去。【清除阴影】则是清除当前设置的阴影效果。

3.5　交互式封套工具

通过 ⊞ 【交互式封套工具】（如图 3-67 所示）的直线模式、单弧模式、双弧模式和非强制模式，可以轻而易举的对文字或图形进行变形操作。

图 3-67　交互式封套工具

3.5.1　【交互式封套工具】属性栏

如图 3-68 所示为【交互式封套工具】属性栏，其中各选项功能如下。

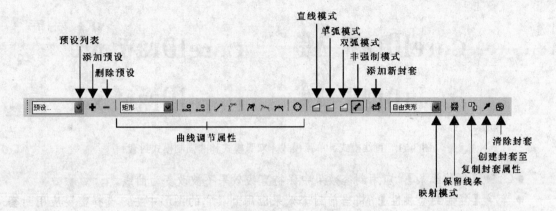

图 3-68　【交互式封套工具】属性栏

- 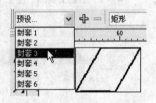 【预设】：系统内置的封套预设效果，可以直接对图形图像进行应用。单击【+】按钮可将目前工作区中的封套效果添加到 CorelDRAW X4 系统中的预设效果中，单击【-】按钮可删除封套效果。单击下拉式菜单，可弹出预设列表，如图 3-69 所示。

- 【曲线调节属性】：具体可参考第 2 章 2.1.2 形状工具。可以通过以下方式进行封套的曲线调节工作，效果如图 3-70 所示。在交互式工具组中选择【封套工具】，在需要处理的文字或图形上进行单击，四周出现矩形控制框，直接在矩形控制框上的节点上单击，即可对封套进行变形操作。

图 3-69　【预设】列表

图 3-70　对封套进行曲线调节

- 【直线模式】、【单弧模式】、【双弧模式】和【非强制模式封套】：除去非强制模式封套外，其余 3 种封套模式都不可以进行封套曲线的再调节，只可以进行上下的拉伸操作，因为它们是强制性的，这 4 种封套模式执行后的效果如图 3-71 所示。

- 【添加新封套】：单击该命令后，可以在应用过封套的图形或文字上重新定义封套模式，并进行应用。

- 【映射模式】：改变封套的模式，包含水平、原始的、自由变形和垂直 4 种映射模式。

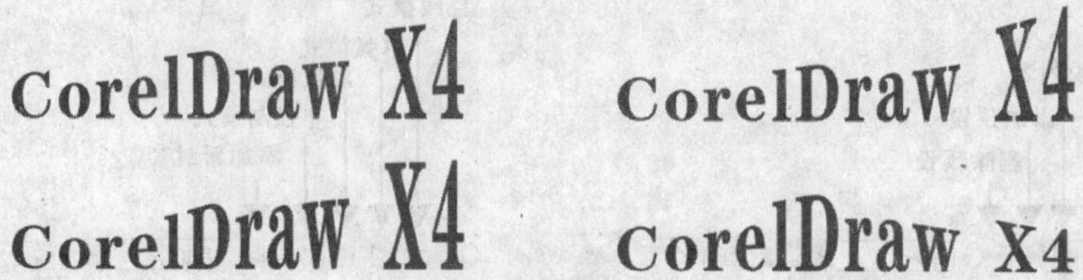
CorelDraw X4
CorelDraw X4
CorelDraw X4
CorelDraw X4

图 3-71　直线模式、单弧模式、双弧模式和非强制模式封套

- 【保留线条】: 应用封套效果中保持直线效果不被改变为曲线。
- 【复制封套属性】: 将当前封套效果应用到其它的图形中去。选择需要应用封套效果的图形，单击【复制封套属性】，这时候光标会变成箭头的形状，直接在目标封套上单击，即可应用到新图形当中，如图 3-72 所示。
- 【创建封套自】: 将已有的封套效果复制到新的图形当中。
- 【清除封套】: 清除当前应用的封套效果。

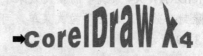

CorelDraw X4
新图形
CorelDraw X4
已做好的封套效果

图 3-72　复制封套属性

3.5.2　【封套】泊坞窗

单击菜单栏中的【窗口】→【泊坞窗】→【封套】命令或按<Ctrl>+<F7>键，打开【封套】泊坞窗，在其中可以执行预设效果和映射模式，如图 3-73 所示。

封套
添加新封套
添加预设
自由变形
保留线条
重置
应用

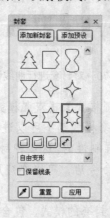

图 3-73　【封套】泊坞窗

3.6 交互式立体化工具

【交互式立体化工具】（如图 3-74 所示）是 CorelDRAW X4 中最强大的功能之一，主要用于为图形或文字添加立体效果。

图 3-74 交互式立体化工具

如图 3-75 所示为立体化工作原理。

图 3-75 立体化工作原理

如图 3-76 所示为【立体化工具】属性栏，其中各选项功能如下。

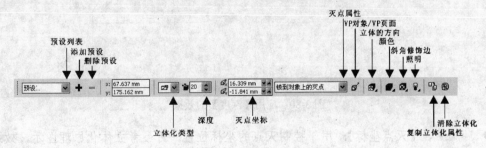

图 3-76 【立体化工具】属性栏

- 预设... 【预设】：系统内置的立体化预设效果，可以直接对图形图像进行应用。单击【+】按钮可将目前工作区中的立体化效果添加到 CorelDRAW X4 系统中的预设效果中；单击【-】按钮可删除立体化效果；单击下拉式菜单，可弹出预设列表，如图 3-77 所示。

- 【立体化类型】：总共包括 6 种不同的类型效果。单击【立体化类型】下拉列表可弹出类型列表，如图 3-78 所示。在同一对象中应用 6 种不同的立体化效果如图 3-79 所示。

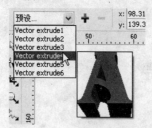

图 3-77 预设列表

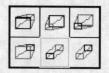

图 3-78 6 种不同的立体化类型

图 3-79 6 种不同的立体化效果

- 【深度】：主要用于控制图形的立体延展度。如图 3-80 所示，拖动的滑块即可随意控制图形的深度。可参考立体化原理图示。

图 3-80 应用【深度】的效果

- 【灭点坐标】：用于控制灭点的坐标位置。可参考立体化原理图示，效果如图 3-81 所示。

拖动改变灭点坐标值——➤×

图 3-81 改变【灭点坐标】值的效果

- 锁到对象上的灭点 ∨ 【灭点属性】：用来设置灭点的当前属性。包含锁到对象上的灭点、锁到页上的灭点、复制灭点自和共享灭点 4 种属性。【锁到对象上的灭点】选项将灭点锁定到当前应用的对象上，无论图形怎么移动，都不会改变立体化属性。【锁到页上的灭点】选项将灭点锁到页面上，对象的移动相应地立体化属性也会随之发生改变。【复制灭点自】选项从其它立体化对象复制灭点位置。【共享灭点】选项让多个对象共享一个灭点。

- 【VP 对象/VP 页面】：激活此选项后，灭点位置将会随着当前对象的移动而不断改变。

- 【立体方向】：主要用来进行 3D 旋转的设置。单击该按钮可以打开 3D 旋转操作界面（如图 3-82 所示）。直接用"小手"拖动"3"的标志进行旋转即可，也可以通过旋转值进行旋转角度的控制。

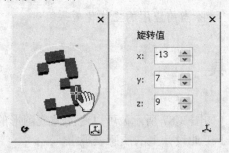

图 3-82 立体方向

- 【颜色】：主要用来设置立体化属性的颜色值。单击可弹出设置界面（如图 3-83 所示），里面有 3 种模式供你选择，分别是使用对象填充、使用纯色和使用递减的颜色；单击颜色色块可弹出颜色库进行颜色选择。

- 【斜角修饰边】：给图形边缘应用斜角效果。单击可弹出设置界面，如图 3-84 所示。其中【斜角修饰边深度】控制斜角的深度。【斜角修饰边角度】控制斜角的角度。如图 3-85 所示为应用深度 1、角度 20 后的效果。

- 【照明】：用于控制光源方向。单击可弹出设置界面。其中共包括 3 个光源方向可供选择。如图 3-86 所示。

-  【复制立体化属性】: 将当前立体化属性应用到另外的图形当中。

图 3-83　颜色　　　　　　　　　　　　　　　图 3-84　斜角设置

图 3-85　在立体化效果上应用斜角效果

图 3-86　照明

- 【清除立体化】: 清除当前应用的立体化效果。

3.7　交互式透明工具

【交互式透明工具】（如图 3-87 所示）可以对图像或图形的边缘进行虚化处理，进而达到一种特殊的效果，多用于工业设计上的质感表现上。

图 3-87　交互式透明工具

3.7.1 【交互式透明工具】属性栏

如图 3-88 所示为【交互式透明工具】属性栏，其中各选项功能如下。

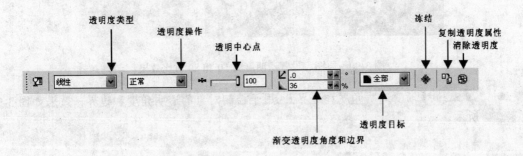

图 3-88 【交互式透明工具】属性栏

- 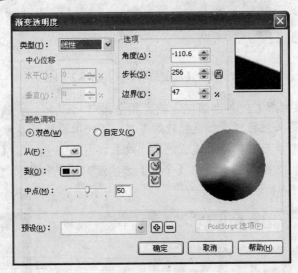【编辑透明度】：单击该按钮，打开【渐变透明度】对话框（如图 3-89 所示）。在对话框中可进行类型、颜色调和、角度和边界的设置。【编辑透明度】可参考第 5章 5.3 节内容。

图 3-89 编辑透明度

- 【透明度类型】：包括无、标准、线性、射线、圆锥、方角、双色图样、全色图样、位图图样和底纹共 10 种。

- 【透明度操作】：设置透明度模式。包括正常、添加、减少、差异、乘、除、如果更亮、如果更暗、底纹化、色度、饱和度、亮度、反显、和、或、异或、红色、绿色和蓝色共 19 种模式。

- 【透明中心点】：控制对象整体的透明度。数值从 0～100，逐渐减淡，效果如图 3-90 所示。

图 3-90 原图、设置透明度为 50 和 80 对比效果

- ![图标] 【渐变透明角度和边界】：用于控制对象的透明角度和边界，效果如图 3-91 所示。

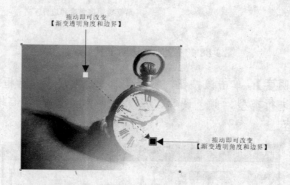

图 3-91 改变【渐变透明角度和边界】的效果

- ![全部] 【透明度目标】：包含填充、轮廓和全部 3 个选项。此选项主要针对轮廓透明度的实现，前提是必须要对图形设置轮廓宽度。（轮廓设置可参考第 5 章 5.10 节）其中【填充】选项只对填充对象应用透明效果，效果如图 3-92 所示。【轮廓】选项只对轮廓应用透明度效果，如图 3-93 所示。【全部】选项没有填充和轮廓之分，全部应用透明度效果，效果如图 3-94 所示。

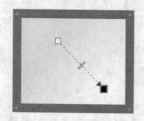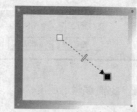

图 3-92 填充　　　　　　　　图 3-93 轮廓　　　　　　　　图 3-94 全部

- ![图标] 【冻结】：冻结透明效果，再次单击，即可取消冻结。
- ![图标] 【复制透明度属性】：复制透明度属性到新的图形当中。
- ![图标] 【清除透明度】：清除当前应用的所有透明度效果。

3.7.2 透明度类型

1. 标准

整体性的在当前图形或图像的平面进行透明度处理。可以通过【透明中心点】控制对象整体的透明度。效果如图 3-90 所示。

2. 线性

运用 【交互式透明工具】直接在图像上拖动，即可形成线性模式的透明效果，效果如图 3-95 所示。

图 3-95 线性透明效果

3. 射线

运用 【交互式透明工具】直接在图像上单击，在属性栏的【透明度类型】下拉列表中选择【射线】即可形成射线模式的透明效果（如图 3-96 所示）。默认的射线效果是自图像中心向四周发散的一种透明效果。

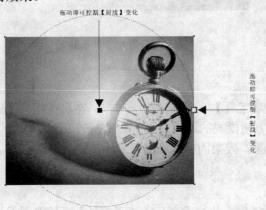

图 3-96 射线透明效果

通过拖动控制点，可以很方便地控制射线的中心和透明密度，运用此功能可以很方便地为图形或图像添加光晕效果。效果如图 3-97 所示。（此方法同样适用于圆锥和方角模式。）

图 3-97　添加光晕效果

4．圆锥

运用 ⌐ 【交互式透明工具】直接在图像上单击，在属性栏的【透明度类型】下拉列表中选择【圆锥】，即可形成圆锥模式的透明效果（如图 3-98 所示）。默认的圆锥效果是自图像中心向四周发散的一种透明效果，和射线效果基本类似。

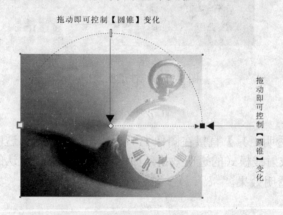

图 3-98　圆锥透明效果

5．方角

运用 ⌐ 【交互式透明工具】直接在图像上单击，在属性栏的【透明度类型】下拉列表中选择【方角】即可形成方角模式的透明效果（如图 3-99 所示）。默认的方角是自图像中心向四周发散的一种透明效果，效果同射线和圆锥基本类似。

6．双色图样

双色图样即黑白图案，运用 ⌐ 【交互式透明工具】直接在图像上单击，在属性栏的【透明度类型】下拉列表中选择【双色图样】，并在【双色图样选择器】中选择一种双色图案（如

图 3-100 所示），并调整它的开始透明度和结束透明度，即可形成双色图样模式的透明效果（如图 3-101 所示）。

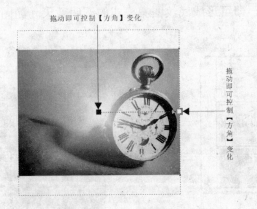

图 3-99　方角透明效果

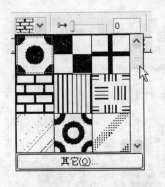

图 3-100　双色图样选择器

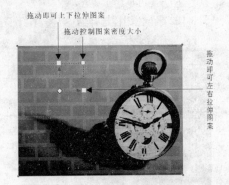

图 3-101　应用双色图样

7. 全色图样

全色图样即彩色图案。运用 【交互式透明工具】直接在图像上单击，在属性栏的【透明度类型】选项中选择【全色图样】，并在【全色图样选择器】中选择一种全色图案（如图 3-102 所示），并调整它的开始透明度和结束透明度，即可形成全色图样模式的透明效果（如图 3-103 所示）。

8. 位图图样

运用 【交互式透明工具】直接在图像上单击，在属性栏的【透明度类型】下拉列表中选择【位图图样】，并在【位图图样选择器】中选择一种位图图样（如图 3-104 所示），并调整它的开始透明度和结束透明度，即可形成位图图案模式的透明效果（如图 3-105 所示）。

9. 底纹

CorelDRAW X4 提供了丰富的底纹素材，可以在【交互式透明工具】属性栏的【底纹库】

中找到。选择【交互式透明工具】直接在图像上单击，在属性栏的【透明度类型】下拉列表中选择【底纹】，并在【底纹库】中选择一种底纹图案（如图 3-106 所示），并调整它的开始透明度和结束透明度，即可形成底纹图案模式的透明效果（如图 3-107 所示）。

图 3-102 全色图样选择器

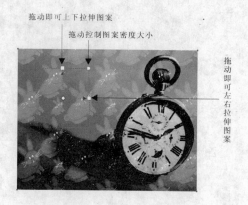

图 3-103 应用全色图样

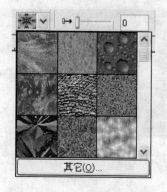

图 3-104 位图图样选择器

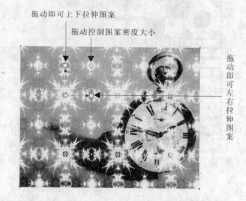

图 3-105 应用位图图样

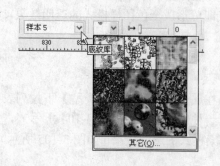

图 3-106 位图图样选择器

图 3-107 应用位图图样

3.8 综合案例——绘制手表

CorelDRAW X4 中的交互式功能介绍完毕。下面介绍如何运用【交互式透明工具】和【交互式阴影工具】来表现手表的质感，希望通过本案例的学习，使读者们在以后遇到类似的案例时能灵活解决。

如图 3-108 所示为手表的最终效果图。

图 3-108　表的质感表现

3.8.1 表带质感表现与链条的绘制

如图 3-109 所示为绘制的表带效果图。

图 3-109　表带质感表现

（1）运用 □【矩形工具】配合 ⊱【形状工具】绘制出大体轮廓。如图 3-110 所示。

（2）给轮廓填充 20%黑，并运用 ♖【互动式透明工具】逐个对图形拉出线性渐变，如图 3-111 所示。

图 3-110　轮廓

图 3-111　线性渐变

（3）运用 □【矩形工具】配合 ⊱【形状工具】绘制下表带的凹槽。并分别填充白色与黑色，如图 3-112 所示。

（4）复制相同的图形，填充黑色与白色，并使两个图形叠加在一起，如图 3-113 所示。

（5）再次叠加图形。效果如图 3-114 所示。

图 3-112　凹槽绘制 1

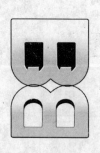

图 3-113　凹槽绘制 2

图 3-114　凹槽绘制 3

（6）运用 □【矩形工具】配合 ⊱【形状工具】绘制连接链条，并用 ♖【互动式透明工具】拉出层次变化。过程如图 3-115 所示。

（7）复制一个链条，组合图形，如图 3-116 所示。

（8）表带质感体现。运用 ⊱【贝塞尔工具】和 ⊱【形状工具】绘制凹槽旁边的装饰图案，并填充 K:100。效果如图 3-117 所示。

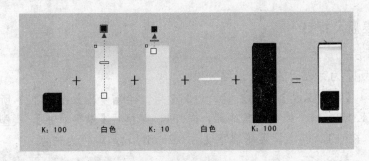

图 3-115 链条绘制 1

（9）运用【互动式阴影工具】添加阴影效果，如图 3-118 所示。

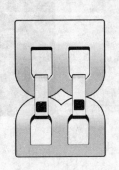

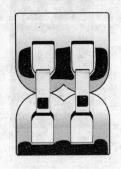

图 3-116 链条绘制 2　　　　图 3-117 表带质感体现　　　　图 3-118 表带阴影效果

（10）运用□【矩形工具】绘制链条，并运用【互动式透明工具】拉出透明效果。操作步骤如图 3-119 所示。

（11）复制并组合图形，完成表带及链条的绘制。如图 3-120 所示。

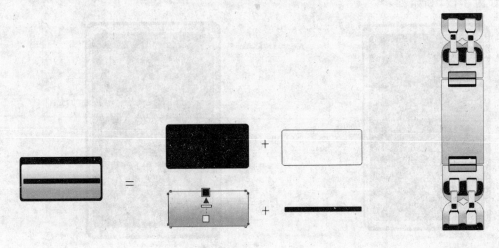

图 3-119 绘制链条　　　　　　　图 3-120 完成表带及链条的绘制

151

3.8.2 绘制表盘及指针

如图 3-121 所示为完成后的手表最终效果。

（1）运用 □【矩形工具】绘制表盘的内侧效果，绘制步骤如图 3-122 所示；（a）绘制圆角矩形，填充 K:100；（b）绘制圆角矩形，按<F11>键执行【渐变填充】，类型选择【圆锥】；（c）填充白色，按<F12>键，设置轮廓宽度为 0.2mm，轮廓颜色为白色。

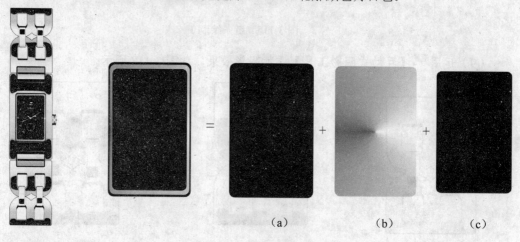

（a）　　　　　（b）　　　　　（c）

图 3-121　完成效果　　　　　　　　　　　　　图 3-122　表盘内侧

（2）运用 ✎【手绘工具】配合<Ctrl>+<R>键在表盘内侧绘制细小的装饰线条，一定要均匀分布。效果如图 3-123 所示。

（3）将当前输入法切换到智能 ABC 输入法，按<V>+<2>键，输入时间符号，并仔细调整位置，如图 3-124 所示。

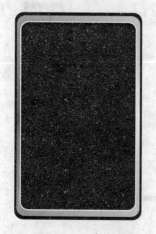 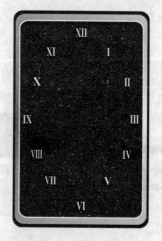

图 3-123　装饰线条绘制　　　　　　　　　　　图 3-124　输入时间符号

（4）运用□【矩形工具】、⚲【贝塞尔工具】和○【椭圆形工具】绘制指针。注意细节部分，如图 3-125 所示。

图 3-125　绘制指针

（5）运用○【椭圆形工具】给里面的时针定位，并输入文字和符号，如图 3-126 所示。

图 3-126　给指针定位

（6）运用⚲【贝塞尔工具】配合⚲【形状工具】在表面上绘制不规则形状，并填充白色，进一步运用▣【互动式透明工具】拉出透明效果，效果如图 3-127 所示。

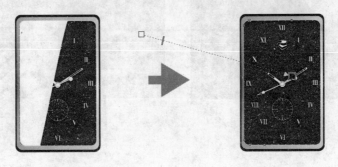

图 3-127　添加透明效果

153

（7）运用 【贝塞尔工具】和 【形状工具】给表盘添加装饰效果。并进一步应用 【互动式阴影工具】添加阴影，增强立体感。效果如图 3-128 所示。

（8）给表盘加上调时间的按钮。如图 3-129 所示。

（9）组合表带、链条与表盘，完成表的绘制。如图 3-130 所示。

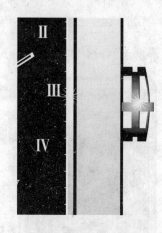

图 3-128　添加装饰效果　　　　　图 3-129　按钮　　　　　图 3-130　表

（10）为表加上背景，如图 3-131 所示。如图 3-132 所示为局部效果图。

图 3-131　添加手表背景　　　　　　　图 3-132　手表局部

第 4 章　增强的文本功能

文字处理功能是 CorelDRAW X4 最核心的部分之一。相比之前的版本，CorelDRAW X4 在文字处理上面做了很多优秀地改进。新增的字体识别和文本格式实时预览功能大大方便了经常使用 CorelDRAW 来进行文字处理的一些设计师和美编工作者。运用 CorelDRAW X4 中的 **字**【文本工具】（如图 4-1 所示）可以方便地对文本进行分栏、首字下沉、段落文本排版、文本绕图和将文字填入路径等操作。

图 4-1　文本工具

4.1　【文本工具】属性栏

如图 4-2 所示为【文本工具】属性栏，其中各选项功能如下。

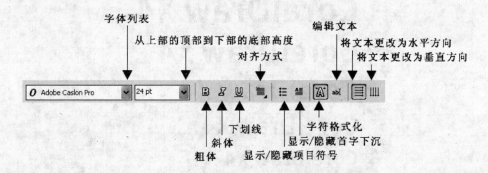

图 4-2　【文本工具】属性栏

- **【字体列表】**：主要用于选择字体。字体格式有英文字体和中文字体两种。运用 ▷【挑选工具】选择当前字体，并单击【字体列表】下拉列表右侧的箭头，即可展开字体列表，从中选择合适的字体即可，当选择字体的时候会发现，工作区中的字体会随着在字体列表中的选择而不断变化，选择了什么字体，在工作区中就会预览这种字体的格式，这就是 CorelDRAW X4 新增的字体实时预览功能，如图 4-3 所示。
- **【从上部的顶部到下部的底部高度】**：主要用于控制字体的大小。在 CorelDRAW 中，字体的大小是以 pt 为基准单位的。运用 ▷【挑选工具】选择当前字体，可以通过单击下拉箭头从字体大小列表中选择大小，也可以直接输入大小值来改变字体大小。如图 4-4 所示是在 100%视图状态下，字体大小 100pt～10pt 之间的对比效果。

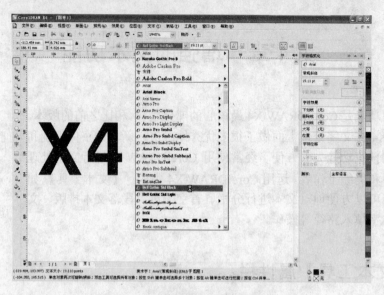

图 4-3　新增的字体实时预览功能

CorelDraw X4
CorelDraw X4
CorelDraw X4
CorelDraw X4
CorelDraw X4
CorelDraw X4

CorelDraw X4

CorelDraw X4

CorelDraw X4

CorelDraw X4

图 4-4　字体大小对比效果

- ◙ ⭘ ⎁ 【粗体】、【斜体】和【下划线】：给文字添加粗体效果、斜体效果、下划线效果。粗体和斜体效果在 CorelDRAW 中只针对某种英文字体而使用的，中文字体是不支持粗体和斜体效果的，如果要对中文字体加粗可以使用【轮廓宽度】来实现，具体请参见第 5 章 5.11 轮廓工具的介绍。

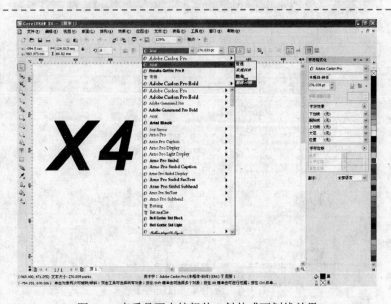

图4-5 查看是否支持粗体、斜体或下划线效果

● ▣【对齐方式】：通过该命令，可以改变美工文字和段落文本的对齐方式。对齐方式包括无、左、居中、右、全部对齐、强制调整6种对齐方式，如图4-6所示。

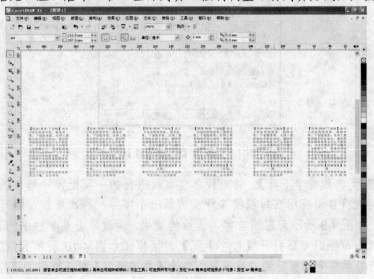

图4-6 6种对齐方式

-  【显示/隐藏项目符号】：针对段落文本而进行的一项设置。单击该命令后，项目符号自动应用在每段文字开头的第一个字符，再次单击，即可隐藏项目符号，也可以通过按<Ctrl>+<M>键来完成，如图4-7所示为显示项目符号后的效果。单击菜单栏中的【文本】→【项目符号】命令，打开【项目符号】对话框，在该对话框中可以进行项目符号的选择、大小和间距的一些设置，如图4-8所示。

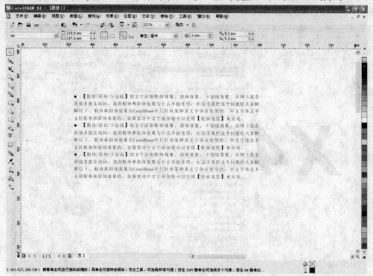

图4-7　应用【项目符号】

图4-8　设置【项目符号】

- 【显示/隐藏首字下沉】：针对段落文本而进行的一项设置。单击该命令后，首字下沉格式将自动应用在每段文字开头的第一个字符，再次单击，即可隐藏首字下沉格式。如图4-9所示为应用首字下沉后的效果。通过单击菜单栏中的【文本】→【首字下沉】命令，可以打开【首字下沉】对话框（如图4-10所示），在里面可以进行下沉行数和首字下沉后的空格设置。勾选【首字下沉】对话框中的【首字下沉使用悬挂式缩进】复选框，即可对段落文本应用【悬挂式首字下沉】效果，如图4-11所示。

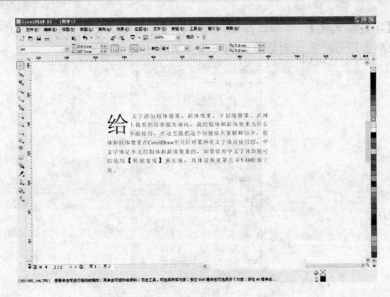

图 4-9　应用【首字下沉】的效果

图 4-10　设置【首字下沉】对话框

图 4-11　应用【悬挂式首字下沉】的效果

- 【字符格式化】：单击该按钮，可打开【字符格式化】对话框（如图 4-12 所示），再次单击即可隐藏此对话框，也可按<Ctrl>+<T>键来完成。

图 4-12　【字符格式化】对话框

- 【编辑文本】：单击该按钮可打开文本编辑器（如图 4-13 所示），在文本编辑器里可进行字体选择、字体大小设置、项目符号、对齐方式等文本格式设置。也可通过按<Ctrl>+<Shift>+<T>键来完成。

图 4-13　文本编辑器

TIPS:

利用【文本编辑器】里的导入功能，可以很方便地将记事本文件或 word 文件导入到当前编辑窗口中。

- 【将文本更改为水平方向/垂直方向】：按<Ctrl>+<,>键，将文本更改为水平方向；

按<Ctrl>+<.>键，将文本更改为垂直方向，效果如图 4-14 所示。

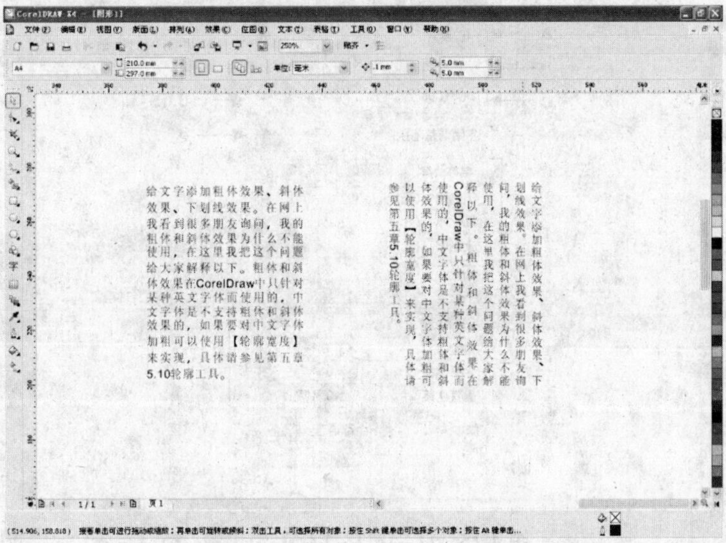

图 4-14　将文本更改为水平方向和垂直方向效果

4.2　字符格式化

主要针对美工文字和段落文字而进行的一项文本格式设置。通过字符格式化，可以很方便地为美工文字或段落文本添加上划线、下划线、删除线、改变文字的大小写、上标和下标等文本格式。

TIPS:

　　单击工具箱中的 字【文字工具】，直接在工作区单击并输入文字，由此而产生的文字就称为美工文字。单击工具箱中的 字【文字工具】，在工作区中进行拖曳，此时会形成一个文本框，在文本框中输入的文字，即称为段落文字。在美工文字或段落文字右击，在弹出的右键快捷菜单中选择【转换到段落文本】、【转换到美术字】命令，或按<Ctrl>+<F8>键，即可在这两种格式之间进行互换。美工文字适用于排版文字量不是很大的工作。段落文本适用于排版长篇大论的文章。

单击菜单栏中的【文本】→【字符格式化】命令，即可打开【字符格式化】泊坞窗，如图 4-15 所示。其中各选项功能如下。

- a:【字体列表】，用于选择不同的字体，包含英文字体和中文字体。
- b:【字体样式】，包含普通、常规斜体、粗体、粗体-斜体 4 种样式。这些样式主要应用于附带这些样式的英文字体，中文字体无法应用该命令。

字符格式化
a
b
c
d
e
f
g
宋体
普通
14.341 pt
字距调整范围:
0 %
字符效果
下划线 (无)
删除线 (无)
上划线 (无)
大写 (无)
位置 (无)
字符位移
角度 .0°
水平位移 0 %
垂直位移 0 %
脚本:
全部语言

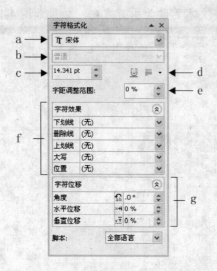

图 4-15 【字符格式化】泊坞窗

- c:【从上部的顶部到下部的底部高度】，主要用于控制字体的大小。具体请见 4.1【文本工具】属性栏。
- d:【下划线/对齐方式】，用于为文本添加下划线和改变文本的对齐方式。具体请见 4.1【文本工具】属性栏。
- e:【字距调整范围】，调整两个字之间的距离，主要通过【形状工具】来调整。运用【形状工具】单击文本，并选择需要调整的两个字的节点（如图 4-16 所示）。直接在【字距调整范围】里输入数值即可。

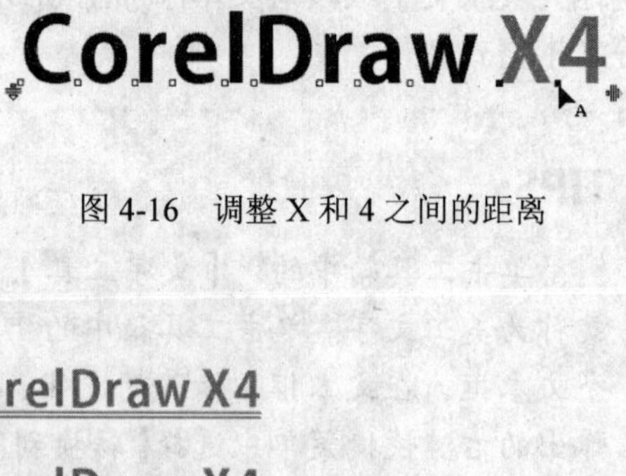

CorelDraw X4

图 4-16 调整 X 和 4 之间的距离

- f:【字符效果】，为美工文字或段落文本添加下划线、删除线、上划线、改变大小写和设置上标或下标。如图 4-17 所示为执行后的效果。

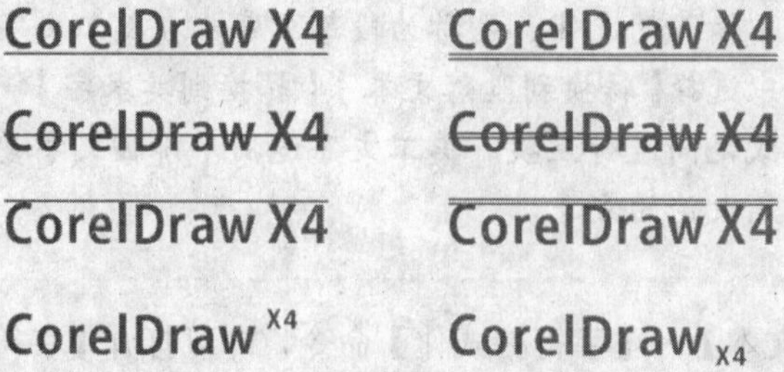

CorelDraw X4
CorelDraw X4
CorelDraw X4
CorelDraw X4
CorelDraw X4
CorelDraw X4
CorelDraw X4
CorelDraw X4

图 4-17 字符效果

- g:【字符位移】：运用【形状工具】进行文字的角度、水平位移和垂直位移调整。

运用【形状工具】选择需要改变角度的文字，然后直接输入角度值即可改变当前文字的角度。将文字水平进行左右水平移动，正值向右移动，负值向左移动。将文字水平进行左右垂直移动，正值向上移动，负值向下移动。如图4-18所示为分别对字母 X4 执行角度、水平位移和垂直位移后的效果。

CorelDraw X4　　CorelDrawX4

CorelDraw X4　　CorelDrawX4

CorelDraw X4　　CorelDraw X4

图 4-18　角度、水平位移和垂直位移效果

TIPS:

运用【形状工具】直接拖曳文字的节点，也可以达到水平移动和垂直移动的效果。

4.3　段落格式化

主要针对段落文本进行格式化设置。单击菜单栏中的【文本】→【段落格式化】命令，即可打开【段落格式化】泊坞窗，如图4-19所示。其中各选项功能如下。

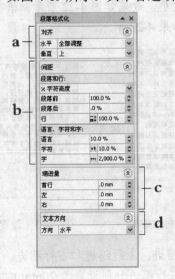

图 4-19　【段落格式化】泊坞窗

- 【对齐方式】包括【水平】和【垂直】两种。其中【水平】又包含为无、左、中、右、全部调整和强制调整 6 种对齐方式。一般运用【全部调整】方式即可对齐大部分文本。【垂直】指文本在文本框中的位置，以文本框为基准，分为居上、居中、居下和全部显示 4 个显示选项。

TIPS:

当输入一段文本后，如果遇到如图 4-20 所示的情况，所有文字居左对齐，此时运用【全部调整】方式对其进行调整。调整后，如果发现文字的最后一行出了问题（如图 4-21 所示），可以将光标直接移动到段落的末尾，按 <Enter> 键，这时候再看看，是不是文字已经完全对齐了（段落中出现这样的问题也可以这样解决）。其它对齐方式请参考 4.1【文本工具】属性栏。

图 4-20　居左对齐

图 4-21　全部调整后

- 【间距】：主要用于进行段落与段落之间、行与行之间的间距设置，直接输入数值即可改变当前的间距大小，效果如图 4-22 所示。语言、字符和字，主要用来改变字符之间的间距，效果如果 4-23 所示。

图 4-22　100%和 150%的行间距对比效果

图 4-23　设置字符 20%和 100%的对比效果

- 【缩进量】：分别首行缩进、左行缩进和右行缩进。如图 4-24 所示是首行缩进设置为 7mm，左行缩进和右行缩进分别设置为 20mm 的对比效果。
- 【文本方向】：设置文本方向，分为水平和垂直两种，详细介绍请见 4.1【文本工具】

属性栏。

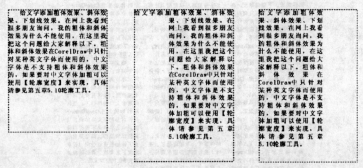

图 4-24　首行缩进、左行缩进和右行缩进对比效果

4.4　分栏

通过【分栏】命令，在杂志、书籍、说明书等类似长篇大论的文字排版时，可以方便地设置自己需要栏数及栏间距。单击菜单栏中的【文本】→【栏】命令，打开【栏设置】对话框（如图 4-25 所示），在该对话框中可以进行栏数和栏间距的设置。其中各选项功能如下。

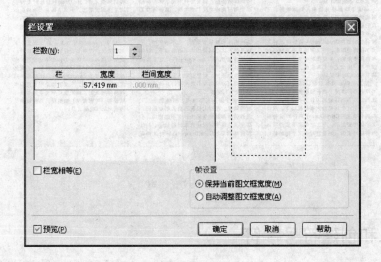

图 4-25　栏设置

- 　【栏数】：输入数字，可增加栏数。如图 4-26 所示为将一段落文本分成 3 栏后的效果。
- 【宽度】：控制当前栏的宽度。
- 【栏间宽度】：控制栏与栏之间的宽度。
- 【栏宽相等】：勾选该复选框后，栏与栏之间的距离变得相等。

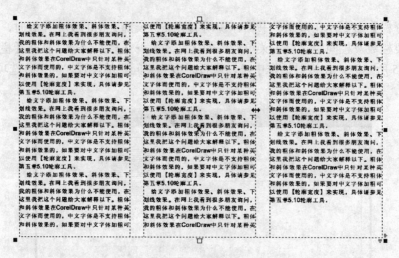

图 4-26　分栏效果

双击段落文本，将鼠标放在栏中间的分栏线上，并进行拖曳，即可改变栏宽，如图 4-27 所示。

图 4-27　改变栏宽

4.5　插入和创建符号字符

4.5.1　插入字符

CorelDRAW X4 中包含了丰富的符号资源，通过插入这些符号，可以大大提高工作效率。单击菜单栏中的【文本】→【插入符号字符】命令，或按<Ctrl>+<F11>键，可打开【插入字符】泊坞窗（如图 4-28 所示）；选择合适的字符，直接从泊坞窗中拖动到工作区中进行应用即可。单击【字体】下拉列表，在弹出的下拉菜单中可以选择不同的字体，字体符号也相应地改变。

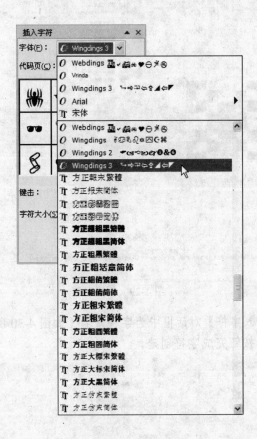

图4-28 插入符号字符

TIPS:

　　如何快速地找到想要的字符，首先单击字体列表，找到中文字体与英文字体相接的地方，靠上为首字母以 W 开头的 4 种字体就是字符库。

4.5.2 创建字符

　　通过创建字符命令，可以很方便地将自己自定义的一些符号的矢量图形创建成字符符号，下次使用的时候直接通过【插入字符】命令就可以使用了。操作步骤如下。

　　（1）选择需要创建成字符的图形，单击菜单栏中的【工具】→【创建】→【字符】命令，如图4-29所示。

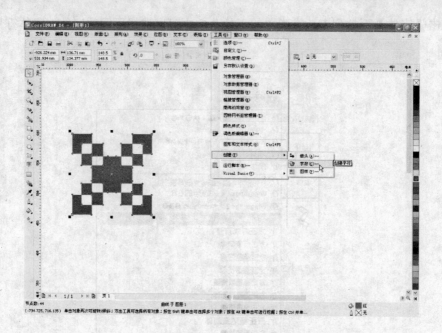

图 4-29　创建字符

（2）在打开的【插入字符】对话框中为字符命名（如图 4-30 所示）。这里命名为"矩形叠加"。单击【确定】按钮完成字符创建。

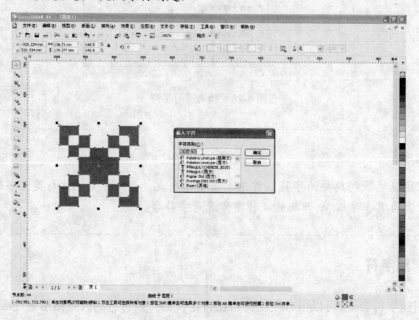

图 4-30　为字符命名

（3）单击菜单栏中的【文本】→【插入符号字符】命令或按<Ctrl>+<F11>键，打开【插入字符】泊坞窗，从中选择刚才创建的字符，直接拖动到工作区中即可使用，如图 4-31 所示。

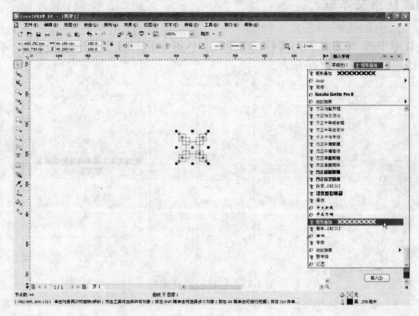

图 4-31　使用创建的字符

4.6　文本框的使用

使用文本框可以很方便地创建链接文本。单击菜单栏中的【文本】→【段落文本框】→【显示文本框】命令，可以决定在当前段落文本中显示或者隐藏文本框。如图 4-32 所示为段落文本框工作原理。

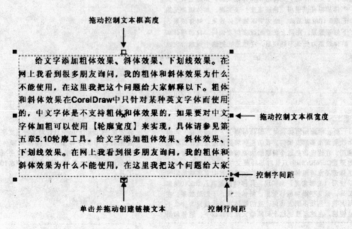

图 4-32　段落文本框工作原理

4.6.1　创建段落文本框

单击工具箱中的 字【文字工具】，在当前工作区中进行拖曳，形成文本框。在该文本框里输入文字即可，如图 4-33 所示。

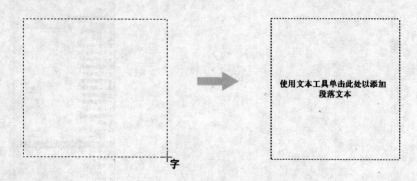

图 4-33　创建段落文本框

4.6.2　创建链接文本

当文本框中的文字显示不全时，文本框下面会出现一个小矩形中间包含着小三角形状的一个符号标志，单击这个标志并在工作区的其它地方单击并拖动，即可创建链接文本框（如图 4-34 和图 4-35 所示）。也可以拖动左右或者上边的控制点将文字释放出来。

图 4-34　创建链接文本中

图 4-35　创建链接文本后

如果需要将当前两个断开的文本框链接到一起，选中这两个文本框，单击菜单栏中的【文本】→【段落文本框】→【链接】命令，将两个段落文本框链接到一起（如图4-36所示）。单击菜单栏中的【文本】→【段落文本框】→【断开链接】命令，可以将已链接的两个段落文本框断开链接。

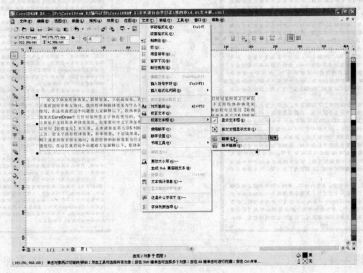

图4-36 链接文本框

4.6.3 在不同的页面使用链接文本框

在不同的页面使用链接文本框，操作步骤如下。

（1）以3个页面为例，单击菜单栏中的【版面】→【插入页】命令，打开【插入页面】对话框，在【插入】文本框中输入3，插入3个页面，如图4-37所示。

（2）在页面1中输入文字，当文字排不下的时候，在文本框下方的中间位置会出现图标，如图4-38所示，单击该图标，鼠标光标变成。

（3）切换当前页面到页面2上，并在页面上进行拖曳，即可在页面2上形成新的段落文本框。此时在页面1中显示不了的文字就会在页面2中显示出来。同时，页面2上还会出现链接到页面1的蓝色文字提示，如图4-39所示。

（4）如果页面2还不够使用时，继续单击页面2下方的小三角符号标志。切换页面2到页面3上，并在页面3上单击并拖曳，这时候页面2上显示不全的文字就会显示到页面3上。同时，页面3上还会出现链接到页面2的蓝色文字提示，如图4-40所示。

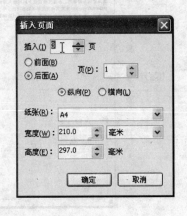

图4-37 插入页面

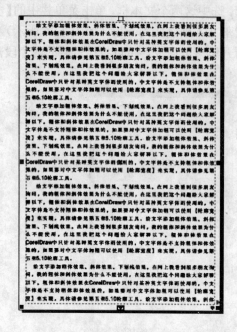

图 4-38　页面 1　　　　　　　　　　　　　　图 4-39　链接到页面 2

（5）回到页面 2，可以看到页面 2 中增加了链接到页面 3 的提示（如图 4-41 所示）。无论当前在哪个页面，CorelDRAW X4 系统都会明确的提示文字链接在哪个页面，使用户不至于在排版长篇大论时晕头转向。运用此方法，还可以很方便地排版几十页甚至上百页的书籍和文件资料。

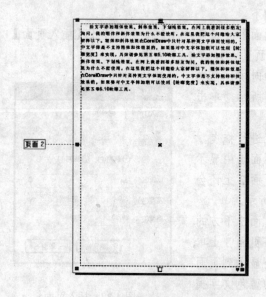

图 4-40　链接到页面 3

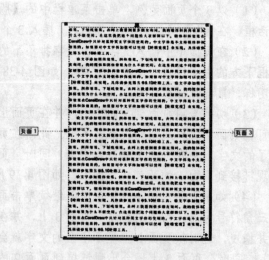

图 4-41　页面 2 链接提示

4.7　文本绕图

　　本节将介绍【文本绕图】命令的使用方法和操作技巧，该命令是文字排版中使用最频繁的命令之一，运用好该命令，可以在版面设计中起到画龙点睛的作用。

4.7.1　【文本绕图】命令的使用

　　（1）打开需要执行【文本绕图】命令的段落文字，并置入需要的图片。

　　（2）将图片放置在段落文字上，单击属性栏中的 【段落文本换行】按钮，打开【换行样式】对话框，如图 4-42 所示。

图 4-42　【换行样式】对话框

　　（3）该对话框中共包括 8 种文本绕图方式可供选择。当鼠标光标放置在不同的选项上时，在工作区中可以实时预览效果，如图 4-43 所示。

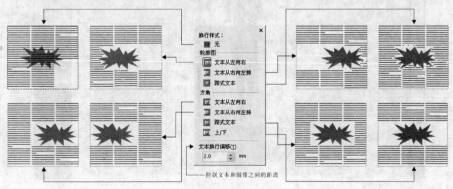

图 4-43　文本绕图选项预览效果

4.7.2　将文字沿图像路径排列

　　将文字沿图像路径排列,可以很方便地使人物或图像在众多的文字中脱颖而出,如图4-44 所示。操作步骤如下。

图 4-44　将文字沿图形路径排列

（1）处理素材。启动 Photoshop CS3,打开素材图,如图 4-45 所示。

图 4-45　打开素材图

（2）运用 【钢笔工具】将人物抠出来，双击背景层，将背景层转换为普通图层，删除背景，保存路径，存储文件为 PSD 格式，如图 4-46 所示。

图 4-46　处理素材图

（3）导出路径为 AI 格式，如图 4-47 所示。

图 4-47　导出路径

（4）启动 CorelDRAW X4，将刚才存储的 PSD 格式和导出的 AI 路径，导入到 CorelDRAW X4 中，如图 4-48 所示。

175

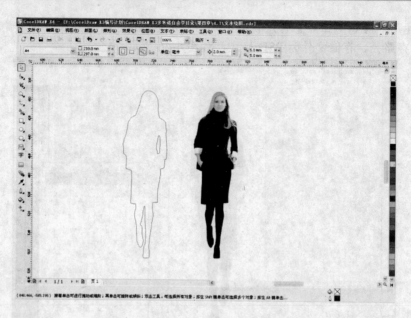

图 4-48　导入文件到 CorelDRAW X4

（5）选中人物图像，单击菜单栏中的【效果】→【图框精确剪裁】→【放置在容器中】命令，将人物放置在路径当中，如图 4-49 所示。

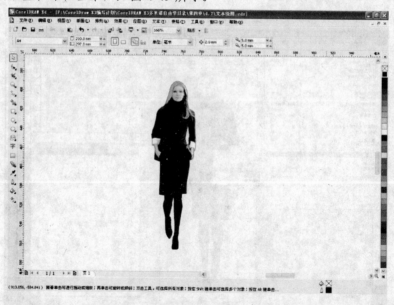

图 4-49　将人物放置在路径当中

（6）将放置在路径当中的人物放置在段落文本上，单击属性栏中的 【段落文本换行】按钮，在打开的【换行样式】对话框中选择【跨式文本】选项，调整图像在段落文本中的位置，之后去除轮廓线，完成绕图操作，如图 4-50 所示。

图 4-50　完成绕图

4.8　使文本适合路径

运用【使文本适合路径】命令，可以将文本填入任何封闭或非封闭的路径当中，从而形成特殊的文本效果。

4.8.1　在路径中写入文字

（1）绘制准备填充文字的目标路径（如图 4-51 所示）。

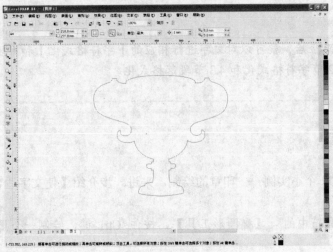

图 4-51　绘制目标路径

177

（2）单击工具箱中的 字【文字工具】，将鼠标光标放置在路径的外侧边缘上，当光标变为 ᴵ⅃，单击并输入文本，即可出现如图 4-52 所示的效果。

（3）单击工具箱中的 字【文字工具】，将鼠标光标放置在路径的内侧边缘上，当光标变为 ᴵ回，在路径边缘上单击，并输入文本，即可出现如图 4-53 所示的效果。

（4）此时可以发现路径里面的文字都居左对齐排列，在属性栏中选择【全部对齐】命令，应用后的效果如图 4-54 所示。

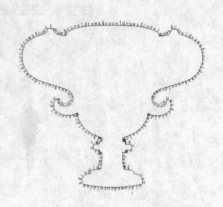

图 4-52　文本沿路径外轮廓排列

图 4-53　文本沿路径内侧排列

图 4-54　全部对齐

TIPS:

将文字置入路径后，就可以对文字进行相应的【字符格式化】和【段落格式化】了，具体可以参考 4.2 节字符格式化和 4.3 节段落格式化。

4.8.2　绘制印章

本小节将通过一个小实例——印章的绘制，来进一步介绍【使文字适合路径】命令的应用。操作步骤如下。

（1）单击工具箱中的 ○【椭圆形工具】，按住<Ctrl>键，绘制一个正圆形，如图 4-55 所示。

（2）单击工具箱中的 字【文字工具】，在工作区中输入文字"多米诺自由学之 CorelDRAW X4"。单击菜单栏中的【文本】→【使文本适合路径】命令，此时将鼠标放置在圆形的周围，

CorelDRAW X4 将会自动引导路径，并进行环形排列，如图 4-56 所示。

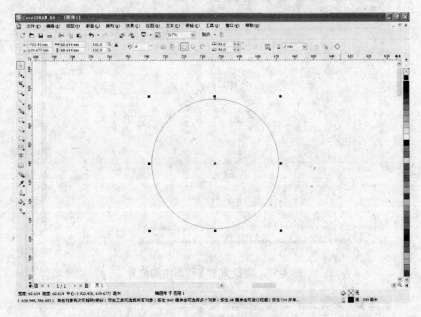

图 4-55　绘制正圆形

图 4-56　执行【使文本适合路径】命令

（3）通过属性栏来控制文字在圆形中的位置及字体类型、字体大小等属性，如图 4-57 所示。如图 4-58 所示为几种不同的定位模式。

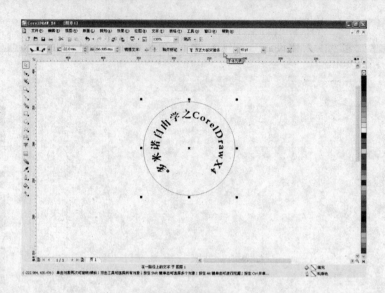

图 4-57　定位文字在圆形中的位置

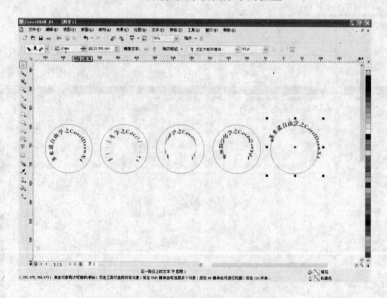

图 4-58　文字在圆形中的位置

TIPS:

　　单击菜单栏中的【排列】→【拆分】命令或按<Ctrl>+<K>键，可以将文字和圆形拆分开来，进行手动调整。

　　（4）运用☆【星形工具】，绘制星形，并填充颜色，调整轮廓线的大小和颜色。完成印章的绘制，如图 4-59 所示。

180

图 4-59　完成印章绘制

4.9　常用文本操作

4.9.1　查找和替换

单击菜单栏中的【编辑】→【查找和替换】→【查找文本】命令，打开【查找下一个】对话框（如图 4-60 所示），利用该命令可以在长篇文本中非常方便地找到自己需要的文字。

图 4-60　查找文本

单击菜单栏中的【编辑】→【查找和替换】→【替换文本】命令，弹出【替换文本】对话框（如图 4-61 所示），利用该命令可以在长篇文本中非常方便地找到自己需要替换的文字，在【替换】文本框中输入替换的文字，单击【替换】按钮，即可替换文本，单击【查找下一个】按钮，可以继续查找要替换的文字。

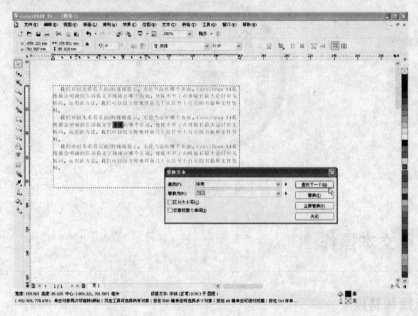

图 4-61　替换文本

4.9.2　更改大小写

单击菜单栏中的【文本】→【更改大小写】命令，打开【更改大小写】对话框（如图 4-62 所示），运用该命令可以非常方便地对英文文本进行大写和小写之间的互换操作。

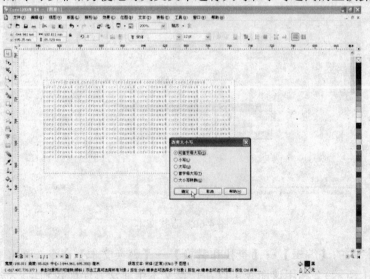

图 4-62　更改大小写

4.10 【这是什么字体】命令的使用

【这是什么字体？】命令是 CorelDRAW X4 中新增的一项命令，利用该命令可以方便地找到那些不认识的字体。操作步骤如下。

（1）单击菜单栏中的【文本】→【这是什么字体？】命令，如图 4-63 所示。

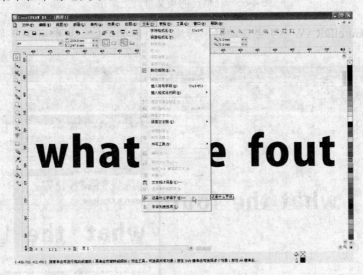

图 4-63 执行【这是什么字体？】命令

（2）此时鼠标光标变为两个圈状的定位图标，拖动鼠标，框选自己不认识的字体格式，如图 4-64 所示。

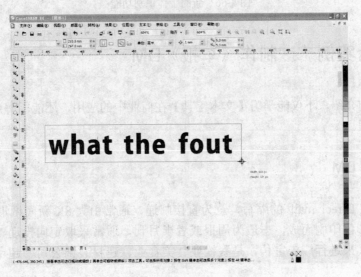

图 4-64 框选不认识的字体

（3）释放鼠标，屏幕变成反白模式，当鼠标光标变为 时，在框选的英文单词上单击，如图 4-65 所示。

图 4-65　在框选的英文单词上单击

（4）此时 CorelDRAW X4 会自动联网搜索相关目标字体，并打开网页提供参考，如图 4-66 所示。

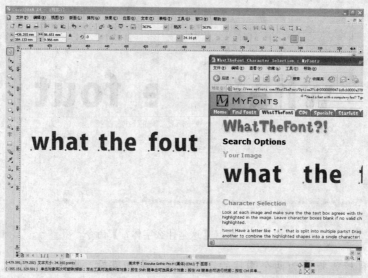

图 4-66　新的字体识别功能

4.11　综合案例——制作《车报》DM

通过本节的介绍，不仅能学习【文本工具】在商业中的应用，还能了解到制作一份 DM 报纸的前后过程。

4.11.1　了解 DM

DM 是英文 Direct mail 的缩写，意为直接邮递，通常由大 8K 新闻纸形式或大 16K 杂志形式正反面彩色印刷而成，一般为周报或者半月刊，通常采取定向投递、选择性派送、邮寄等多种方式来进行广告宣传，是餐饮业、美食业、建材装饰公司、超市最重要的促销方式之一。

DM 广告的形式主要包含海报、DM 单页、DM 杂志、DM 报纸、超市 DM 单页、宣传册和传单等。DM 具有针对性强、广告持续时间长、具有较强的灵活性、目标投递等特点。

DM 是在近几年新兴的一种广告媒体，目前在我国的发展仅属于萌芽状态，很多 DM 杂志、报纸成了纯粹的广告册，而作为杂志、报纸的核心——内容的可读性上却难以突破。而在国外，DM 已经成为一种产业。总之，国内的 DM 还处于待开发阶段。

4.11.2 DM 策划

DM 策划是总编和编辑要做的工作，包括 DM 报纸的内容定位、栏目分类、内容采编、发展规划、报纸规格、刊头和报头的设计要求等。《车报》制作的基本要求如下。

- DM 报纸名称：《车报》（每日一车）。
- 内容定位：专注高档轿车，车讯报道等。
- 栏目分类：高档车专版、私家车主探访、国内外汽车资讯等。
- 报纸规格：545mm × 393mm（边距可参考同类报纸）。
- 设计要求：版面简洁大气，以蓝色调为主，富有创意气息。

4.11.3 版面设置

DM 版面设计包括刊头和报头设计。操作步骤如下。

（1）启动 CorelDRAW X4，在默认的属性栏中设定页面尺寸为 545mm × 393mm（如图 4-67 所示）。

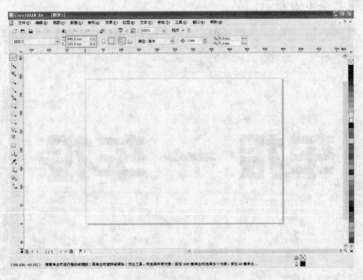

图 4-67　设置报纸尺寸

（2）一般报刊的上边距为 2cm，下边距为 1.8cm，左边距为 2cm，右边距为 2cm，中间间距为 3cm，刊头的高为 4.5cm，报头的高为 1.5cm。运用 □【矩形工具】结合【对齐与分布】命令进行设置，设置后效果如图 4-68 所示。

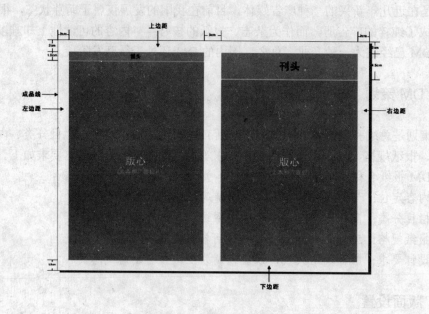

图 4-68　版面设置效果

（3）刊头设计。运用 字【文字工具】输入文字"车报"，并修改字体为"方正综艺体"，按<Ctrl>+<Q>键，将文字转换为曲线，运用 【形状工具】调节造型，使文字"车"和"报"结合在一起，效果如图 4-69 所示。

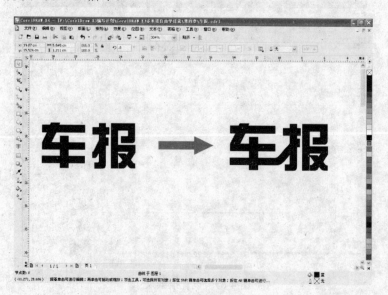

图 4-69　字体设计效果

（4）运用 □【矩形工具】绘制圆角矩形，并对其进行扭曲，如图 4-70 所示。

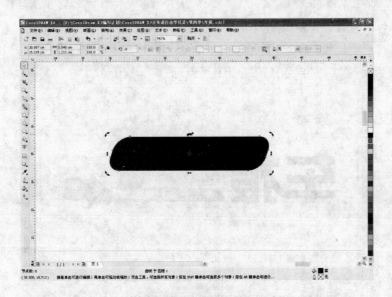

图 4-70 绘制圆角矩形

（5）应用线性渐变填充效果，并进行叠加，如图 4-71 所示。

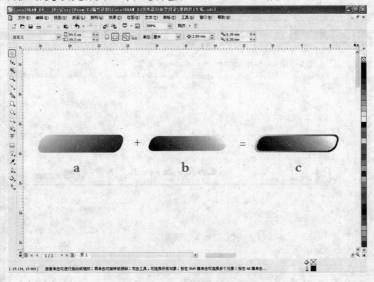

图 4-71 应用线性渐变填充和叠加

1）设置图形 a 的渐变值从 C:100、M:100、Y:0、K:0 到 C:0、M:0、Y:0、K:0，角度为 122，边界为 15%。

2）设置图形 b 的渐变值从 C:100、M:100、Y:0、K:0 到 C:0、M:0、Y:0、K:0，角度为 50，边界为 18%。

3）将图形 a 和图形 b2 叠加在一起，形成图形 c，完成绘制。

（6）导入一张汽车的图片，图片必须为 CMYK 模式的。输入刊头上的其它文字，并排列位置，完成刊头的制作（如图 4-72 所示）。刊头的高度不要超过 4.5cm。

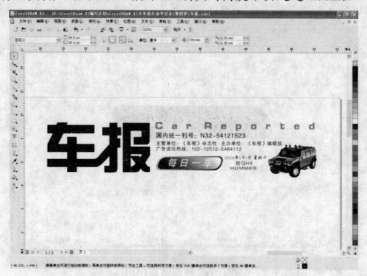

图 4-72　完成刊头制作

（7）根据上面介绍的方法完成报头设计，如图 4-73 所示。

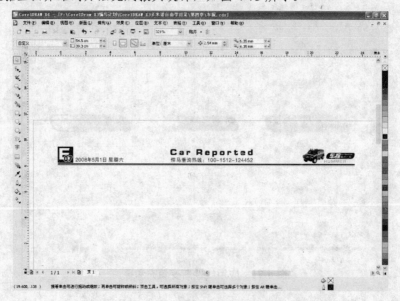

图 4-73　报头设计

4.11.4　版面设计制作

完成了版面设置、刊头和报头的设计工作之后，接下来就要进入最核心的报纸版面设计部分了。

1. 准备工作

（1）明白自己负责的栏目。也就是必须明白自己负责的栏目是以什么内容为主，版式设计上应该注意那些因素。

（2）明白自己负责的版数，也就是负责几版内容的设计制作。一般比较大型的报纸都分为A叠、B叠、C叠等。

（3）确保自己所要制作的版面的文字和图片内容全部到位。文字内容可以和编辑人员沟通。

2. 绘制版式框架

这个过程是最耗费脑细胞的，也是版式设计中最核心的部分。大多数版式设计人员在从事版面设计之前，事先都要根据文章和图片的大小在纸上画出版式效果图。这个过程比较枯燥，但是一旦版式效果图绘制成功，那么后面的工作就容易多了。操作步骤如下。

（1）根据搜集的参考资料设计版面框架草图。

（2）运用之前介绍的绘图工具和图形编辑命令绘制版式的基本框架，如图4-74所示。

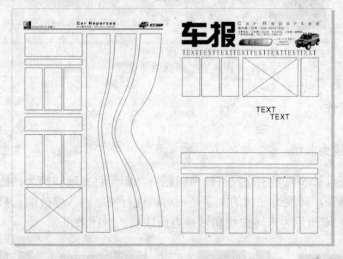

图4-74 版面框架

3. 文字处理

一般情况下都是在Word里进行文字编辑的，为了便于在CorelDRAW X4中进行处理，可以打开记事本文件，将Word里的文字复制并粘贴到记事本中，便于以后复制使用。操作步骤如下。

（1）启动CorelDRAW X4，单击工具箱中的 字【文字工具】。

（2）如果文本不是很多，可以直接在工作区中单击，粘贴记事本中的文本，此时形成的文字是美工文字；如果文本较多，则运用 字【文字工具】在工作区中拖曳，形成文本框，将文字粘贴进文本框，形成段落文字。

4．填入文字和图片

（1）参考版式框架，将文字和图片填入相应的版块，正文字号一般设置为 8pt。

（2）运用【分栏】、【段落格式化】、【将文本置入路径】及【链接文本】命令调整文字，完成版面设置，如图 4-75 所示（图中文字和图片仅供说明和参考之用）。

图 4-75　完成版面设置

4.11.5　印前工作

1．将文字转换为曲线

在确认报纸在设计和内容上均没有任何问题后，即可将文字转换为曲线。转换为曲线就是将文字转换为路径，转换为曲线的文字是不可以进行文字输入修改的，只可以对路径进行编辑修改，如图 4-76 所示为未转曲线和转换为曲线后的对比效果。

图 4-76　未转曲线和转换为曲线的对比效果

将文字转换为曲线，操作步骤如下。

（1）选中所有文字和图像，执行【解散群组】命令。

（2）单击菜单栏中的【编辑】→【全选】→【文本】命令，选择当前文件中所有的文本对象（如图 4-77 所示）。

（3）按<Ctrl>+<Q>键，将文本转换为曲线。

图 4-77　全选文本

2．查看文档信息

查看文字信息是印前工作中最关键的一环，文档信息里详细地列出了当前文件的一些属性。包括文本、位图属性、填充属性等。操作步骤如下。

（1）在工作区中右击，在弹出的右键快捷菜单中选择【文档信息】命令（如图 4-78 所示），打开【文档信息】对话框，如图 4-79 所示。

图 4-78　查看文档信息

191

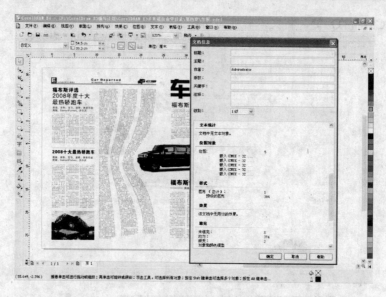

图 4-79　文档信息对话框

（2）在【文档信息】对话框中查看【文本统计】、【位图对象】、【效果】、【填充】和【轮廓】属性。该对话框中各属性如下。

● 【文本统计】：文档中无文本对象。这是转完曲线后的正确提示，如果没有出现这种提示，请继续寻找未转曲线的文字。

● 【位图对象】：此列表显示了位图的属性，印刷用色是 CMYK，看到 RGB 的，一律转为 CMYK 格式。

● 【效果】：如果对象应用了阴影和透明度处理在这里就会显示出来，应用阴影效果后，一定要将阴影分离出来，并单独将阴影转为 CMYK 位图。

● 【填充】：主要看填充色有无 RGB，如果有这是绝对不允许的，找出来，改为 CMYK。

● 【轮廓】：主要看轮廓色有无 RGB，如果有这是绝对不允许的，找出来，改为 CMYK。

3. 使用【查找对象】命令查找潜伏的 RGB 对象

RGB 填色、RGB 位图、RGB 轮廓色和一切有 RGB 属性的对象是印刷中出现问题的罪魁祸首。使用 CorelDRAW X4 中增强的【查找对象】功能可以很方便地完成这些任务。

单击菜单栏中的【编辑】→【查找和替换】→【查找对象】命令，打开【查找向导】对话框（如图 4-80 所示），勾选【开始新的搜索】复选框，然后单击【下一步】按钮，打开【查找对象】对话框（如图 4-81 所示）。

【查找对象】对话框中各选项功能如下。

● 【对象类型】：主要包含曲线、矩形、椭圆形、多边形、星形、复杂星形、交互式连线、文本、尺度和其它 10 项对象。其中【文本】包含美术字、段落文本、路径中的文字；【尺度】包含线性尺度、角尺度、调用、连线；【其它】包含位图、OLE对象、三维对象。如果文档中出现未转曲线的文字，这时勾选【文字】选项，并单击【下一步】按钮就可以查找文字了。如果文档中出现 RGB 位图，可以勾选【其它】下面的【位图】选项，并单击【下一步】按钮，在打开的对话框中单击【指定属性位图】按钮，打开【指定的位图】对话框，在【位图类型】下拉列表中选择自己要查找的 RGB 色，单击【下一步】按钮即可进行 RGB 位图的全面搜寻，如图 4-82 所示。

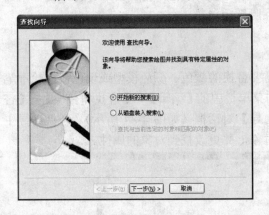

图 4-80　【查找向导】对话框

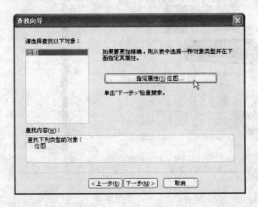

图 4-81　查找对象对话框

图 4-82　查找 RGB 位图

- 【填充】：可以查找无填充、标准色、渐变填充、双色图样、位图图样、全色图样、底纹填充、PostScript 填充、网状填充、一般填充色模型和一般填充调色板。其中【一般填充色模型】里包含 CMY、CMYK、RGB、HSB、HLS、LAB、YIQ、灰度和注册色彩。【一般填充调色板】里包含标准色、HKS Colors、HKS E、HKS K、HKS N、HKS Z、FOCOLTONE 色、PANTONE（R）、TRUMATCH 色、WEB 安全色、SpectraMaster 色、TOYO COLOR FINDER、DIC 色、实验室色和 SVG 颜色。我们主要通过【填充】来查找 RGB 色。
- 【轮廓】：可以查找无轮廓、轮廓属性、一般轮廓色模型和一般轮廓色调色板。其中【一般轮廓色模型】里包含 CMY、CMYK、RGB、HSB、HLS、LAB、YIQ、灰度和注册色彩。【一般轮廓色调色板】里包含标准色、HKS Colors、HKS E、HKS K、HKS N、HKS Z、FOCOLTONE 色、PANTONE（R）、TRUMATCH 色、WEB 安全色、SpectraMaster 色、TOYO COLOR FINDER、DIC 色、实验室色和 SVG 颜色。我们主要通过【轮廓】来查找 RGB 轮廓色。

- 【特殊效果】：包含封套、透视点、调和、矢量立体化、轮廓图、透镜、图框精确剪裁、位图颜色遮罩、透明度、变形、阴影和翻转。

4．替换对象

使用【替换对象】命令可以非常方便地将需要替换的颜色、颜色模型或调色板、轮廓笔属性和文本属性找出来并替换为目标对象。单击菜单栏中的【编辑】→【查找和替换】→【替换对象】命令（如图 4-83 所示），打开【替换向导】对话框（如图 4-84 所示）。替换向导主要帮助用户在图中搜索和查找具有某些属性的对象，并更改找到对象的属性。

图 4-83　替换对象

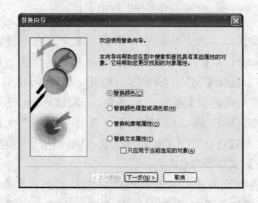

图 4-84　【替换向导】对话框

5．添加角线和色标

在确认当前文件中无任何 RGB 对象后，即可给报纸的四角添加角线。在报纸设计中，角线主要用于四色印刷中的定位操作，以确保套印无误。

平面设计中的添加角线一般都是做出血用的，一般为 3mm，对折折页一般采用 2mm。出血，直白地理解就是为保证成品效果，而需要裁切的部分。

如图 4-85 所示，红色边框部分为出血部分，也就是需要裁切的部分，里面白色部分为成品部分。操作步骤如下。

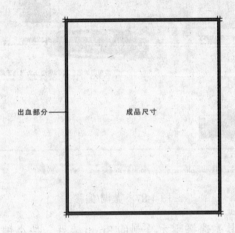

图 4-85　出血示意图

（1）双击工具箱中的□【矩形工具】，CorelDRAW X4 自动按页面大小绘制一个矩形框（如图 4-86 所示）。此矩形框主要用来辅助绘制角线。

图 4-86　绘制矩形框

195

（2）运用 【手绘工具】，绘制 3mm 的直线，轮廓宽度为默认设置。在属性栏中设置【微调/偏移】值为 3mm（如图 4-87 所示）。

图 4-87　微调/偏移

（3）运用 【挑选工具】选择刚才绘制的 3mm 直线，按小键盘中的<+>键，复制一个，然后在按小键盘中的方向键向上进行移动。按<Ctrl>+<L>键组合两条直线，按小键盘中的<+>键进行复制，并旋转 90°。进一步按方向键进行移动，形成角线绘制，如图 4-88 所示。

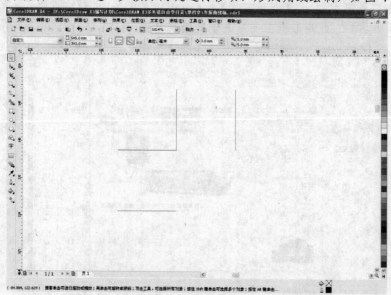

图 4-88　角线绘制

（4）全选角线，按<Ctrl>+<L>键组合角线。按<F12>键，设置轮廓笔为 CMYK 四色模式。设置过程如图 4-89 所示。

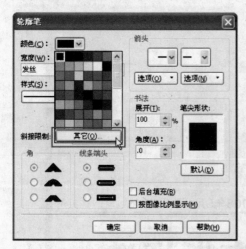

图 4-89　设置角线为四色模式

（5）运用 【挑选工具】选择绘制好的角线，并按住<Shift>键选择刚才绘制的矩形框。单击菜单栏中的【排列】→【对齐和分布】→【对齐和分布】命令，打开【对齐与分布】对话框，对其进行设置（如图 4-90 所示）。应用后的效果如图 4-91 所示。

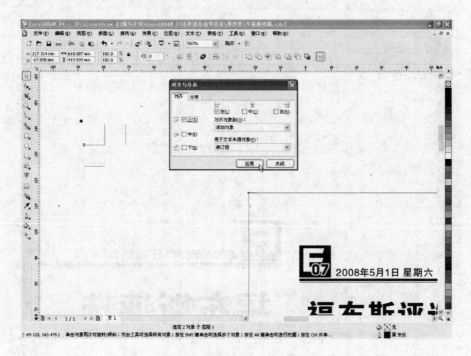

图 4-90　【对齐与分布】对话框

图 4-91　应用【对齐与分布】后效果

（6）选择角线，按小键盘中的方向键，进行微移，微移后的效果如图 4-92 所示。

图 4-92　微移后效果

（7）参照步骤（1）～（6）绘制其它角线，绘制好的角线如图 4-93 所示。

图 4-93　绘制其它角线

（8）运用 **字**【文字工具】添加 CMYK 色标（如图 4-94 所示），字体选择粗一点的，高度不要超过角线高度。为 4 个字母填充不同颜色，分别设置为 C:100、M:100、Y:100、K:100，按<Ctrl>+<Q>键将文字转换为曲线，完成印前准备工作（如图 4-95 所示）。

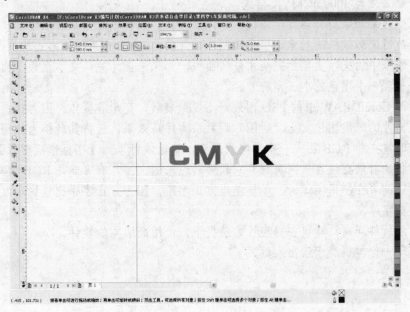

图 4-94　添加 CMYK 色标

图 4-95　完成印前准备工作

6．CorelDRAW 印前注意事项

为保证最终的印刷效果，在做完以上工作后，应仔细检查，看是否有遗漏的地方。注意事项如下。

- 文字必须转换为曲线，黑色字应使用 K:100，禁用 C:100、M:100、Y:100、K:100。
- 图片必须为 300dpiCMYK 格式。
- 渐变效果如果旋转会发生错位，为保证效果，应将渐变效果转成位图。
- 对执行阴影效果的对象，要分离阴影，并转为 300DpiCMYK 格式的位图。
- 文本框中的文字要显示完全才能转曲线，如果未显示完，文本框最下面的中间部分会出现一个黑色的小三角符号。
- 导入 CorelDRAW 中的 PSD 图最好不要做旋转、变形等操作，因为这些因素会导致在出片的时候图片发生"烂图"现象。为保证效果，应将其转换为位图。
- 有时候一些 RGB 图或一些文字找不到，这时候可以到【图框精确剪裁】里找找。
- 排版的时候要注意从网页或其它软件转过来的文字，有可能是 RGB 模式的。
- 建议读者在使用字体时，尽量使用方正字库，因为方正字库比较稳定，是标准的出版业字库。
- 使用软件问题。建议在稳定性的前提下，使用高版本的软件。
- 打印一份样稿交于输出人员。

第5章　填充工具和轮廓工具

本章主要介绍 CorelDRAW X4 的填充工具和轮廓工具，CorelDRAW X4 新的填充功能可以非常方便地为图形添加渐变填充、图样填充、底纹填充、交互式填充和网状填充；其加强的智能填充更使工作效率大大提高；新的轮廓工具可以非常轻松地设置图形的外轮廓颜色及宽度等。如图 5-1 所示为填充类工具，如图 5-2 所示为轮廓工具组。

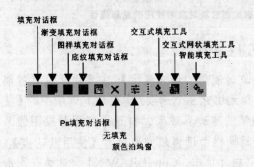

图 5-1　填充类工具

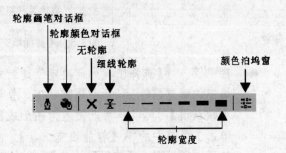

图 5-2　轮廓工具组

5.1　智能填充工具

新的 【智能填充工具】（如图 5-3 所示）可以大大提高插图工作人员的工作效率，它可以填充任意组合的图形，包括两个图形的相交处（如图 5-4 所示），之前需要执行相交命令才能执行的效果，现在只需一步简单的操作即可轻松完成。运用 【智能填充工具】，还可以非常方便地为任意图形或图像创建边界效果，此功能已经大大超过了【创建边界】功能。

图 5-3　智能填充工具

图 5-4　应用【智能填充】效果

如图 5-5 所示为【智能填充工具】属性栏，其中各选项功能如下。

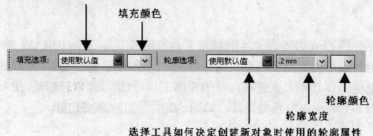

图 5-5　【智能填充工具】属性栏

● ▣使用默认值 ▼【选择工具如何决定创建新对象时使用的填充属性】：主要用于设置智能
填充的填充属性，包括使用默认值、指定和无填充 3 个选项。运用填充选项中的【使
用默认值】，可以非常方便地为图形或图像创建边界效果。打开一副图形或图像，
单击工具箱中的 ▣【智能填充工具】。在属性栏中设置填充选项为【使用默认值】，
轮廓选项设置为【使用默认值】，然后在空白处单击，CorelDRAW X4 会自动在图形
或图像的边缘创建一层边界（如图 5-6 和图 5-7 所示）。再次单击，即可创建第二层、
第三层……即每单击一次，CorelDRAW X4 系统都会创建一层边界。

图 5-6　为图形创建边界

TIPS:

在执行此操作时，当前工作区中的所有对象都会被创建边界，如果对象比较多，创
建后的边界会自动组合在一起，这时按<Ctrl>+<K>键即可打散组合的边界，此命令对图
形或图像均有效。运用【智能填充工具】直接在图形上的某部分单击，即可创建部分轮
廓边界效果，如图 5-8 所示。

图 5-7　为位图创建边界　　　　　　　图 5-8　创建部分轮廓边界

- 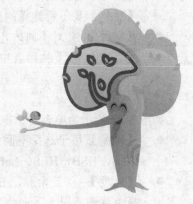【填充颜色】：在【填充选项】下拉列表中选择【指定】选项，指定图形的某一部分，在后面的【填充颜色】下拉列表中选择洋红色，直接在图形的枝叶上单击，CorelDRAW X4 将自动在源图形的上层创建一层相同的图形，并填充洋红色（如图 5-9 所示）。

图 5-9　为指定图形填色

- 使用默认值　【选择工具如何决定创建新对象时使用的轮廓属性】：主要用于设置智能填充的轮廓属性，包括【使用默认值】、【指定】和【无填充】3 个选项。【使用默认值】选项同【填充】选项中的【使用默认值】，在此不再赘述；【指定】选项，即指定图形的轮廓填充目标、轮廓颜色和轮廓宽度，并进行填充；【无填充】选项则是没有轮廓颜色填充。如图 5-10 所示为运用【指定】选项设置轮廓宽度为 2mm，颜色为红色的轮廓填充效果。

图 5-10　应用【指定】轮廓选项效果

203

5.2 【填充】对话框

【填充】对话框主要用于进行颜色的设置与填充，单击填充工具组中的【填充对话框】（如图 5-11 所示）或按<Shift>+<F11>键，打开【均匀填充】对话框。

1. 模型

如图 5-12 所示为填充对话框中的【模型】标签，可以通过拖动颜色区域旁边彩虹色上的控制条，进行颜色选择；直接按住鼠标左键在颜色区域中进行选择；还可以在右侧的【组件】选项组中输入颜色值进行颜色值的精确定位。

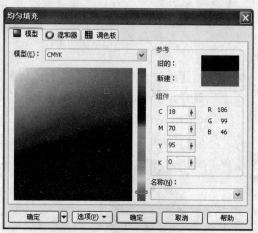

图 5-11　填充对话框

图 5-12　【模型】标签

【模型】标签中各选项功能如下。

- 【模型】：用于选择不同的色彩类型，单击可弹出下拉列表，其中包括 CMY、CMYK、RGB、HSB、HLS、Lab、YIQ、灰度和注册色 9 种色彩类型。
- 【参考】：提供了原来的颜色和新选择的颜色的对比。【旧的】显示原来的颜色预览，【新建】显示新选择的颜色预览。
- 【组件】：针对不同的色彩类型，可以输入相关的值进行色彩精确定位。
- 【名称】：该下拉列表中包含 CorelDRAW X4 自带的一些色彩体系，可以自主选择。

2. 混和器

如图 5-13 所示为填充对话框中的【混和器】标签，各选项功能如下。

- 【模型】：用于选择不同的颜色类型，单击可弹出下拉列表，其中包括 CMY、CMYK、RGB、HSB、HLS、Lab 和 YIQ 7 种色彩类型。
- 【色度】：以三角形、五角形和矩形等来控制左边圆形彩虹条的色彩关系。随着选择色度的不同，下面的颜色色块也会随之改变。我们可以通过拖曳左边的圆形彩虹条来获得不同的颜色效果。

- 【变化】：用于调节颜色的冷暖程度。单击可弹出下拉列表，其中包含调冷色调、调暖色调、调亮、调暗和降低饱和度，单击任一选项，下侧的颜色块都会随之改变。如选择【调亮】选项后，下面的色块列表中则全是针对当前颜色慢慢调亮的色块。
- 【大小】：用于控制显示的色块列数。
- 【组件】：用于控制各个色值，便于进行精确调节。
- 【名称】：该下拉列表中包含 CorelDRAW X4 自带的一些色彩体系，可以自主选择。

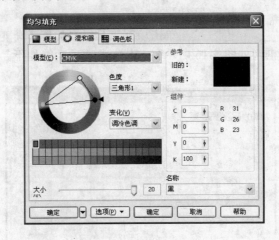

图 5-13 【混和器】标签

3. 调色板

如图 5-14 所示为填充对话框中的【调色板】标签，单击可展开下拉列表，里面包含固定的调色板、自定义调色板、用户的调色板和默认的 RGB 调色板。在【调色板】标签中主要进行印刷上专色的设置。

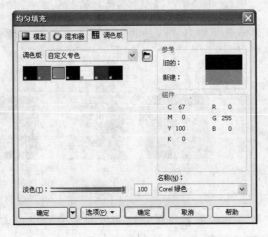

图 5-14 【调色板】标签

5.3 渐变填充

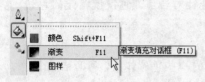

图 5-15　渐变填充

■【渐变填充】（如图 5-15 所示）是填充工具中使用最频繁的工具之一，同时它的功能也是最强大的，通过【渐变填充】对话框，我们可以非常方便地设置渐变的类型、角度、方向和颜色等，进而形成一些特殊的渐变效果。

单击填充工具组中的■【渐变填充】或按<F11>键，打开【渐变填充】对话框（如图 5-16 所示），其中各选项功能如下。

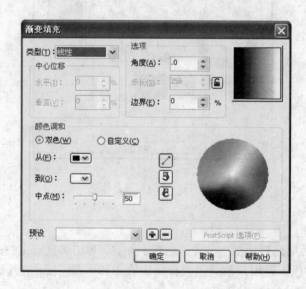

图 5-16　【渐变填充】对话框

- 【类型】：用于选择渐变的方式，总共包含线性、射线、圆锥和方角 4 种方式，效果如图 5-17 所示。

图 5-17　4 种渐变效果

- 【中心位移】：用水平和垂直的百分比来控制渐变的中心点。也可以直接在右侧的预览框中进行拖曳来控制中心点的位置。如图 5-18 所示，图中右上角的预览框产生变化。

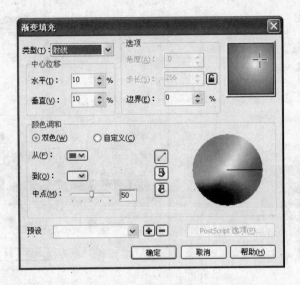

图 5-18　中心位移

- 【选项】：主要用于角度、步长和边界的调整。【角度】即中心点的角度，【步长】即渐变步长，这两个选项一般处于锁定状态，单击旁边的小锁图标，即可解锁。【边界】即控制中心点向四周扩散的远近距离，边界越大，扩散的越大。如图 5-19 所示，两幅图分别设置角度为 100，步长为 256，边界为 10%和角度为 50，步长为 5，边界为 20%的对比效果。

图 5-19　设置不同角度、步长、边界前后对比效果

- 【调和】：包括双色调和自定义调和。【双色调和】用于在两种颜色之间进行渐变调和。可以设置从一种颜色到另一种颜色来执行渐变效果，如图 5-20 所示设置的是从红到黄执行的线性渐变效果。【自定义调和】（如图 5-21 所示）用于在两种或两种以上颜色之间进行渐变调和。在颜色条上双击，即可添加颜色，在右边的颜色库中选择合适的颜色，或单击【其它】按钮，进入【选择颜色】对话框进行自定义颜色。直接在小三角上双击，或在小三角上单击并按<Delete>键，即可删除已添加的颜色。
- 【预设】：该选项提供了丰富的渐变样式（如图 5-22 所示），可以直接选择并进行应用。其右侧的【+】图标可以将当前设置的渐变样式添加到【预设】效果中，【-】图标则可以删除现有【预设】效果中的一些样式。

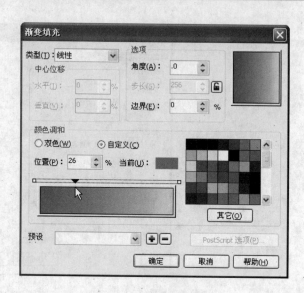

图 5-20　设置从红到黄的线性渐变效果　　　　　图 5-21　自定义调和设置

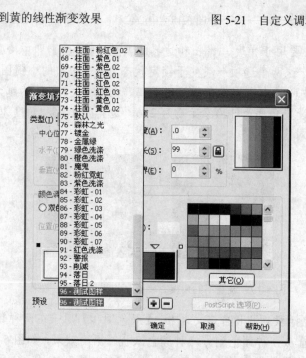

图 5-22　【预设】列表

5.4　图样填充

　　运用■【图样填充】可以非常方便地为图形添加双色、全色或位图图样。单击填充工具组中的■【图样填充】（如图 5-23 所示），打开【图样填充】对话框（如图 5-24 所示），其中各选项功能如下。

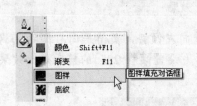

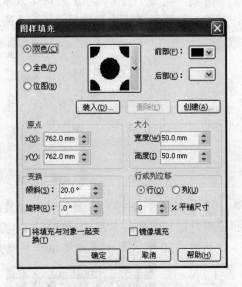

图 5-23　图样填充　　　　　　　　　　图 5-24　【图样填充】对话框

- 【双色】: 双色图样填充，单击可打开下拉列表（如图 5-25 所示）。系统默认的是黑白双色，可以通过【前部】和【后部】选项来设置两种不同的颜色进行填充，包括彩色，也可以通过【装入】命令，从外部装入对象进行应用。
- 【全色】: 选择全色，单击旁边的小箭头，可弹出系统自带的一些全色图样（如图 5-26 所示）。也可以通过【装入】命令，将图形或图像装入到 CorelDRAW X4 系统中，并应用到当前对象，还可以通过【删除】命令来删掉装入的图像。
- 【位图】: 选择位图，单击旁边的小箭头，可弹出系统自带的一些位图图样（如图 5-27 所示）。也可以通过【装入】命令，将图形或图像装入到 CorelDRAW X4 系统中，并应用到当前对象，还可以通过【删除】命令来删掉装入的图像。

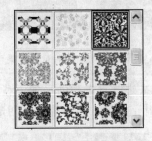

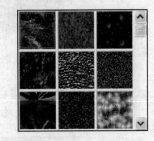

图 5-25　双色图样　　　　图 5-26　全色图样　　　　图 5-27　位图图样

- 【原点】: 代表着填充后的对象在工作区中的位置，分别用 X 和 Y 来表示在工作区的水平或垂直距离。
- 【大小】: 用于设置填充图样的大小，分别用【宽度】和【高度】来表示。如图 5-28

所示为设置不同【大小】的对比效果，第一幅图形【宽度】和【高度】均设置为 50，
第二幅图形【宽度】设置为 20，【高度】设置为 25。

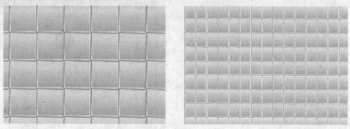

图 5-28　设置不同的【大小】效果

● 　【变换】：将图样对象进行倾斜或旋转。正值是向左倾斜，负值是向右倾斜。旋转
　　即对图样对象按角度进行旋转。如图 5-29 所示为设置倾斜 20° 的前后对比效果。
　　如图 5-30 所示为设置旋转 80° 的前后对比效果。

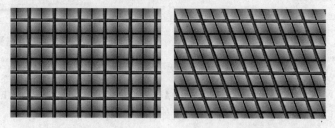

图 5-29　倾斜 20°前后对比效果

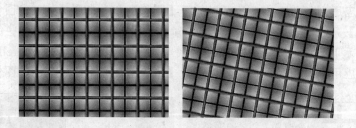

图 5-30　旋转 80°前后对比效果

● 　【行或列位移】：按百分比来进行行或列的平铺位移。如图 5-31 所示为对行和列分
　　别进行 80%平铺位移后的对比效果，第一幅为原图形。

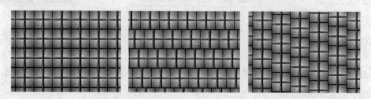

图 5-31　对行和列分别进行 80%平铺位移效果

- 【将填充与对象一起变换】：勾选该复选框可以将填充的图样和对象一起变换。
- 【镜像填充】：镜像填充图样，填充效果如图 5-32 所示。

图 5-32 【镜像填充】前后对比效果

5.5 底纹填充

CorelDRAW X4 中包含了丰富的底纹材质库，通过底纹填充，可以给平面的图形添加一些材质，使其更具有立体感。单击填充工具组中的 ![icon]【底纹填充对话框】（如图 5-33 所示），打开【底纹填充】对话框（如图 5-34 所示），其中各选项功能如下。

图 5-33 底纹填充

- 【底纹库】：用于选择底纹库的样式，单击【底纹库】下拉列表，从弹出的下拉菜单中可以选择底纹样式。利用底纹库旁边的【+】和【-】图标可以进行底纹库的添加或删除工作。

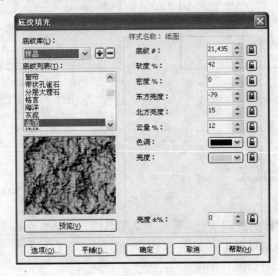

图 5-34 【底纹填充】对话框

- 【底纹列表】：当选择不同的底纹库时，下面的底纹列表也会随之改变。
- 【样式名称】：用于显示各种底纹的属性，包括底纹的亮度、密度、宽度、高度、软度等，还可以自定义这些属性。如图 5-35 所示为改变色调和亮度后的对比效果。

图 5-35 改变色调和亮度

- 【预览】：每改变一种底纹效果时，可以单击【预览】按钮进行底纹效果的预览。每单击一次，底纹效果就会以当前选择的底纹为基准，进行随机改变。
- 【选项】：单击该按钮，打开【底纹选项】对话框（如图 5-36 所示），设置底纹的分辨率，一般按默认设置即可。
- 【平铺】：单击该按钮，打开【平铺】对话框（如图 5-37 所示），设置底纹平铺属性，底纹平铺属性同图样填充里的属性，具体可以参考 5.4 节。

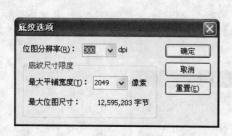

图 5-36 【底纹选项】对话框

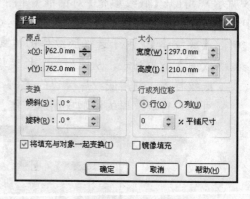

图 5-37 【平铺】对话框

5.6 PostScript 填充

PostScript 是一种特殊的纹理填充，单击填充工具组中的【PostScript 填充对话框】（如图 5-38 所示），打开【PostScript 底纹】对话框（如图 5-39 所示）。应用彩泡底纹的效果如图 5-40 所示。

图 5-38 PostScript 填充对话框

底纹预览框

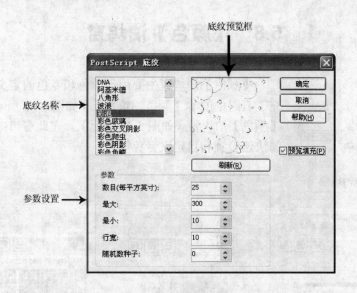

图 5-39　【PostScript 底纹】对话框

图 5-40　应用彩泡底纹效果

5.7　无填充

运用 ✕【无填充】命令，可以删除所有的填充效果。单击工作区右边【颜色库】中的 ⊠，即可删除填充效果；或单击填充工具组中的【无填充】命令（如图 5-41 所示），也可删除填充效果。

图 5-41　无填充

213

5.8 【颜色】泊坞窗

【颜色】泊坞窗主要用于颜色和专色的定义控制。单击填充工具组中的 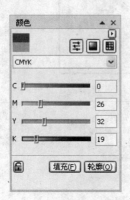【颜色泊坞窗】（如图 5-42 所示），即可打开【颜色】泊坞窗（如图 5-43 所示）。在此窗口中可以进行颜色的快速设置和自定义专色等。

图 5-42 颜色泊坞窗

（a）显示颜色滑块　　　　　（b）显示颜色查看器　　　　　（c）显示调色板

图 5-43 【颜色】泊坞窗

5.9 交互式填充工具

如果说前面不同的填充效果是一个单独的对象的话，那么交互式填充则是把这些众多的填充效果都集合到了一起。单击工具箱中的 【交互式填充工具】（如图 5-44 所示）。

图 5-44 交互式填充工具

【交互式填充工具】属性栏中集合了 11 种填充方式。它们分别是无填充、均匀填充、线性填充、射线填充、圆锥填充、方角填充、双色图样填充、全色图样填充、位图图样填充、底纹填充和 Post Script 填充。

这些填充效果的具体方法已经在前面的章节中做了具体的讲解，在此不再赘述，使用方法可以参考前面的章节。

5.10　交互式网状填充工具

通过设置网格可以改变和加强图形的填充效果。单击工具箱中的 【交互式网状填充工具】（如图 5-45 所示），即可激活【交互式网状填充工具】。如图 5-46 所示为【交互式网状填充工具】属性栏，其中各选项功能如下。

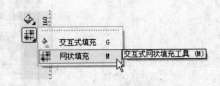

图 5-45　交互式网状填充工具

- 【网格大小】：用于设置默认网格的行和列。
- 矩形 【选取范围模式】：选择网格的模式，包括矩形和手绘。矩形用于框选网格上的节点，手绘则用于随意的进行拉动进行选择，如图 5-47 所示。

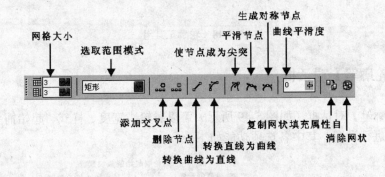

图 5-46　【交互式网状填充工具】属性栏

- 【添加交叉点】：单击该按钮可在图形中添加网格交叉节点。
- 【删除节点】：删除图形中的节点。其它网格中的曲线调节方法可以参考 2.2.1 节。
- 0 【曲线平滑度】：用于控制网格路径中的曲线平滑度。
- 【复制网状填充属性自】：用于复制网状填写效果到新的图形上。
- 【清除网状】：用于清除当前图形应用的网状效果，使图形回到初始状态。

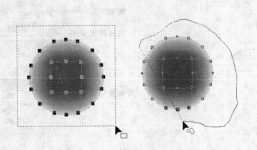

图 5-47　矩形和手绘选取模式

5.11   轮廓工具

　　轮廓工具是设计工作中使用最频繁的工具之一，运用轮廓工具，可以非常方便地为图形或文字添加轮廓效果。轮廓工具组如图 5-48 所示。

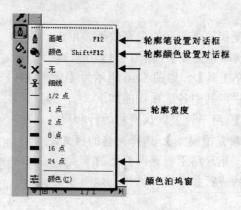

图 5-48   轮廓工具组

5.11.1   【轮廓笔】对话框

　　通过【轮廓笔】对话框（如图 5-49 所示）可以对轮廓宽度、样式、起始箭头、终止箭头样式和颜色等进行设置。其中各选项功能如下。

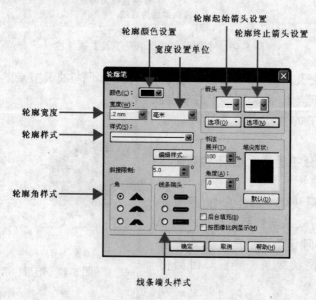

图 5-49   【轮廓笔】对话框

● ▇▇▇▎【轮廓颜色设置】：单击该下拉列表右边的小箭头，在填充的列表框中可以进行颜色选择，或单击【其它】按钮打开【选择颜色】对话框，在该对话框中进行颜色值设置，如图 5-50 所示。

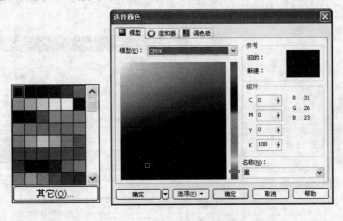

图 5-50　轮廓颜色设置

● .2 mm ▾【轮廓宽度】：用于设置轮廓的宽度值。如图 5-51 所示是设置轮廓宽度为 0.5mm 和 1mm 的对比效果。

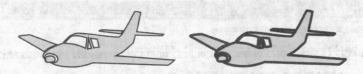

图 5-51　轮廓宽度对比

● 毫米 ▾【宽度设置单位】：单击该下拉列表，弹出下拉菜单（如图 5-52 所示），其中包括英寸、毫米、像素、英尺、厘米、米和千米等单位。

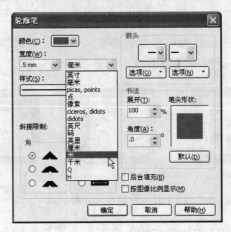

图 5-52　【宽度设置单位】下拉列表

217

- 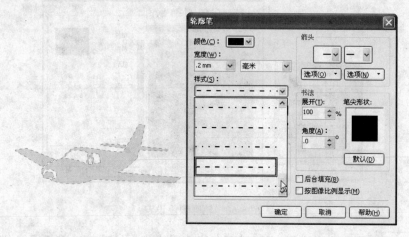【轮廓样式】：用于改变轮廓的样式，包括虚线、点线、长虚线和短虚线等，单击该下拉列表，在弹出的下拉菜单中可以进行选择，如图 5-53 所示。单击该下拉列表下面的【编辑样式】按钮，可以对现有的轮廓样式进行编辑或替换，如图 5-54 所示。

图 5-53　轮廓样式

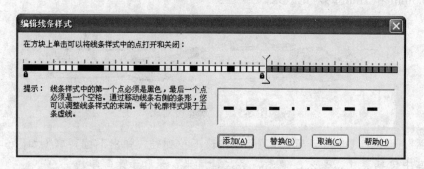

图 5-54　编辑样式

- 【轮廓角样式】：用于轮廓转角处的设置，包括为尖角、圆角和平角 3 种样式（如图 5-55 所示）。一般配合【线条端头】进行轮廓调节。

图 5-55　轮廓角的 3 种样式

- 【线条端头】：分为平头、圆头和扩展平头 3 种端头。
- 【轮廓起始/终止箭头设置】：单击即可展开箭头样式列表（如图 5-56 所示），从中可设置轮廓线的起始箭头和终止箭头。此选项对闭合路径无任何效果，只对单轮廓线起作用。通过箭头下面的【选项】按钮，可以对箭头样式进行对换、新建、编辑和删除操作。运用 【手绘工具】绘制一条直线，设置轮廓线的颜色为红色，并设置轮廓线的起始箭头和终止箭头样式，如图 5-57 所示。

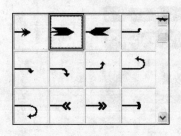

图 5-56　箭头样式　　　　　　　　　　图 5-57　设置起始和终止箭头

- 【书法】：可以通过【展开】微调框来设置笔头大小，100% 为正常大小，越低笔头则呈扁平状显示。【角度】微调框主要用于改变笔头的角度。也可以直接在右侧的【笔尖形状】预览框中进行拖曳，进而形成不同的笔头效果。
- 【后台填充】和【按图像比例显示】：勾选这两个复选框，可以使对象在后台自动进行填充，并按比例进行显示。如图 5-58 所示为应用前后的对比效果。

CorelDraw X4

CorelDraw X4

图 5-58　应用【后台填充】和【按图像比例显示】前后对比效果

5.11.2　轮廓宽度

轮廓宽度包含【无轮廓】效果和系统自带的一些轮廓宽度。如图 5-59 所示为有轮廓和无轮廓的对比效果。如图 5-60 所示是应用系统自带的轮廓宽度后的效果。

图 5-59　有轮廓和无轮廓对比效果

图 5-60　应用轮廓宽度效果

5.12　网格技法分享——绘制香蕉

本章主要介绍运用 CorelDRAW X4 中强大的网格工具来绘制香蕉。本例中主要运用 ⊞【交互式网状填充工具】进行了临摹加创作的技法来完成香蕉的制作。香蕉最终效果如图 5-61 所示。

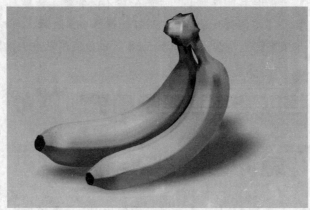

图 5-61　香蕉效果

TIPS:

临摹是绘画技法中常用的一种方法，在无法对形体进行正常把握的情况下，就可以采用临摹这种再创作方法。熟练地运用临摹不仅可以了解曲线的走线方式，还可以在临摹的过程中再创作，进而学到更多的知识。由于 CorelDRAW 中的网格不像 Illustrator 中那样容易掌握，因此从临摹开始介绍，更便于剖析 CorelDRAW 中的网格技法。

制作香蕉操作步骤如下。

（1）按<Ctrl>+<N>键新建一个文件，然后按<Ctrl>+<I>键打开【导入】对话框，将一张香蕉的位图导入到 CorelDRAW X4 工作区中，如图 5-62 所示。

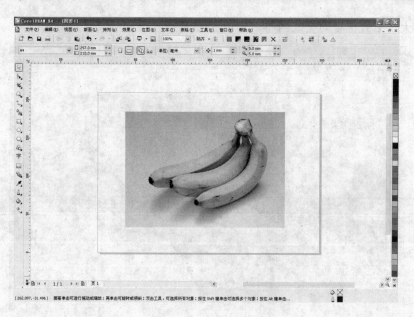

图 5-62 导入香蕉位图

（2）单击工具箱中的 □【矩形工具】，在香蕉的右下侧绘制一个矩形，如图 5-63 所示，下面用这个矩形来匹配香蕉的轮廓。

TIPS:

之所以要先绘制矩形，而不用【贝赛尔工具】或【钢笔工具】进行轮廓勾线，是因为 CorelDRAW 中只会自动生成水平和垂直的网格，而不能按实际需要的走向生成网格。如果一开始就勾出香蕉的外形，CorelDRAW 的【互动式网格填充工具】自动生成的网格就会出现图 5-64 所示的现象，这样修改起节点来会很麻烦。

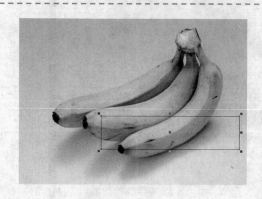

图 5-63 绘制矩形   图 5-64 线框模式

（3）选中绘制的矩形，单击工具箱中的 ▦【交互式网状填充工具】，此时矩形中会按预

221

设的【网格大小】数值自动生成网格，如图 5-65 所示。

图 5-65　生成网格

（4）框选整个网格图形（如图 5-66 所示），按<Delete>键，删除所有能删除的多余节点，如图 5-67 所示。即使全选了所有节点，有 4 个"关键点"是删除不掉的，否则当旋转矩形时，网格会发生改变。如图 5-68 所示为未删除节点和删除节点旋转的对比效果。

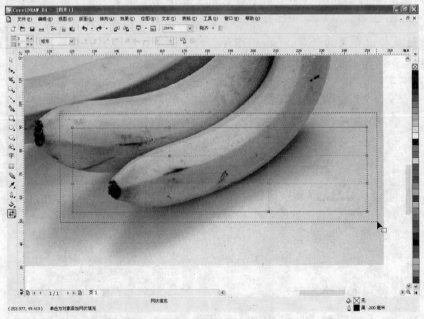

图 5-66　框选网格图形

图 5-67　删除多余节点

图 5-68　未删除节点与删除节点旋转对比效果

TIPS:

删除全部多余节点使旋转后网格不乱，这个方法不是唯一的，其实只要移动了任一节点后，再来旋转网格对象，网格都能保持同步正确。删除多余节点的另一个目的是要找到网格的"关键节点"，经过实践发现，任何闭合图形对象只要用应用网格填充，都会有 4 个"关键点"，它们控制着网格的走向和分布。如图 5-69（上）所示，在没有删除多余节点之前，网格图形的轮廓线上按给定的纵横数值分布着很多节点，规则的几何图形好一点，任意图形的 4 个"关键点"很难被发现；当删除多余节点后，4 个"关键点"就显出来了。如图 5-69（中）所示，把 4 个"关键点"对应的 4 条边分成了深色组和浅色组，它们上下左右对应，在浅色边上增加节点会生成水平网格线，在深色边上增加节点就生成垂直网格线。而水平与垂直网格线会根据深色或浅色边线的弯曲幅度成比例地变形。如图 5-69（下）所示，以浅色边为例，当把浅色边的控制点收回与"关键点"重合后，设置的垂直网格线也基本成直线了，只是随浅色边的倾斜和深色边的弯曲略有些倾斜和弯曲而已。

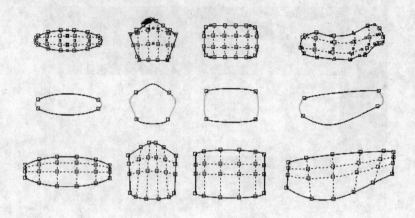

图 5-69　关键点原理

（5）在属性栏中设置【网格大小】的水平与垂直数值均设为 2，以便以后的网格调整，如图 5-70 所示。

（6）单击菜单栏中的【视图】→【简单线框】命令，将当前显示模式转换为线框模式，并运用 【形状工具】旋转矩形到一定角度，拖到香蕉上大致与其吻合（如图 5-71 所示）。

（7）拖动并调整节点（如图 5-72 所示），使长轴中线尽量与香蕉突起的棱线重合。

（8）放大显示，如图 5-73 所示，在底端边线合适的位置双击添加节点生成第二条长轴，将其调整到与香蕉的第二凸起棱线重合。双击时不要点击到侧面的边线上，否则会生成不需要的纵向斜线，图中"×"符号标示的就是误击侧面边线生成的错误网格线。

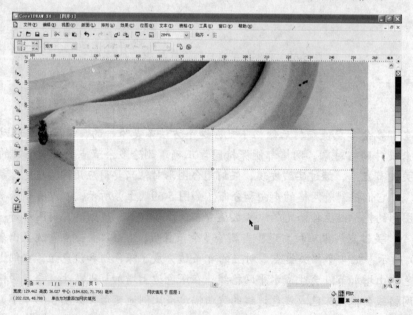

图 5-70　设置网格大小

图 5-71 使网格线框与香蕉吻合

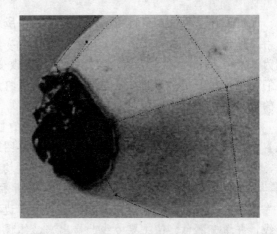

图 5-72 调整节点

（9）在靠近香蕉底端和顶端的位置各添加一条倾斜的垂直线，如图 5-74 所示。

图 5-73 添加节点

图 5-74 添加垂直线

（10）在贴近顶端边线的位置增加一条垂直网格线（如图 5-75 所示），其作用是替代顶端边线的位置。将顶端边线向上移动，以形成香蕉颈部，如图 5-76 所示。

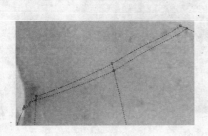

图 5-75 增加垂直网格线

图 5-76 绘制香蕉颈部

（11）香蕉的主要网格线基本成形，选中所有网格节点，单击属性栏中的 ⚲【平滑节点】按钮，使能改变属性的节点都成为平滑节点（4个关键点的节点属性是无法改变的），并调整它们的位置和形状，为随后需要增加的网格线打好基础。调整后的效果如图5-77所示。

（12）网格大体做好之后，单击菜单栏中的【视图】→【增强】命令，切换到【增强】显示模式。把网格图形移开一些位置，露出香蕉原图。按<Shift>+<F11>键打开【均匀填充】对话框，边填色边增减网格，填充效果如图5-78所示。

图5-77　调整后的效果

（13）在紧靠刚绘制的香蕉的两条长轴旁边各添加一条网格线，并填充颜色，使主要棱线凸显出来，体现出立体感，效果如图5-79所示。

图5-78　填充效果

图5-79　凸显主要棱线

（14）根据香蕉的颜色分布，逐渐增加网格，并调整合适。着色可在网格的交叉线及4个交叉点之间的区域内进行，交叉点控制柄的长短对着色的平滑度起着关键作用，如果控制柄很短，则颜色渐变会显得生硬。至此，香蕉主体的绘制完成（如图5-80所示）。

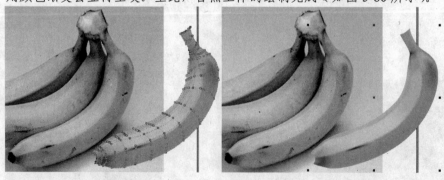

图5-80　完成香蕉主体

（15）下面为香蕉前面加上尖儿，过程如图5-81所示。大致绘制一个封闭的路径，复制两个，依次缩小，调整它们的位置并填充颜色。

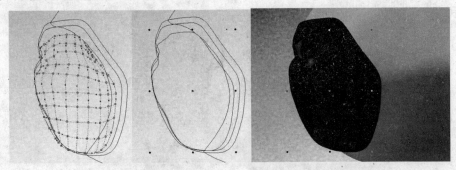

图 5-81　添加香蕉尖

（16）绘制一个香蕉的把头，运用 【交互式网状填充工具】为其填充颜色，如图 5-82 所示。

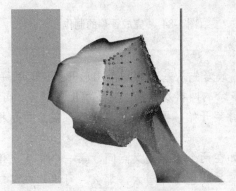

图 5-82　香蕉把头

（17）对香蕉的整体颜色进行调整，一个香蕉绘制完成，如图 5-83 所示。

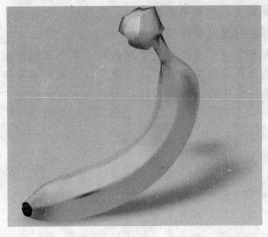

图 5-83　完成一个香蕉的制作

（18）根据以上步骤，绘制第二根香蕉，然后整体进行调整，完成香蕉的制作，如图 5-84 所示。

图 5-84　完成香蕉的制作

网格技法总结：

● 制作网格填充图形，最好先从基本的几何图形开始，运用 【交互式网格填充工具】后，删除所有默认多余的网格及节点，以显示出关键点，再手动根据需要添加网格。

● 添加网格应先从主骨架开始，再是细部起伏处，最后才是根据颜色分布进一步完善网格。

● 填色可反复进行，如在两个相邻交叉点间，第一个交叉点填色后会延伸到第二个交叉点的填色范围内，且颜色差异增大，那么，可再次在第二个交叉点上填色，以达到和第一个交叉点颜色均匀过度的效果，交叉点间的区域填色也可以这种方式达到色彩过度均匀。

● 交叉点及其它节点的控制柄对颜色过度的均匀性也起着重要作用，控制柄越长，颜色的过度范围就越大，控制柄的长度也不能长到越过另一节点的位置，不然就会使另一节点处的颜色过度非常生硬。

● 增加网格后，可把自动生成的节点全部选取，再单击属性栏中的 【平滑节点】按钮，使能转换的节点都转成平滑节点，便于以后的网格及颜色过度的调整。

● 网格填充技法是一项比较细致的工作，在编辑节点的时候一定要仔细调节，不可操之过急。

第6章 位图的高级处理

CorelDRAW X4 虽然是矢量图形处理软件，但它的位图处理功能同样也毫不逊色。本章主要介绍 CorelDRAW X4 针对位图图像的一些处理功能，其中包括位图自动调整、位图的模式调整、如何处理链接位图及位图的各种特效应用等。如图 6-1 所示为 CorelDRAW X4 位图菜单，以下的章节也将围绕着该菜单进行讲解说明。

图 6-1　位图菜单

6.1　位图的导入

CorelDRAW X4 中的位图导入选项包括全图像导入、裁剪导入、重新取样导入和链接位图导入 4 种。下面分别对这 4 种导入选项进行讲解说明。

6.1.1　全图像导入

单击菜单栏中的【文件】→【导入】命令或按<Ctrl>+<I>键，打开【导入】对话框（如

图 6-2 所示），选择自己需要图片，单击【导入】按钮，在工作区中单击并拖动鼠标可以使图像按照自己拖曳的范围大小进行导入（如图 6-3 所示）。如果单击【导入】按钮，再按<Enter>键，可以使图像居中在工作区的中间。CorelDRAW X4 除了可以导入普通的位图，还可以导入 TIF、EPS、AI、PSD、JPG、PNG 等格式的文件。

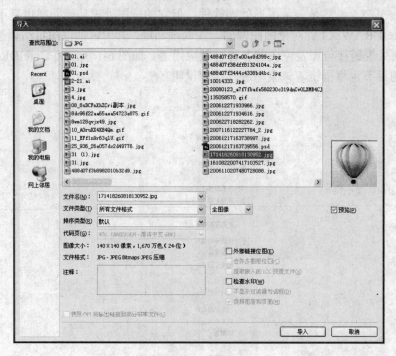

图 6-2　导入位图

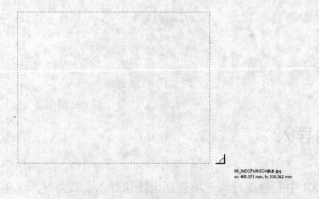

图 6-3　拖曳导入位图

6.1.2　裁剪导入

裁剪导入是指导入的时候将位图进行裁剪然后再导入到工作区中。单击菜单栏中的【文件】→【导入】命令或按<Ctrl>+<I>键，打开【导入】对话框，在【文件类型】下拉列表右边的小列表中选择【裁剪】命令，如图 6-4 所示。

图 6-4 裁剪导入

单击【导入】按钮，打开【裁剪图像】对话框（如图 6-5 所示）。可以用鼠标拖动图像四周的控制柄来确定位图的裁切大小。设置好后，单击【确定】按钮即可将裁切好的图像导入到工作区中。

图 6-5 【裁剪图像】对话框

6.1.3 重新取样导入

对位图进行重新取样，包括位图的宽度、高度及像素的大小。单击菜单栏中的【文件】→【导入】命令或按<Ctrl>+<I>键，打开【导入】对话框，在【文件类型】下拉列表右边的小列表中选择【重新取样】命令（如图 6-6 所示）。

图 6-6　重新取样

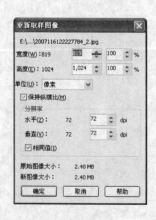

图 6-7　【重新取样图像】对
话框

单击【导入】按钮，打开【重新取样图像】对话框。在该对话框中修改图像的宽度和高度及像素分辨率四周（如图 6-7 所示）。完成设置后，单击【确定】按钮即可将新的图像导入到工作区中。

6.1.4 链接位图导入

将位图以链接的形式导入到工作区当中，通常运用这种方法可以有效地减小文件的大小。单击菜单栏中的【文件】→【导入】命令或按<Ctrl>+<I>键，打开【导入】对话框，勾选【外部链接位图】复选框（如图 6-8 所示），单击【导入】按钮，位图就可以以链接的形式出现在工作区当中。

图 6-8　外部链接位图

TIPS:

　　【位图】菜单下包括【中断链接】和【自链接更新】两个选项。执行【中断链接】命令可以将位图完全置入到当前文件当中，而不再是链接图像。在源图像处理更新后，单击【自链接更新】命令，工作区中的链接文件则会相应的进行更新。

　　另外，还可以单击菜单栏中的【窗口】→【泊坞窗】→【链接管理器】命令（如图 6-9 所示）进行链接图像的管理。

图 6-9　链接管理器

6.2　转换为位图

在 CorelDRAW X4 中【转换为位图】的作用有两个，一是将矢量图形转换为位图；二是将位图进行重新定义，如将 RGB 位图转换为 CMYK 模式的位图。运用【转换为位图】中的颜色模式可以非常轻松地将对象转换为灰度图、黑白图、RGB 图和 CMYK 图。

本节着重讲解如何最大限度地降低图像转换过程中的色彩损失度。

都说 CorelDRAW 中的颜色系统没有 Photoshop 的中的亮，下面我们就通过 ICC 配置文件，来使 CorelDRAW 中 RGB 位图转换为 CMYK 后的颜色和 Photoshop 中转换为 CMYK 的效果相一致。操作步骤如下。

（1）启动 Photoshop，单击菜单栏中的【编辑】→【颜色设置】命令（如图 6-10 所示），或按<Shift>+<Ctrl>+<K>键，打开【颜色设置】对话框。

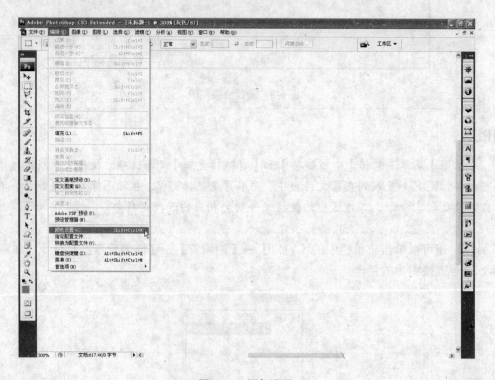

图 6-10　颜色设置

（2）单击【工作空间】选项组中的【CMYK】下拉列表，在弹出的下拉菜单中选择【存储 CMYK】选项（如图 6-11 所示），打开【存储】对话框。

（3）在【保存在】下拉列表中按照 CorelDRAW X4 的安装路径，找到安装文件夹中的 Color 文件夹，该文件夹是用来存放 CorelDRAW X4 的颜色文件的。找到后单击【保存】按钮，将 Photoshop 中的 ICC 配置文件保存到这个文件夹下即可，如图 6-12 所示。

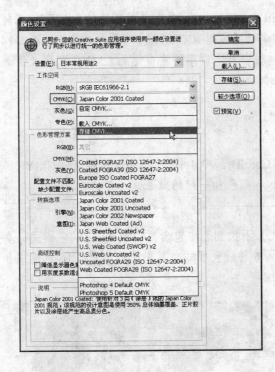

图 6-11　存储 CMYK

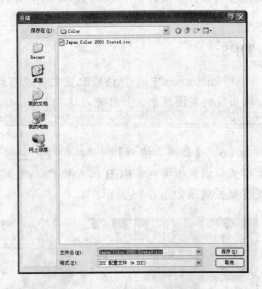

图 6-12　存储 ICC 配置文件

（4）启动 CorelDRAW X4，单击菜单栏中的【工具】→【颜色管理】命令，打开【颜色管理】对话框，在右侧的分色打印机中找到刚才保存的 ICC 配置文件，然后单击【确定】按钮，如图 6-13 所示。

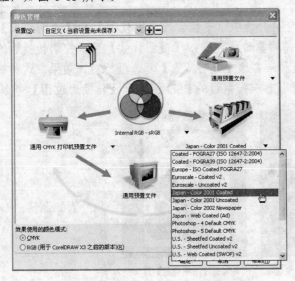

图 6-13　设置 ICC 文件

图 6-14　转换为位图

235

（5）按<Ctrl>+<I>键导入一张图片到 CorelDRAW X4 中，单击菜单栏中的【位图】→【转换为位图】命令，打开【转换为位图】对话框，勾选【应用 ICC 配置文件】复选框（如图 6-14 所示），单击【确定】按钮。此时图像在转换过程中就会调用刚才存储的 CMYK 配置文件进行图像转换，该文件为 Photoshop 中的 CMYK 颜色文件。

TIPS:

将 Photoshop 中的 CMYK 配置文件应用到 CorelDraw X4 中，可以很好地解决转 CMYK 时出现的灰图现象，并且可以达到和 Photoshop 颜色相一致的效果。

（6）【转换为位图】对话框的【颜色模式】下拉列表中包含黑白模式、16 色模式、灰度模式、调色板调色、RGB 模式和 CMYK 模式 6 种颜色模式。其中黑白模式、16 色模式和灰度模式效果如图 6-15 所示。

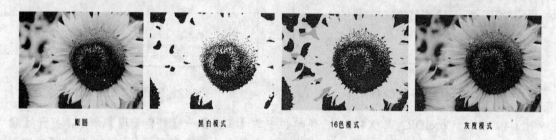

原图　　　　　黑白模式　　　　　16色模式　　　　　灰度模式

图 6-15　黑白模式、16 色模式和灰度模式效果

（7）【转换为位图】对话框的【选项】选项组中包含【光滑处理】和【透明背景】两个选项，【光滑处理】即转换过程中保持对象边缘光滑，【透明背景】可以控制转换后的图像背景为透明色。如图 6-16 所示为勾选和未勾选【透明背景】复选框的对比效果。这种模式尤其对 PSD 图像处理最为有用，我们可以对一张抠过的 PSD 图进行【转换为位图】命令。

勾选【透明背景】复选框　　　　　未勾选【透明背景】复选框

图 6-16　对比效果

TIPS:

应用【透明背景】后，还可以进行底色的更换。但是如果不勾选【透明背景】复选框，而应用【转换为位图】命令，CorelDRAW X4 将会自动在图像的后面生成一个白色的填充，这个填充是不可以更改的。当然，对于简单的图像，可以将图像进一步转换为黑白模式，然后直接在颜料盒中选择颜色就可以对图像进行背景颜色的更换了。

6.3 位图的调整和编辑

6.3.1 位图的调整

本小节将介绍 CorelDRAW X4 中的自动调整、图像调整实验室和矫正图像命令。

1. 自动调整

应用【自动调整】命令，可以轻松地校正图像的色彩。单击菜单栏中的【位图】→【自动调整】命令，即可应用该命令。如图 6-17 所示为应用【自动调整】前后的对比效果，我们可以很明显地看到右图的色彩要优于左图。

图 6-17 应用【自动调整】前后的对比效果

2. 图像调整实验室

通过【图像调整实验室】，可以很方便地对图像的颜色和色调进行处理。运用该命令可以对图像进行自动调整和手动调整。单击菜单栏中的【位图】→【图像调整实验室】命令，即可打开【图像调整实验室】对话框（如图 6-18 所示）。其中各选项功能如下。

图 6-18　【图像调整实验室】对话框

- ○ ○【旋转】：对图像可进行向左旋转和向右旋转命令。
- ⊕ ⊖【放大或缩小】：对当前图像进行放大或缩小操作，在预览区单击可放大图像，右击可将图像缩小。
- □ □ □【预览模式】：分为全屏预览、之前和之后效果预览、之前和之后效果分开预览 3 种模式。
- 自动调整(A)【自动调整】：通过检测最亮的区域和最暗的区域并调整每个色频的自动校正色调范围，自动校正图像的对比度和颜色。
- 【设置白点】：根据设置的白点自动调整图像的对比度。例如，可以使用 "选择白点" 工具使太暗的图像变亮。
- 【设置黑点】：根据设置的黑点自动调整图像的对比度。例如，可以使用 "选择黑点" 工具使太亮的图像变暗。
- 【温度】：使用温度，可以提高图像中颜色的暖色或冷色来校正图像的颜色，来补偿照明条件。
- 【淡色】：使用淡色，允许通过调整图像中的绿色或品红色来校正颜色转换。可通过将滑块向右侧移动来添加绿色；可通过将滑块向左侧移动来添加品红色。使用 "温度" 滑块后，可以移动 "淡色" 滑块对图像进行微调。
- 【饱和度】：可以使图像的颜色变得更加鲜艳。拖动滑块越往右，颜色越鲜艳，越往左图像则慢慢由彩色变为灰度图。
- 【亮度】：调整图像的明暗度。往左拖动滑块图像的暗度越来越高，往右拖动滑块图像的亮度越来越高。
- 【对比度】：用于增加或减少图像中暗色区域和明亮区域之间的色调差异。向右移动滑块可以使明亮区域更亮，暗色区域更暗。如图 6-19 所示为调整亮度对比度的前后对比效果。

图 6-19　调整亮度对比度前后的对比效果

- 【高光】：使用高光滑块，可以调整图像中最亮区域的亮度。将高光滑块、阴影滑块和中间色调滑块一起使用，可以平衡图像中的光亮效果。
- 【阴影】：允许调整图像中最暗区域的亮度。将高光滑块、阴影滑块和中间色调滑块一起使用，可以平衡图像中的光亮效果。如图 6-20 所示为使用高光和阴影使图像变亮。

图 6-20　使用高光和阴影使图像变亮

- 【中间色调】：可以调整图像中中间范围的色调亮度。将高光滑块、阴影滑块和中间色调滑块一起使用，可以平衡图像中的光亮效果。
- 创建快照(P)　【创建快照】：主要用来捕获对图像所做的调整，创建更多的快照可以便于在调整的图像中进行比较，从而选择最优的图像，关闭快照可以在快照的右上角进行单击。
- 【撤销】、【重做】和【重置为原始值】：操作过程中允许返回或重做，要重新开始对图像调整可以单击【重置为原始值】按钮。

3．矫正图像

　　【矫正图像】命令是 CorelDRAW X4 中新增的图像调整命令，运用【矫正图像】命令，可以非常方便地将图像进行水平或垂直矫正。单击菜单栏中的【位图】→【矫正图像】命令，即可打开【矫正图像】对话框（如图 6-21 所示）。通过【旋转】和【网格】选项可以对图像精确水平和垂直定位。越往右，网格的密度越大。

图 6-21 【矫正图像】对话框

6.3.2 位图的编辑

1. 编辑位图

打开一幅图片，单击菜单栏中的【位图】→【编辑位图】命令，CorelDRAW X4 会自动切换到 Corel PHOTO-PAINT X4 程序中（如图 6-22 所示），对图像进行编辑。编辑完成后保存，然后关闭 Corel PHOTO-PAINT X4，处理后的图像会自动加载到 CorelDRAW X4 中。

图 6-22 Corel PHOTO-PAINT X4 窗口

TIPS:

Corel PHOTO-PAINT X4 是 CorelDraw X4 的一个姐妹软件，主要用于进行位图图像的处理，作用同 Photoshop。

2. 位图的裁剪

一般运用 ▶️【形状工具】来进行裁剪，也可以用 ✄【裁剪工具】进行裁剪。操作方法如下。

（1）导入一副位图，运用 ▶️【形状工具】框选位图的节点，按<Ctrl>键并拖动，即可对位图进行水平或垂直裁切，如图 6-23 所示。

图 6-23 用【形状工具】裁切位图

（2）运用 ✄【裁剪工具】直接在位图上拖曳，框选出裁剪范围，然后双击即可完成裁切，如图 6-24 所示。

图 6-24 用【裁剪工具】裁切位图

（3）【位图颜色遮罩】命令。单击菜单栏中的【位图】→【位图颜色遮罩】命令，打开【位图颜色遮罩】泊坞窗（如图 6-25 所示），使【隐藏颜色】单选钮处于点选状态；单击 ✏️【颜色选择】按钮，然后在图像中需要隐藏的颜色上单击；单击【应用】按钮，即可将图像中指定的颜色色彩去掉。在遮罩颜色列表中，可以定义 10 种不同的颜色。容限值越高，去除的色彩范围就越大。如图 6-26 所示为去除向日葵中的黄色调的效果。

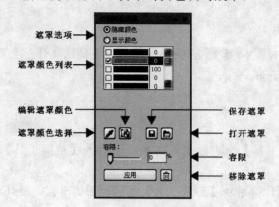

图 6-25　【位图颜色遮罩】泊坞窗

图 6-26　去除黄色调

（4）【重新取样】命令。该命令可以对图像的大小和分辨率进行重新定义。单击菜单栏中的【位图】→【重新取样】命令，即可打开【重新取样】对话框，如图 6-27 所示。

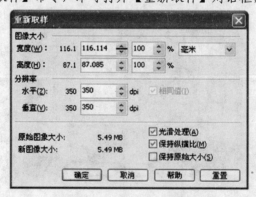

图 6-27　【重新取样】对话框

（5）【扩充位图边框】命令。该命令用于扩充位图的边框，以达到预定的效果，包括【自动扩充边框】和【手动扩充边框】。单击菜单栏中的【位图】→【扩充位图边框】→【手动扩充边框】命令，打开【位图边框扩充】对话框（如图 6-28 所示）。在【宽度】和【高度】文本框中输入扩充的像素值，或在【输入方式】文本框中输入扩充位图边框的百分比值，即可按原始位图的大小为参考扩充边框。勾选【保持纵横比】复选框，可以按比例扩充位图的边框。

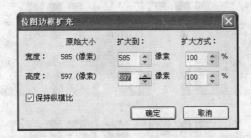

图6-28 【位图边框扩充】对话框

6.3.3 位图模式

主要用于调整图像的各种色彩模式。单击菜单栏中的【位图】→【模式】命令，打开【模式】菜单（如图6-29所示），其中包括黑白模式、灰度模式、双色模式、调色板模式、RGB模式、Lab模式、CMYK模式和应用ICC预置文件。如果配置的有ICC文件，则可以运用【应用ICC预置文件】命令对图像进行转换。

1. 黑白模式

将图像转换为黑白模式，单击菜单栏中的【位图】→【模式】→【黑白】命令，打开【转换为1位】对话框（如图6-30所示）。

图6-29 【模式】菜单

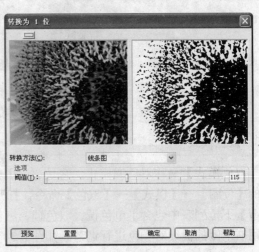

图6-30 【转换为1位】对话框

在【转换方法】下拉列表中包含了线条图、顺序、Jarvis、Stucki、Floyd-Steinberg、半色调和基数分布7种方法，选择不同的转换方法，其下面的【选项】选项组也相应发生变化。

如图 6-31 所示为应用不同转换方法的效果，其中 Jarvis 效果同 Stucki、Floyd-Steinberg 效果差不多，在此就列举了一种。

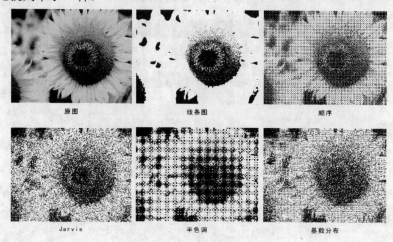

图 6-31　不同转换方法的效果

2．灰度模式

使用该模式即可将图像去色，改为灰阶模式。如图 6-32 所示为应用【灰度模式】前后的对比效果。

图 6-32　应用【灰度模式】前后的对比效果

3．双色模式

【双色模式】又称双色调模式，它是通过调整曲线的类型来控制图像的色彩。单击菜单栏中的【位图】→【模式】→【双色】命令，打开【双色调】对话框（如图 6-33 所示），在【类型】下拉列表中包含了单色调、双色调、三色调和四色调 4 种类型，选择任一类型都可以运用右下侧的曲线对颜色进行调节。如图 6-34 所示为应用【双色模式】后的效果。

4．调色板模式

将图像转换为 8 位色的调色板色模式。单击菜单栏中的【位图】→【模式】→【调色板】命令，打开【转换至调色板色】对话框（如图 6-35 所示）。在【调色板】下拉列表中包含了标准的、标准 VGA、适应性、优化、黑体、灰度、系统和网络安全色 8 种调色板的色彩类型，通过【抵色强度】可以控制相应的色彩变化。如图 6-36 所示为应用【调色板模式】后的图像效果。

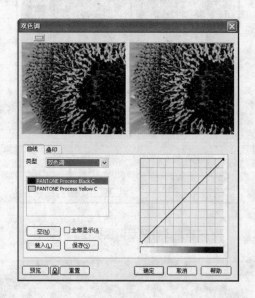

图 6-33　【双色调】对话框

图 6-34　应用【双色模式】后的效果

5．RGB 颜色模式

RGB 即红、绿、蓝，此颜色只可用于显示，不可用于印刷，显示器一般都采用这种颜色进行显示。单击菜单栏中的【位图】→【模式】→【RGB 颜色】命令，可以将图像转换为 RGB 颜色。

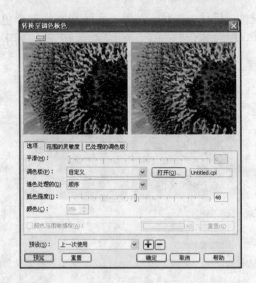

图 6-35　【转换至调色板色】对话框

图 6-36　应用【调色板模式】后的效果

6. Lab 颜色模式

Lab 颜色是最广的颜色定义，其色域大于 RGB 和 CMYK，是 RGB 模式转换为 CMKY 模式和 HSB 模式的桥梁，它的特点在于在任何显示器或打印机上使用，都不会变色。如图 6-37 所示为 Lab、RGB 和 CMYK 之间的颜色关系。

7. CMYK 颜色

CMYK 即青色、洋红、黄色和黑色。CMYK 是标准的彩色印刷用色，单击菜单栏中的【位图】→【模式】→【CMYK 颜色】命令，可以将图像模式转换为 CMYK 颜色。

8. 应用 ICC 配置文件

单击菜单栏中的【位图】→【模式】→【应用 ICC 配置文件】命令，即可将图像模式转换为当前 CorelDraw X4 中的 ICC 配置文件颜色模式。

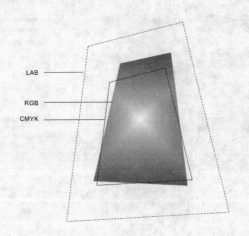

图 6-37　Lab、RGB 和 CMYK 之间的颜色关系

6.4　将位图转换为矢量图

本节主要介绍如何将位图转换为矢量图。在【位图】菜单中包括【快速描摹】、【线条描摹】和【描摹位图】3 种方法。

1．快速描摹

应用该命令后，可以快速地将一张位图图像转换为矢量图形。不是很复杂的图像，通过该命令一般都会达到预期效果。如图 6-38 所示为转换前后效果。

图 6-38　应用【快速描摹】前后的对比效果

2．线条描摹

将图像以线条的形式进行描摹。线条描摹又分为快速描摹和线条图。单击菜单栏中的【位图】→【线条描摹】→【快速描摹】命令，可打开相应的描摹对话框进行设置，如图 6-39 所示。

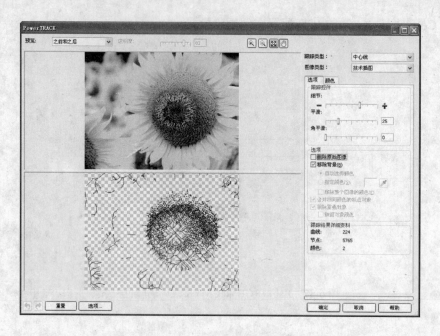

图 6-39　相应的描摹对话框

通过该对话框中的【细节】、【平滑】和【角平滑】选项来控制快速描摹的最终效果，使用左键单击图像可以使图像放大，右击可以使图像缩小。【线条图】的描摹方式同【快速描摹】，所以不再赘述。如图 6-40 所示为应用【快速描摹】和【线条图】前后的效果。

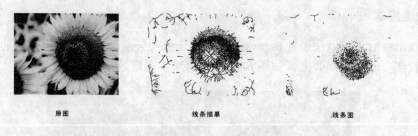

原图　　　　　　　　线条描摹　　　　　　　　线条图

图 6-40　应用【快速描摹】和【线条图】前后的对比效果

3.　描摹位图

图 6-41　描摹方式

单击菜单栏中的【位图】→【描摹位图】命令，打开【描摹位图】菜单，其中包括线条图、徽标、详细徽标、剪贴画、低质量图像和高质量图像 6 种描摹方式。如图 6-41 所示。

选择不同的描摹方式，其效果也不同，如图 6-42 所示为应用不同描摹方式的对比效果。

图 6-42　不同的描摹效果

6.5　三维效果

本节主要介绍如何给图像添加三维效果，使其更具立体感。单击菜单栏中的【位图】→【三维效果】命令，打开【三维效果】菜单（如图 6-43 所示），其中包括三维旋转、柱面、浮雕、卷页、透视、挤远/挤近和球面 7 种三维效果。

图 6-43　三维效果

6.5.1　三维旋转

单击菜单栏中的【位图】→【三维效果】→【三维旋转】命令，打开【三维旋转】对话框，如图 6-44 所示。其中各选项功能如下。

- 【垂直】：使图像垂直向上或向下旋转，形成立体感。输入正值时图像向上旋转，输入负值时图像向下旋转，效果如图 6-45 所示。
- 【水平】：使图像水平向左或向右旋转，形成立体感。输入正值时图像向右旋转，输入复制时图像向左旋转，效果如图 6-46 所示。
- 【最适合】：使图像在原始大小内进行立体旋转。

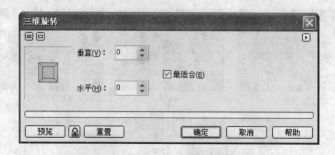

图 6-44 【三维旋转】对话框

原图　　　　　　　　　输入正值20　　　　　　　　输入负值-20

图 6-45 垂直旋转

原图　　　　　　　　　输入正值20　　　　　　　　输入负值-20

图 6-46 水平旋转

TIPS:

可以同时对【垂直】和【水平】选项进行应用，也可以直接拖动左边预览框中的立体图形进行角度改变，继而改变图像的立体旋转角度。

6.5.2 柱面

以圆柱体的视图原理来改变图像的视图效果。通过改变水平和垂直的百分比，来给图像增加柱面效果。单击菜单栏中的【位图】→【三维效果】→【柱面】命令，打开【柱面】对话框，如图 6-47 所示。其中各选项功能如下。

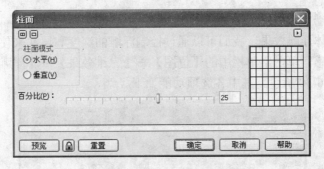

图 6-47　【柱面】对话框

- 【水平】：以水平方式来改变柱面的效果。百分比设置在-100～100。值越小，图像自上下向中间的压缩力度越大，值越大，图像自中间向上下的扩散力度越大。如图 6-48 所示是分别设置-100 和 100 执行后的对比效果。

原图　　　　　　　　水平-100　　　　　　　　水平100

图 6-48　柱面模式为水平

- 【垂直】：以垂直方式来改变柱面的效果。百分比设置在-100～100。值越小，图像自左右向中间压缩的力度越大，值越大，图像向左右两边扩散的力度越大。如图 6-49 所示是分别设置-100 和 100 执行后的对比效果。

原图　　　　　　　　垂直-100　　　　　　　　垂直100

图 6-49　柱面模式为垂直

6.5.3 浮雕

给图像增加立体浮雕效果。我们可以通过控制浮雕的深度和层次来使浮雕效果形成的更为明显，更有层次感。单击菜单栏中的【位图】→【三维效果】→【浮雕】命令，打开【浮雕】对话框，如图 6-50 所示。其中各选项功能如下。

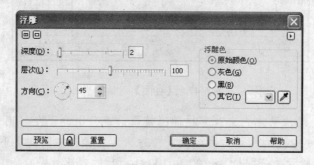

图 6-50 【浮雕】对话框

- 【深度】：控制浮雕效果的明显度，控制值在 1～20 之间，值越高浮雕效果越明显。
- 【层次】：控制画面的层次度，层次值设置在 1～500 之间。层次一般和深度配合起来使用，当深度值设置为 20，层次设置为 1 的时候，图像是不会有任何效果的。只有给图像添加了层次，浮雕效果才会出来。
- 【方向】：用来控制浮雕的方向。如图 6-51 所示为深度 10、层次 100、方向为 45° 的浮雕效果。
- 【浮雕色】：默认的有原始颜色、灰色、黑色和其它。通过【其它】可以打开颜料盒选择指定浮雕色。如图 6-52 所示是设置浮雕色为红色后执行的效果。

原图　　　　　　浮雕效果

图 6-51 深度 10、层次 100、方向 45° 的浮雕效果

原图　　　　　　浮雕效果

图 6-52 设置浮雕色为红色

6.5.4 卷页

给图像添加卷页效果。单击菜单栏中的【位图】→【三维效果】→【卷页】命令，打开【卷页】对话框（如图 6-53 所示），通过在该对话框中进行设置，可以很方便的为图像的任

意一角添加卷页效果，还可以改变卷页的颜色和透明度等。其中各选项功能如下。

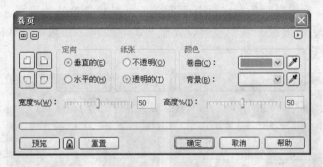

图 6-53 【卷页】对话框

- 【卷页角】：可以给图像的左上角、右上角、左下角和右下角分别添加卷页效果，如图 6-54 所示为添加后的效果。

图 6-54 卷页效果

- 【定向】：设置卷页的方向为水平卷页还是垂直卷页。如图 6-55 所示是垂直卷页和水平卷页的对比效果。

图 6-55 垂直卷页和水平卷页

- 【纸张】：选择纸张为透明或不透明。
- 【颜色】：设置卷页的颜色和背景颜色。一般背景默认为白色，这样可以很明显地看到卷上去的效果，我们也可以设置为其它颜色，如图 6-56 所示为设置卷页颜色为红色和蓝色后执行的效果。

图 6-56　设置卷页颜色为红色和卷页颜色为蓝色，背景色为黄色的效果

- 【宽度】：设置卷页的宽度，设置比例在 1%～100%。
- 【高度】：设置卷页的高度，设置比例在 1%～100%。如图 6-57 所示为设置卷页宽高比例为 45%和 80%的对比效果。

图 6-57　设置宽高为 45%和 80%的对比效果

6.5.5　透视

对位图添加透视点，使其具有三维特性。在 CorelDRAW X4 中，对于位图的透视方式有两种，分别为透视和切变，可以用鼠标直接拖动选项左边的预览框，从而可以对位图进行透视和切变处理。单击菜单栏中的【位图】→【三维效果】→【透视】命令，打开【透视】对话框（如图 6-58 所示）。如图 6-59 所示为应用透视和切变后的效果。

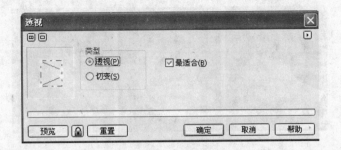

图 6-58 【透视】对话框

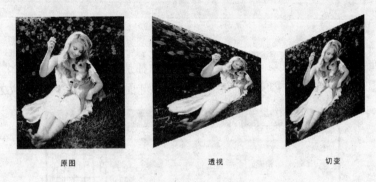

原图 透视 切变

图 6-59 透视和切变

6.5.6 挤远/挤近

将位图处理成近似于凸镜和凹镜的效果。设置值从-100～100，当值为 0 时，无任何效果。值越小，越往外凸，值越大，越往中间凹。单击菜单栏中的【位图】→【三维效果】→【挤远/挤近】命令，打开【挤远/挤近】对话框，如图 6-60 所示。

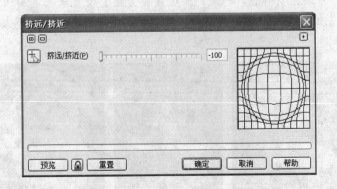

图 6-60 【挤远/挤近】对话框

如图 6-61 所示是设置为-100 和 100 的对比效果。

原图   -100   100

图 6-61   应用【挤远/挤近】的对比效果

6.5.7   球面

以球面原理来进行视图表现，类似与挤远/挤近，都是形成凹或凸的效果。单击菜单栏中的【位图】→【三维效果】→【球面】命令，打开【球面】对话框，如图 6-62 所示。

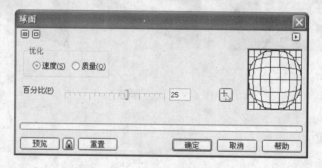

图 6-62   【球面】对话框

通过【优化】选项组中的【速度】和【质量】来控制图像品质，【速度】品质较差，【质量】品质较好，但渲染速度可能有些慢。通过【百分比】设置来决定凹凸效果。百分比设置值从-100～100，当值为 0 时，无任何效果。值越小，越往中间凹，值越大，越往外凸，效果如图 6-63 所示。

原图   -30   30

图 6-63   百分比为-30 和 30 的对比效果

6.6 艺术笔触

通过艺术笔触下的命令，可以快速地将图像效果模拟为传统绘画效果。通过艺术笔触，可以模拟的绘画效果有炭笔画、单色蜡笔画、蜡笔画、立体派、印象派、调色刀、彩色蜡笔画、钢笔画、点彩派、木版画、素描、水彩画、水印画和波纹纸画共 14 种画风。单击菜单栏中的【位图】→【艺术笔触】命令，打开【艺术笔触】菜单，如图 6-64 所示。

图 6-64 艺术笔触

6.6.1 炭笔画

模拟传统的炭笔画效果，通过执行该命令，可以把图像转换为传统的炭笔黑白画效果。单击菜单栏中的【位图】→【艺术笔触】→【炭笔画】命令，打开【炭笔画】对话框，如图 6-65 所示。其各选项功能如下。

图 6-65 【炭笔画】对话框

- 【大小】：代表着画笔的笔尖大小。大小值设置在 1～10。
- 【边缘】：代表着炭笔画的边缘绘画效果，边缘值设置在 0～10，值越小，边缘越柔和，值越大，边缘轮廓越清晰。如图 6-66 所示为设置不同边缘值后的对比效果。

原图　　　　　　　　大小5,边缘3　　　　　　　大小5,边缘10

图 6-66　应用【炭笔画】前后的对比效果

6.6.2　单色蜡笔画

通过设置蜡笔的颜色，来模拟传统的单色蜡笔画效果。单击菜单栏中的【位图】→【艺术笔触】→【单色蜡笔画】命令，打开【单色蜡笔画】对话框（如图 6-67 所示）。其中各选项功能如下。

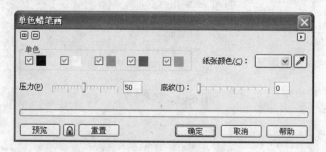

图 6-67　【单色蜡笔画】对话框

● 【单色】：用来设置蜡笔的颜色，也可以全部选择。
● 【纸张颜色】：设置传统纸张的颜色。
● 【压力】：调整蜡笔的深刻效果，压力越小，效果越柔和，反之则效果越明显。
● 【底纹】：控制图像的纹理。

如图 6-68 所示为执行【蜡笔画】前后的对比效果。

图 6-68　应用【蜡笔画】前后的对比效果

6.6.3 蜡笔画

通过设置蜡笔画的【大小】和【轮廓】，可以很轻松的模拟传统蜡笔画的效果。单击菜单栏中的【位图】→【艺术笔触】→【蜡笔画】命令，打开【蜡笔画】对话框，如图6-69所示。其中各选项功能如下。

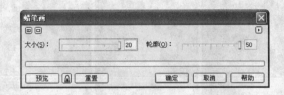

图6-69 【蜡笔画】对话框

● 【大小】：控制蜡笔笔尖的大小。数值控制在1～20。
● 【轮廓】：控制蜡笔效果的层次度，轮廓越大，层次越明显。数值控制在0～50。
　如图6-70所示为设置不同大小值和轮廓值后的对比效果。

图6-70 原图与【大小20/轮廓50】和【大小10/轮廓25】的对比效果

6.6.4 立体派

立体派是把对象分割成许多面，同时呈现不同角度的面。因此立体派作品，看来像碎片被放在一个平面上。通过CorelDRAW X4中的【立体派】，可以很好地再现这种效果。单击菜单栏中的【位图】→【艺术笔触】→【立体派】命令，打开【立体派】对话框（如图6-71所示）。其中各选项功能如下。

图6-71 【立体派】对话框

- 【大小】：控制画笔的大小，数值控制在 1~20，数值越小，画面中的碎片则越多，图像则越精细。
- 【亮度】：控制画面的亮度，数值控制在 1~100，数值越大，画面越亮。
- 【纸张色】：用于设置传统绘画纸张的颜色。

如图 6-72 所示为设置不同值后执行的效果。

图 6-72　原图与【大小 5/亮度 55/纸张红色】和【大小 15/亮度 40/纸张红色】的对比效果

6.6.5　印象派

印象派也叫印象主义，是 19 世纪 60—90 年代在法国兴起的画派。印象派绘画用点取代了传统绘画简单的线与面，从而达到传统绘画所无法达到的对光的描绘。具体地说，当从近处观察印象派绘画作品时，我们看到的是许多不同的色彩凌乱的点，但是当我们从远处观察他们时，这些点就会像七色光一样汇聚起来，给人光的感觉，达到意想不到的效果。

通过 CorelDRAW X4 中的【印象派】命令，可以很好的再现和模拟这种效果。单击菜单栏中的【位图】→【艺术笔触】→【印象派】命令，打开【印象派】对话框，如图 6-73 所示。其各选项功能如下。

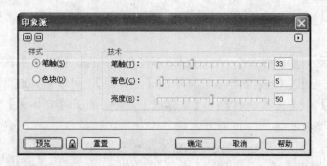

图 6-73　【印象派】对话框

- 【样式】：即再现的两种样式，一种是笔触再现，一种是色块再现。
- 【技术】：包含笔触、着色和亮度 3 个选项。【笔触】用来控制笔触的力度和大小，【着色】控制着画面的染色度，【亮度】控制的画面的明暗度。

如图 6-74 所示为应用【印象派】前后的对比效果。

图 6-74 应用【印象派】前后的对比效果

6.6.6 调色刀

调色刀，又称画刀，用富有弹性的薄钢片制成，有尖状、圆状之分，用于在调色板上调匀颜料，不少画家也以刀代笔，直接用刀作画或部分地在画布上形成颜料层面、肌理，增加表现力。

通过 CorelDRAW X4 中的【调色刀】命令，可以很好的再现和模拟这种效果。单击菜单栏中的【位图】→【艺术笔触】→【调色刀】命令，打开【调色刀】对话框，如图 6-75 所示。其各选项功能如下。

图 6-75 【调色刀】对话框

- 【刀片尺寸】：控制刀片的大小。数值越小，用调色刀表现的画面越细腻，数值越大，表现的画面颜色则比较粗糙。
- 【柔软边缘】：控制图像的边缘效果。
- 【角度】：设置调色刀的角度

如图 6-76 为应用【调色刀】前后的效果。

图 6-76 应用【调色刀】前后的对比效果

6.6.7 彩色蜡笔画

模拟传统的彩色蜡笔画效果，CoreIDRAW X4 中的彩色蜡笔画有两种类型，一种是【柔性】的，一种是【油性】的。单击菜单栏中的【位图】→【艺术笔触】→【彩色蜡笔画】命令，打开【彩色蜡笔画】对话框，如图 6-77 所示。可以通过改变【笔触大小】和【色度变化】来控制彩色蜡笔画的最终形成效果。如图 6-78 所示为应用后的效果。

图 6-77 【彩色蜡笔画】对话框

图 6-78 原图与【柔性】和【油性】的对比效果

6.6.8 钢笔画

通过控制钢笔的【密度】和【墨水量】，可以很好的在 CoreIDRAW X4 中为位图添加钢笔画效果。单击菜单栏中的【位图】→【艺术笔触】→【钢笔画】命令，打开【钢笔画】对话框，如图 6-79 所示。其中各选项功能如下。

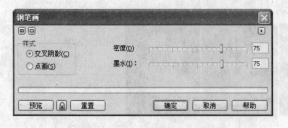

图 6-79 【钢笔画】对话框

- 【样式】：设置钢笔绘画的样式，其中包括交叉阴影和点画样式，效果如图 6-80 所示。
- 【密度】：控制画面中钢笔画的密度。
- 【墨水】：控制钢笔绘画时的墨水使用量。

图 6-80 原图与【交叉阴影】和【点画】的对比效果

6.6.9 点彩派

点彩派画的特点是，画面上只有色彩的斑点在逐渐变化，把物体分析成细碎的色彩斑块，用画笔点画在画布上。这些点点斑斑，通过视觉作用达到自然结合，形成各种物象，有如中世纪的镶嵌画效果，点画出来的笔触在画面上好像罩上一层模糊不清的影子。这一方法的创始人是修拉和西涅克。

通过 CorelDRAW X4 中的【点彩派】命令，可以很好的模拟这一效果。单击菜单栏中的【位图】→【艺术笔触】→【点彩派】命令，打开【点彩派】对话框，如图 6-81 所示。其中各选项功能如下。

- 【大小】：点画的大小设置。
- 【亮度】：画面的明暗程度

图 6-81 【点彩派】对话框

控制。

如图 6-82 为应用【点彩派】前后的对比效果。

图 6-82 应用【点彩派】前后的对比效果

6.6.10 木版画

木版画俗称木刻，源于我国古代。雕版印刷书籍中的插图，是版画家族中最古老，也是最有代表性的一支。木版画，刀法刚劲有力，黑白相间的节奏，使作品极有力度。

单击菜单栏中的【位图】→【艺术笔触】→【木版画】命令，打开【木版画】对话框，如图 6-83 所示。其中各选项功能如下。

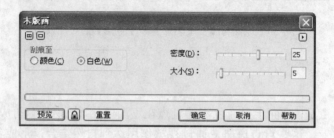

图 6-83 【木版画】对话框

- 【刮痕至】：设置木板的颜色，其中包含颜色和白色两个选项，【颜色】即当前应用图像的颜色。
- 【密度】：控制木版画面的密度。
- 【大小】：设置木板刀刻的大小。

如图 6-84 所示为应用【木版画】前后的对比效果。

图 6-84 应用【木版画】前后的对比效果

6.6.11 素描

模拟传统的纸上素描效果。单击菜单栏中的【位图】→【艺术笔触】→【素描】命令，打开【素描】对话框，如图 6-85 所示。其中各选项功能如下。

- 【铅笔类型】：分为炭色和颜色。颜色即当前默认的图像颜色。
- 【样式】：控制着画面的粗糙和精细程度，数值越小，画面越粗糙，数值越大，画面越精细。

- 【笔芯】：通过笔芯选项，可以找到最适合的铅笔类型。
- 【轮廓】：设置图像轮廓的深浅。数值越大，轮廓越清晰。

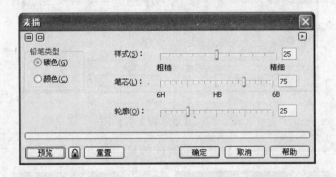

图6-85 【素描】对话框

如图6-86所示为应用【素描】前后的对比效果。

图6-86 应用【素描】前后的对比效果

6.6.12 水彩画

水彩画给人的印象是湿润流畅、晶莹透明、轻松活泼，用水调色，发挥水分的作用，灵活自然、滋润流畅、淋漓痛快、韵味无尽，这就是水彩画的特点。

单击菜单栏中的【位图】→【艺术笔触】→【水彩画】命令，打开【水彩画】对话框（如图6-87所示）。其中各选项功能如下。

- 【画刷大小】：控制水彩画笔的笔刷大小。
- 【粒状】：控制水彩的浓淡程度。
- 【水量】：控制颜料中的水分。
- 【出血】：控制水彩的渗透力度。
- 【亮度】：控制画面的明暗。

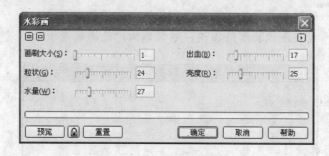

图 6-87　【水彩画】对话框

如图 6-88 所示为应用【水彩画】前后的对比效果。

图 6-88　应用【水彩画】前后的对比效果

6.6.13　水印画

将颜色滴入水中，然后用物体将颜料搅开，并形成一定的层次感，然后用绘画纸上附上去，就水中的纹理印到纸上，这种画就称为水印画。

单击菜单栏中的【位图】→【艺术笔触】→【水印画】命令，打开【水印画】对话框（如图 6-89 所示）。其中各选项功能如下。

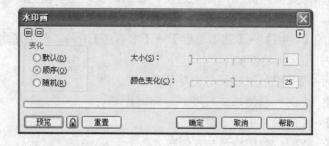

图 6-89　【水印画】对话框

- 【变化】：颜色在水中的变化方式，其中包含默认、顺序、随机 3 个选项。
- 【大小】：决定颜料晕开的大小程度，值越大，晕开的颜色范围就越大。
- 【颜色变化】：控制画面的颜色变化。

如图 6-90 所示为应用【水印画】前后的对比效果。

图 6-90　应用【水印画】前后的对比效果

6.6.14　波纹纸画

使图像添加波纹效果，我们可以通过控制【笔刷颜色模式】和【笔刷压力】来控制最终效果。单击菜单栏中的【位图】→【艺术笔触】→【波纹纸画】命令，打开【波纹纸画】对话框，如图 6-91 所示。其中各选项功能如下。

- 【笔刷颜色模式】：设置波纹纸画的颜色，其中包含【颜色】和【黑白】两种模式。
- 【笔刷压力】：控制笔刷的压力程度。

如图 6-92 所示为应用【波纹纸画】前后的对比效果。

图 6-91　【波纹纸画】对话框

图 6-92　应用【波纹纸画】前后的对比效果

6.7 模糊

通过【模糊】命令，可以给图像添加不同程度的模糊效果，模糊命令总共包含九个子命令，它们分别是定向平滑、高斯式模糊、锯齿状模糊、低通滤波器、动态模糊、放射式模糊、平滑、柔和和缩放。单击菜单栏中的【位图】→【模糊】命令，找到这些命令，如图 6-93 所示。

图 6-93 模糊命令

6.7.1 定向平滑

主要用来校正图像中比较细微的缺陷部分，可以使这部分图像变得更加平滑。单击菜单栏中的【位图】→【模糊】→【定向平滑】命令，打开【定向平滑】对话框进行百分比设置，如图 6-94 所示。

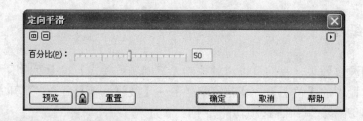

图 6-94 【定向平滑】对话框

6.7.2 高斯式模糊

模糊命令中使用最频繁的一个命令，高斯模糊是建立在高斯函数基础上的一个模糊计算方法。单击菜单栏中的【位图】→【模糊】→【高斯式模糊】命令，打开【高斯式模糊】对话框（如图 6-95 所示），通过设置其中的【半径】选项，可以控制高斯式模糊的模糊效果，如图 6-96 所示为执行【高斯式模糊】前后的对比效果。

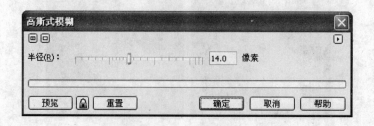

图 6-95 【高斯式模糊】对话框

图 6-96 应用【高斯式模糊】前后的对比效果

6.7.3 锯齿状模糊

主要用来校正边缘参差不齐的图像，属于细微的模糊调节。单击菜单栏中的【位图】→【模糊】→【锯齿状模糊】命令，打开【锯齿状模糊】对话框（如图 6-97 所示），通过调节其中的【宽度】和【高度】来控制图像效果。

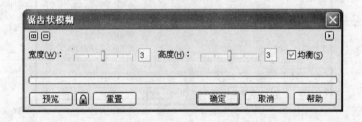

图 6-97 【锯齿状模糊】对话框

6.7.4 低通滤波器

通过【百分比】和【半径】的设定，使图像产生轻微的柔化效果。单击菜单栏中的【位图】→【模糊】→【低通滤波器】命令，打开【低通滤波器】对话框（如图 6-98 所示）。如图 6-99 所示为应用【低通滤波器】前后的对比效果。

图 6-98 【低通滤波器】对话框

图 6-99　应用【低通滤波器】前后的对比效果

6.7.5　动态模糊

使图像产生动感模糊的效果。单击菜单栏中的【位图】→【模糊】→【动态模糊】命令，打开【动态模糊】对话框（如图 6-100 所示），通过设置其中的【间隔】来控制动感力度，通过【角度】来设置动感的方向。如图 6-101 所示为应用【动态模糊】前后的对比效果。

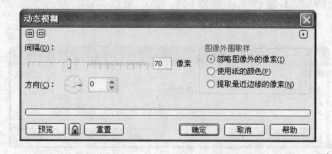

图 6-100　【动态模糊】对话框

图 6-101　应用【动态模糊】前后的对比效果

6.7.6　放射式模糊

给图像添加一种自中心向周围呈旋涡状的放射模糊状态，又称放射式模糊。单击菜单栏中的【位图】→【模糊】→【放射式模糊】命令，打开【放射式模糊】对话框（如图 6-102 所示），通过设置其中的【数量】来控制放射力度，如图 6-103 所示为执行【放射式模糊】前后的对比效果。

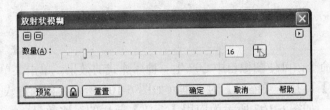

图 6-102 【放射式模糊】对话框

图 6-103 应用【放射式模糊】前后的对比效果

6.7.7 平滑

使用【平滑】命令，可以使图像变得更加平滑，通常用于优化位图图像。单击菜单栏中的【位图】→【模糊】→【平滑】命令，打开【平滑】对话框（如图 6-104 所示），通过设置其中的【百分比】来控制平滑力度。

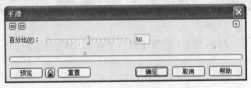

图 6-104 【平滑】对话框

6.7.8 柔和

柔和命令，主要用来柔化图像，和【平滑】的作用基本相同，都是用来优化图像的。单击菜单栏中的【位图】→【模糊】→【柔和】命令，打开【柔和】对话框（如图 6-105 所示），通过设置其中的【百分比】来控制柔和力度。

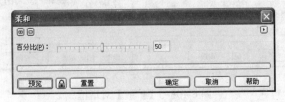

图 6-105 【柔和】对话框

6.7.9 缩放

使用【缩放】命令，可使图像自中心产生一种爆炸式的效果。单击菜单栏中的【位图】→【模糊】→【缩放】，打开【缩放】对话框（如图 6-106 所示），通过设置其中的【数量】来控制爆炸的力度。如图 6-107 所示为应用【缩放】前后的对比效果。

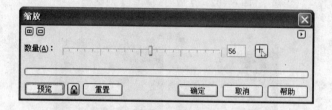

图 6-106 【缩放】对话框

图 6-107 应用【缩放】前后的对比效果

6.8 相机

单击菜单栏中的【位图】→【相机】→【扩散】命令，打开【扩散】对话框（如图 6-108 所示），该命令主要是通过扩散来消除照片中的一些细微杂点，以此来优化照片。可以通过调节【层次】选项来控制扩散力度。

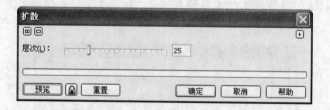

图 6-108 【扩散】对话框

6.9 颜色转换

主要对图像中的色彩进行颜色转换。单击菜单栏中的【位图】→【颜色转换】命令，打开【颜色转换】菜单（如图 6-109 所示）。其中包含位平面、半色调、梦幻色调和曝光 4 个子命令。

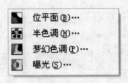

图 6-109　【颜色转换】菜单

6.9.1　位平面

通过红（R）、绿（G）、蓝（B）三种颜色来控制图像中的色彩变化，每一种颜色就是一个面。单击菜单栏中的【位图】→【颜色转换】→【位平面】命令，打开【位平面】对话框（如图 6-110 所示）。

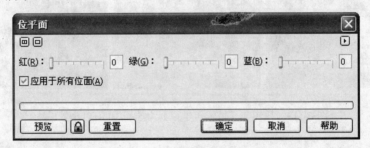

图 6-110　【位平面】对话框

勾选【应用于所有位面】复选框即可同时调整 RGB 三种颜色，取消该复选框的勾选即可对单个颜色进行调整。如图 6-111 所示为应用【位平面】前后的对比效果。

图 6-111　应用【位平面】前后的对比效果

6.9.2 半色调

通过调节 CMYK 的各项色值来给图像添加一种特殊效果。单击菜单栏中的【位图】→【颜色转换】→【半色调】命令，打开【半色调】对话框，如图 6-112 所示。

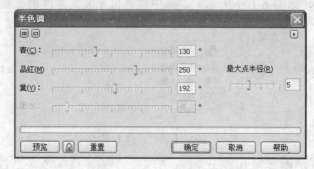

图 6-112 【半色调】对话框

通过控制【最大点半径】，可以来控制画面中的粗糙和精细程度。如图 6-113 所示为设置【最大点半径】为 5 和 10 的对比效果。

图 6-113 原图与【最大点半径】为 5 和 10 的对比效果

6.9.3 梦幻色调

通过【梦幻色调】可以将图像色彩转换为具有梦幻类型的色调效果。单击菜单栏中的【位图】→【颜色转换】→【梦幻色调】命令，打开【梦幻色调】对话框，如图 6-114 所示。

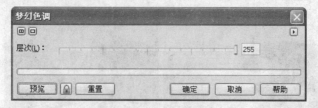

图 6-114 【梦幻色调】对话框

可以通过【层次】选项来控制梦幻色调的效果。如图 6-115 所示为应用【梦幻色调】前后的对比效果。

图 6-115　应用【梦幻色调】前后的对比效果

6.9.4　曝光

给图像添加曝光效果。单击菜单栏中的【位图】→【颜色转换】→【曝光】命令，打开【曝光】对话框，如图 6-116 所示。

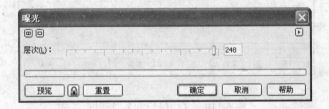

图 6-116　【曝光】对话框

可以通过【层次】选项来控制曝光的深度。如图 6-117 所示为应用【曝光】前后的对比效果。

图 6-117　应用【曝光】前后的对比效果

6.10　轮廓图

主要对位图进行轮廓化处理。单击菜单栏中的【位图】→【轮廓图】命令，打开【轮廓图】菜单，其中包含 3 个子命令，它们分别是边缘检测、查找边缘和描摹轮廓。找到这些子命令，如图 6-118 所示。

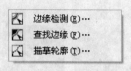

图 6-118　轮廓图

6.10.1　边缘检测

检测图像中物体的轮廓边缘，并形成新的图像。单击菜单栏中的【位图】→【轮廓图】→【边缘检测】命令，打开【边缘检测】对话框，如图 6-119 所示。

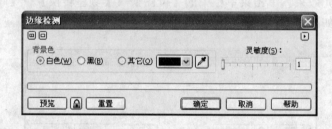

图 6-119　【边缘检测】对话框

可以通过改变图像的【背景色】和控制【灵敏度】来获得最后的图像效果。如图 6-120 所示为原图和将背景色设置为黄色的对比效果。

图 6-120　应用【边缘检测】前后的对比效果

6.10.2　查找边缘

效果基本上同边缘检测，不同的是查找边缘不可以设置背景色，使用【查找边缘】命令，可以将图像中的轮廓效果显示出来。单击菜单栏中的【位图】→【轮廓图】→【查找边缘】命令，打开【查找边缘】对话框（如图 6-121 所示）。通过设置选项中的【边缘类型】和【层次】来决定图像的查找边缘效果。如图 6-122 所示为应用【查找边缘】前后的对比效果。

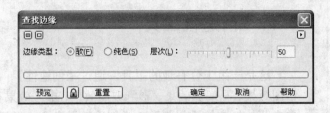

图 6-121　【查找边缘】对话框

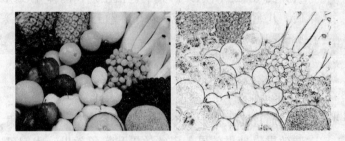

图 6-122　应用【查找边缘】前后的对比效果

6.10.3　描摹轮廓

通过【层次】值的设定来描摹图像的轮廓，层次值越高，图像的轮廓越模糊。单击菜单栏中的【位图】→【轮廓图】→【描摹轮廓】命令，打开【描摹轮廓】对话框（如图 6-123 所示）。如图 6-124 所示为执行【描摹轮廓】前后的对比效果。

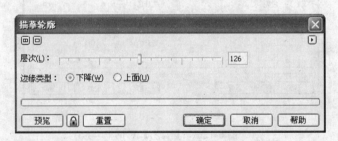

图 6-123　【描摹轮廓】对话框

图 6-124　应用【描摹轮廓】前后的对比效果

277

6.11　创造性工具

这是一组十分有趣的工具，通过【创造性】，可以给图像添加拼图效果、马塞克效果、彩色玻璃效果、虚光效果和玻璃砖效果等。单击菜单栏中的【位图】→【创造性】命令，打开【创造性】菜单（如图 6-125 所示），其中包括工艺、晶体化、织物、框架、玻璃砖、儿童游戏、马塞克、粒子、散开、茶色玻璃、彩色玻璃、虚光、旋涡和天气 14 个子命令。

6.11.1　工艺

图 6-125　【创造性】菜单

通过【工艺】命令，可以给图像添加拼图效果、齿轮效果、弹珠效果、糖果效果、瓷砖效果和筹码效果。我们可以通过【大小】选项来控制分布的数量，值越大，分布的数量越少，反之则越多；可以通过【完成】选项来控制最终的显示数量，值越大，显示的越多。

单击菜单栏中的【位图】→【创造性】→【工艺】命令，打开【工艺】对话框（如图 6-126 所示），如图 6-127 所示是应用【工艺】前后的对比效果。

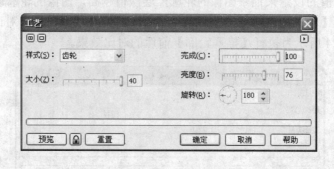

图 6-126　【工艺】对话框

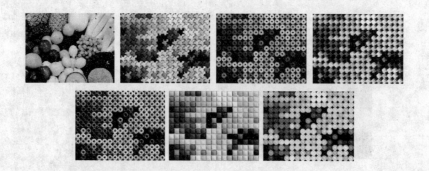

图 6-127　应用【工艺】前后的对比效果

6.11.2 晶体化

使图像形成一种类似晶状体的特殊效果。可以通过【大小】选项来控制晶状体的大小，值越大，晶状体分布的块状效果就越大。

单击菜单栏中的【位图】→【创造性】→【晶体化】命令，打开【晶体化】对话框（如图 6-128 所示）。如图 6-129 所示为设置大小 5 和 15 的对比效果。

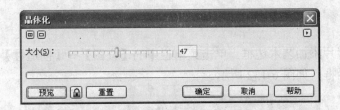

图 6-128 【晶体化】对话框

图 6-129 原图与设置大小为 5 和 10 的对比效果

6.11.3 织物

可以将传统布料上的效果应用到图像上，比如刺绣、地毯勾织、拼布、珠帘、丝带和拼纸。应用方式和【工艺】相似，不同的只是样式。单击菜单栏中的【位图】→【创造性】→【织物】命令，打开【织物】对话框（如图 6-130 所示）。如图 6-131 所示为应用【织物】前后的对比效果。

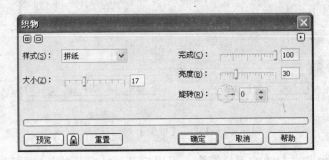

图 6-130 【织物】对话框

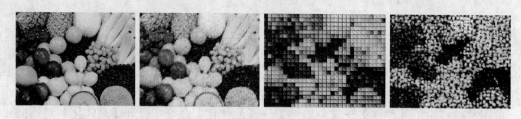

图 6-131　应用【织物】前后的对比效果

6.11.4　框架

　　一般用于给照片添加艺术边框。单击菜单栏中的【位图】→【创造性】→【框架】命令，打开【框架】对话框，如图 6-132 所示。

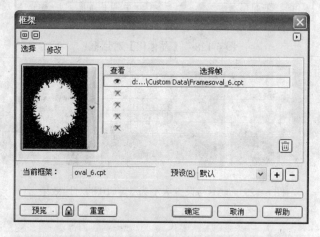

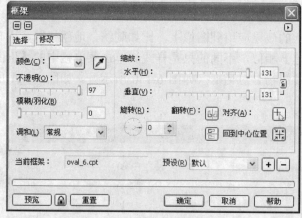

图 6-132　【框架】对话框

　　通过单击图像预览框右边的下拉箭头，可以打开系统自带的其它框架。CorelDRAW X4 系统总共自带了 17 种艺术边框类型。通过修改选项中的【水平】和【垂直】大小来决定图像的边框大小。如图 6-133 所示是应用其中两种边框前后的对比效果。

图 6-133　应用【框架】前后的对比效果

6.11.5　玻璃砖

运用该命令，可以使画面形成一种玻璃砖的特殊效果。单击菜单栏中的【位图】→【创造性】→【玻璃砖】命令，打开【玻璃砖】对话框（如图 6-134 所示）进行图像应用。通过控制玻璃砖的【块高度】和【块宽度】来决定玻璃砖的最终效果。如图 6-135 所示为执行【玻璃砖】前后的对比效果。

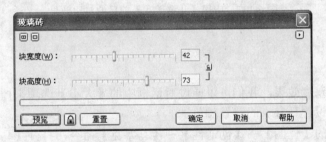

图 6-134　【玻璃砖】对话框

图 6-135　应用【玻璃砖】前后的对比效果

6.11.6　儿童游戏

可以给图像添加一种儿童小时候玩游戏时的图案纹理。其中有圆点图案、积木图案、手指绘画和数字绘画四种儿童游戏。应用方式和【工艺】相似，不同的只是样式。

单击菜单栏中的【位图】→【创造性】→【儿童游戏】命令，打开【儿童游戏】对话框（如图 6-136 所示）。如图 6-137 所示为【应用积木图案】和【数字绘画模式】前后的效果。

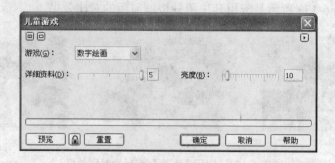

图 6-136　【儿童游戏】对话框

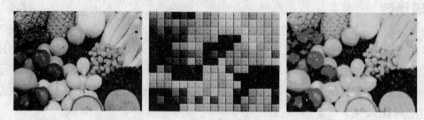

图 6-137　应用【儿童游戏】前后的对比效果

6.11.7　马塞克

使图像产生马塞克效果，我们可以通过对话框中的【大小】选项来控制马塞克的分布，通过【背景色】来设置马塞克的背景颜色。

单击菜单栏中的【位图】→【创造性】→【马塞克】命令，打开【马塞克】对话框（如图 6-138 所示）。如图 6-139 所示为应用【马塞克】前后的对比效果。

图 6-138　【马塞克】对话框

图 6-139　应用【马塞克】前后的对比效果

6.11.8 粒子

给图像添加星星和气泡样式。单击菜单栏中的【位图】→【创造性】→【粒子】命令，打开【粒子】对话框，如图 6-140 所示。

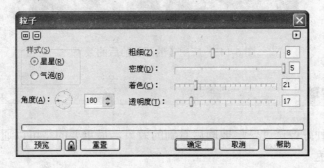

图 6-140 【粒子】对话框

通过控制该对话框中星星和气泡的【粗细】、【密度】、【着色】和【透明度】来决定最终的形成效果。如图 6-141 所示是应用【粒子】中的【星星样式】和【气泡样式】前后的对比效果。

图 6-141 应用【粒子】前后的对比效果

6.11.9 散开

使用【散开】命令，可以使图像产生一种晕散开来的质感。可以通过【水平】和【垂直】选项来控制晕散的范围大小。

单击菜单栏中的【位图】→【创造性】→【散开】命令，打开【散开】对话框（如图 6-142 所示）。如图 6-143 所示为应用【散开】前后的效果。

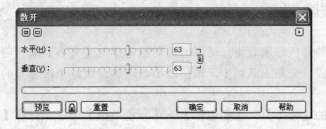

图 6-142 【散开】对话框

图 6-143　应用【散开】前后的效果

6.11.10　茶色玻璃

使位图形成一种好像透过一层玻璃后看到的效果，最重要的是可以通过【颜色】选项来改变这层玻璃的颜色。

单击菜单栏中的【位图】→【创造性】→【茶色玻璃】命令，打开【茶色玻璃】对话框（如图 6-144 所示）。如图 6-145 所示为设置该对话框中的【颜色】为黄色后的效果。

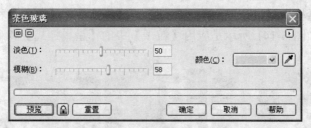

图 6-144　【茶色玻璃】对话框

图 6-145　应用【茶色玻璃】前后的效果

6.11.11　彩色玻璃

使图像形成一种彩色玻璃效果，可以通过对话框中的【大小】来控制玻璃块的大小，数值越大，玻璃块越大，分布的就越少，数值越小，玻璃块就越小，分布的就越多。值控制在 1～100 之间。

单击菜单栏中的【位图】→【创造性】→【彩色玻璃】命令，打开【彩色玻璃】对话框（如图 6-146 所示）。如图 6-147 所示为应用【彩色玻璃】前后的效果。

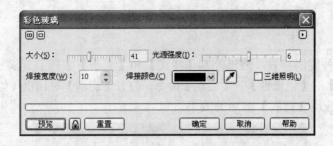

图 6-146　【彩色玻璃】对话框

图 6-147　应用【彩色玻璃】前后的效果

6.11.12　虚光

使用【虚光】命令，可以使图像的外边缘形成一圈虚光效果。CorelDRAW X4 中可设置的虚光类型有椭圆形、圆形、矩形和正方形四种，在设置对话框中可以找到这些命令。

单击菜单栏中的【位图】→【创造性】→【虚光】命令，打开【虚光】对话框（如图 6-148 所示）。如图 6-149 所示为设置【虚光】效果为椭圆形和矩形虚光的效果。

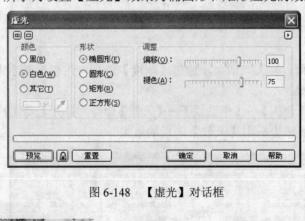

图 6-148　【虚光】对话框

图 6-149　应用【虚光】前后的效果

6.11.13　旋涡

给图像添加一种旋涡特效，通过控制【样式】和【大小】来控制旋涡的形成力度。单击菜单栏中的【位图】→【创造性】→【旋涡】命令，打开【旋涡】对话框（如图6-150所示）。如图6-151所示为应用【旋涡】前后的效果。

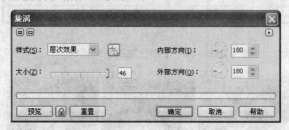

图6-150　【旋涡】对话框

图6-151　应用【旋涡】前后的效果

6.11.14　天气

给图像添加雪、雨、雾天气效果，通过【浓度】选项，可以控制小雪至暴风雪、小雨至暴雨、薄雾至浓雾效果。

单击菜单栏中的【位图】→【创造性】→【天气】命令，打开【天气】对话框（如图6-152所示）。如图6-153所示为应用【天气】前后的效果。

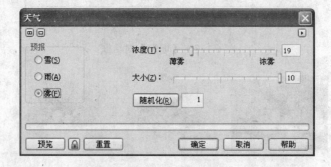

图6-152　【天气】对话框

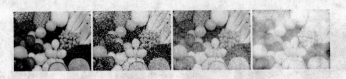

图 6-153　应用【天气】前后的效果

6.12　扭曲类工具

使用【扭曲】工具，可以为图像添加块状效果、置换效果、偏移效果、像素化效果、龟纹效果、旋涡效果、平铺效果、湿笔画效果、涡流效果和风吹效果。单击菜单栏中的【位图】→【扭曲】命令，可以找到这些子命令，如图 6-154 所示。

图 6-154　扭曲命令

6.12.1　块状效果

运用【块状】，可以将图像分裂成块状效果。单击菜单栏中的【位图】→【扭曲】→【块状】命令，打开【块状】对话框（如图 6-155 所示）进行相关设置。

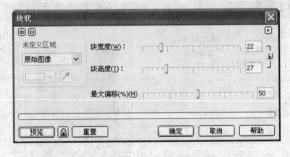

图 6-155　【块状】对话框

通过【未定义区域】里面的选项来控制块状的样式效果，通过调整【块宽度】和【块高度】来控制块状的大小。如图 6-156 所示是选择未定义区域中的【原始图像】和【白色】样式后的对比效果。

图 6-156　应用【块状】前后的效果

6.12.2　置换效果

将一些图样添加到位图的表面，从而形成一种特殊的效果，这就是置换。单击菜单栏中的【位图】→【扭曲】→【置换】命令，打开【置换】对话框（如图 6-157 所示）。

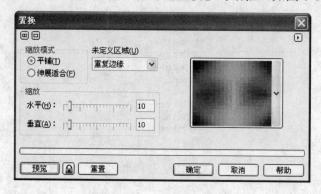

图 6-157　【置换】对话框

通过单击右边图样预览框旁边的小三角，可弹出下拉图样列表，里面内置了 10 种图样可供选择，如图 6-158 所示。

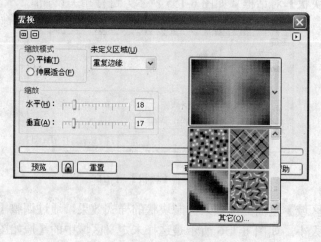

图 6-158　图样列表

通过控制缩放中的【水平】和【垂直】选项来控制图样置换的力度大小。如图 6-159 所示是设置水平 20/50 和垂直 20/50 后的对比效果。

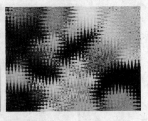

图 6-159 应用【块状】前后的效果

6.12.3 偏移效果

使图像产生偏移效果，可以通过设置图像的【水平】偏移度和【垂直】偏移度来控制图像的偏移方向。通过【未定义区域】，可以选择偏移的方式。

单击菜单栏中的【位图】→【扭曲】→【偏移】命令，打开【偏移】对话框（如图 6-160 所示）。如图 6-161 所示为应用【偏移】前后的效果。

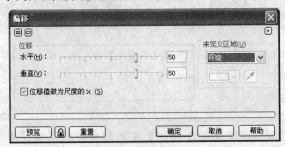

图 6-160 【偏移】对话框

图 6-161 应用【偏移】前后的效果

6.12.4 像素化效果

使图像在一定的像素范围内产生模糊效果，CorelDRAW X4 自带的像素化模式有正方形、矩形和射线 3 种，通过改变【宽度】值和【高度】值来控制像素化效果的力度。

289

单击菜单栏中的【位图】→【扭曲】→【像素化】命令，打开【像素化】对话框（如图 6-162 所示）。

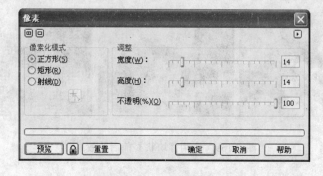

图 6-162　【像素化】对话框

如图 6-163 所示是应用【正方形】模式和【射线】模式后的效果。

图 6-163　应用【像素化】前后的效果

6.12.5　龟纹效果

给图像添加波纹效果，可以通过【周期】来控制波纹的长短，通过【振幅】来控制波纹的幅度大小。

单击菜单栏中的【位图】→【扭曲】→【龟纹】命令，打开【龟纹】对话框（如图 6-164 所示）。如图 6-165 所示为应用【龟纹】前后的效果。

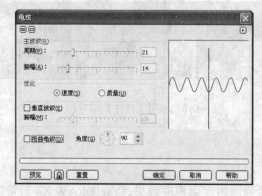

图 6-164　【龟纹】对话框

图 6-165　应用【龟纹】前后的效果

还可以通过勾选对话框中的【垂直波纹】和【扭曲龟纹】，对图像添加垂直波纹，并可对波纹进行扭曲处理，效果如图 6-166 所示。

图 6-166　应用【垂直波纹】和【扭曲龟纹】前后的效果

6.12.6　旋涡效果

给图像添加旋涡效果。可以通过控制【顺时针】和【逆时针】来控制旋涡的形成方向，通过【整体旋转】来控制旋涡的形成密度。

单击菜单栏中的【位图】→【扭曲】→【旋涡】命令，打开【旋涡】对话框（如图 6-167 所示）进行属性设置。如图 6-168 所示为应用【旋涡】前后的效果。

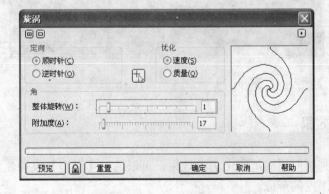

图 6-167　【旋涡】对话框

图 6-168　应用【旋涡】的【顺时针】和【逆时针】前后的效果

6.12.7　平铺效果

使图像在一定的尺寸范围内形成多个图样平铺效果，可以通过控制【水平平铺】和【垂直平铺】来控制平铺分布的数量多少，可以通过控制【重叠】来控制平铺图像与图像之间的重叠深度。

单击菜单栏中的【位图】→【扭曲】→【平铺】命令，打开【平铺】对话框（如图 6-169 所示）。如图 6-170 所示为应用【平铺】前后的效果。

图 6-169　【平铺】对话框

图 6-170　应用【平铺】前后的效果

6.12.8　湿笔画效果

给图像添加一种类似用湿笔画上去的效果，可以通过【润湿】来控制画面的湿度，通过【百分比】来控制湿度的形成。

单击菜单栏中的【位图】→【扭曲】→【湿笔画】命令，打开【湿画笔】对话框（如图

6-171 所示）。如图 6-172 所示为应用【湿笔画】前后的效果。

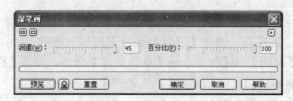

图 6-171　【湿笔画】对话框

图 6-172　应用【湿笔画】前后的效果

6.12.9　涡流效果

对一副图像中的单个物体实现涡状效果的添加。单击菜单栏中的【位图】→【扭曲】→【涡流】命令，打开【涡流】对话框（如图 6-173 所示）。

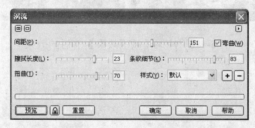

图 6-173　【涡流】对话框

通过改变【间距】大小，可以控制涡流形成的强弱度，如图 6-174 所示为应用涡流前后的效果。

图 6-174　应用【涡流】前后的效果

6.12.10　风吹效果

　　给图像添加风吹过的效果，通过【浓度】选项来控制风吹的力度，如微风、强风、暴风等。单击菜单栏中的【位图】→【扭曲】→【风吹效果】命令，打开【风吹效果】对话框（如图 6-175 所示）。如图 6-176 所示为应用【风吹效果】前后的效果。

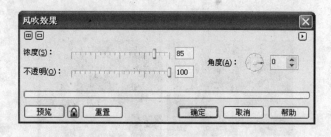

图 6-175　【风吹效果】对话框

图 6-176　应用【风吹效果】前后的效果

6.13　杂点工具

图 6-177　【杂点】菜单

　　该命令主要用于为图像添加杂点或去除杂点，多用于校正图像中的瑕疵，可使图像表面更加平滑完美。单击菜单栏中的【位图】→【杂点】命令，打开【杂点】菜单（如图 6-177 所示）。其中包含添加杂点、最大值、中值、最小、去除龟纹和去除杂点 6 个子命令，

6.13.1　添加杂点

　　给图像添加杂点效果，可以使图像表面的纹理更加丰富。单击菜单栏中的【位图】→【杂点】→【添加杂点】命令，打开【添加杂点】对话框（如图 6-178 所示）。

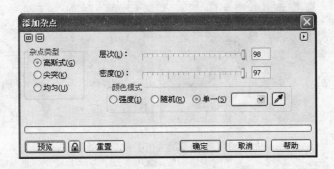

图 6-178 【添加杂点】对话框

通过对话框中的【层次】和【密度】选项来控制杂点分布的数量和层次。还可以进一步通过【颜色模式】选项来给图像的表面添加颜色。如图 6-179 所示为应用【添加杂点】前后的效果。

图 6-179 应用【添加杂点】前后的效果

6.13.2 最大值

通过【最大值】，可以给图像添加一种类似街头霓虹闪烁的远视效果，可以通过【百分比】和【半径】来控制这种效果。

单击菜单栏中的【位图】→【杂点】→【最大值】命令，打开【最大值】对话框（如图 6-180 所示）。如图 6-181 所示为应用【最大值】前后的效果。

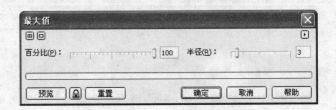

图 6-180 【最大值】对话框

图 6-181　应用【最大值】前后的效果

6.13.3　中值

使图像中的物体形成一个平面，并以一种颜色概括出来，可以使图像表面显得更加平滑。可以通过【半径】来控制这种效果。

单击菜单栏中的【位图】→【杂点】→【中值】命令，打开【中值】对话框（如图 6-182 所示）。如图 6-183 所示为应用【中值】前后的效果。

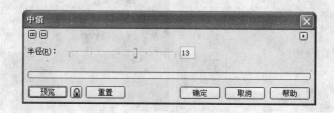

图 6-182　【中值】对话框

图 6-183　应用【中值】前后的效果

6.13.4　最小值

使用【最小】可以给图像中的物体添加一种类似用湿笔画过的轮廓效果。单击菜单栏中的【位图】→【杂点】→【最小值】命令，打开【最小】对话框（如图 6-184 所示）进行属性设置。通过【半径】来控制湿笔轮廓的强弱。如图 6-185 所示为应用【最小值】前后的效果。

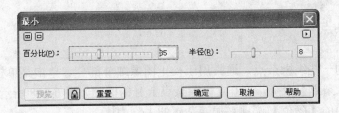

图 6-184 【最小】对话框

图 6-185 应用【最小值】前后的效果

6.13.5 去除龟纹

通过【去除龟纹】可以去除图像中一些比较细微的纹理，如网纹、波纹等，通常用于优化和校正图像中的细节部分。

单击菜单栏中的【位图】→【杂点】→【去除龟纹】命令，打开【去除龟纹】对话框（如图 6-186 所示）。通过控制其中的【数量】选项来加深纹理的去除力度。如图 6-187 所示为应用【去除龟纹】前后的效果。

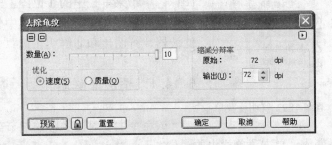

图 6-186 【去除龟纹】对话框

图 6-187 应用【去除龟纹】前后的效果

6.13.6 去除杂点

去除图像中的一些细微杂点，通常用于校正图像细节部分。单击菜单栏中的【位图】→【杂点】→【去除杂点】命令，打开【去除杂点】对话框（如图 6-188 所示）进行属性设置。可以通过控制其中的【阈值】选项来加深杂点的去除力度。

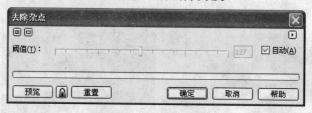

图 6-188 【去除杂点】对话框

6.14 鲜明化工具

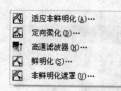

图 6-189 鲜明化菜单

该工具主要用于寻找和处理图像中一些更深的层次，以此来优化图像。单击菜单栏中的【位图】→【鲜明化】命令，打开【鲜明化】菜单（如图 6-189 所示）。其中包含适应非鲜明化、定向柔化、高通滤波器、鲜明化和非鲜明化遮罩 5 种子命令。

6.14.1 适应非鲜明化

该命令主要对图像中的细节部分进行处理，用肉眼几乎看不出来变化。单击菜单栏中的【位图】→【鲜明化】→【适应非鲜明化】命令，打开【适应非鲜明化】对话框（如图 6-190 所示）进行属性设置。可以通过控制【百分比】选项来加强图像的细节处理。

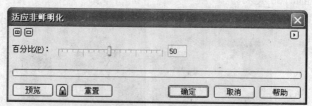

图 6-190 【适应非鲜明化】对话框

6.14.2 定向柔化

该命令用于对图像中的边缘高光部分进行细节柔化处理，以及来加强高光质感。单击菜单栏中的【位图】→【鲜明化】→【定向柔化】命令，打开【定向柔化】对话框（如图 6-191 所示）。可以通过控制【百分比】选项来加强柔化的程度。如图 6-192 所示为应用【定向柔化】前后的效果。

图 6-191　【定向柔化】对话框

图 6-192　【定向柔化】前后的效果

6.14.3　高通滤波器

通过控制【百分比】和【半径】选项，我们可以改变图像中物体的受光面和明暗程度，进而形成一种特殊的灰度效果。【百分比】用来控制图像的明暗度，【半径】用来控制图像的受光面。

单击菜单栏中的【位图】→【鲜明化】→【高通滤波器】命令，打开【高通滤波器】对话框（如图 6-193 所示）。如图 6-194 所示为应用【高通滤波器】前后的效果。

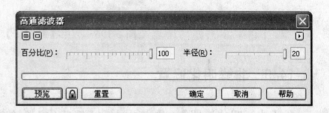

图 6-193　【高通滤波器】对话框

图 6-194　应用【高通滤波器】前后的效果

6.14.4 鲜明化

加强图像的边缘层次，使其更具有质感。单击菜单栏中的【位图】→【鲜明化】→【鲜明化】命令，打开【鲜明化】对话框（如图 6-195 所示）。

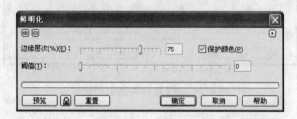

图 6-195 　【鲜明化】对话框

图 6-196 所示是在【阈值】为 0 的情况下，加强【边缘层次】前后的效果。

图 6-196 　应用【鲜明化】前后的效果

6.14.5 非鲜明化遮罩

【非鲜明化遮罩】命令基本上和【鲜明化】命令类似，不同的是在对话框上多了一个【半径】的选项，这个半径选项主要是用来更深一层的加强图像的边缘效果。

单击菜单栏中的【位图】→【鲜明化】→【非鲜明化遮罩】命令，打开【非鲜明化遮罩】对话框（如图 6-197 所示）。如图 6-198 所示为应用【非鲜明化遮罩】前后的效果。

图 6-197 　【非鲜明化遮罩】对话框

图 6-198 应用【非鲜明化遮罩】前后的效果

6.15 外挂式过滤器 Digimarc

单击菜单栏中的【位图】→【外挂式过滤器】→【Digimarc】命令。该命令主要用于给图像中嵌入水印效果，主要是为了保护作者的版权不受侵犯。要获得 Digimarc 水印，必须通过订阅 Digimarc 在线服务获取唯一的创作者身份标识。

创作者身份标识包括姓名、电话号码、地址、电子邮件地址以及 Web 地址等联系人详细资料。一旦拥有创作者身份标识，就可以在图像中嵌入水印。可以指定版权年份、图像属性和水印耐久性。还可以指定图像的目标输出方法，如打印或 Web 方式。Digimarc 水印不能保护图像免受未授权使用或版权侵犯。但是，水印确实表达了版权声明。它们还为那些想使用图像或者想授予图像使用权的人提供了联系信息。

6.16 位图的导出

以上介绍了对图像的一些诸如三维效果、艺术笔触、扭曲、创造性等特效处理，如何将在 CorelDRAW X4 中处理好的图片调入到 Photoshop 中，我们可以运用【导出】和【位图另存为】两种方法进行位图图像的输出命令。因为之前已经给 CorelDRAW X4 配置了 ICC 文件，所以不用担心图像质量会受损失。

6.16.1 导出

（1）运用 【挑选工具】选择处理好的图像，这里以【卷页】效果为例，单击菜单栏中的【文件】→【导出】命令（如图 6-199 所示），或按<Ctrl>+<E>键。

（2）在打开的【导出】对话框中输入文件名，并在【保存类型】下拉列表中选择【JPG格式】，如图 6-200 所示。

（3）单击【确定】按钮，系统会自动打开【转换为位图】对话框（如图 6-201 所示），在该对话框中，可以对图像的原始大小、分辨率和颜色模式进行设置，这里我们选择【CMYK

模式】，勾选【应用 ICC 配置文件】复选框。

图 6-199　执行【导出】命令

图 6-200　【导出】对话框设置

（4）单击【确定】按钮，打开【JPG 导出】对话框，在该对话框中出现了原始图像和导出图像的对比效果图，两者的颜色基本上没有什么区别（如图 6-202 所示）。单击【确定】按钮，完成导出图像操作，如图 6-203 所示。

（5）启动 Photoshop，在 Photoshop 中可以查看导出的效果（如图 6-204 所示），还可以对图像进一步进行处理。

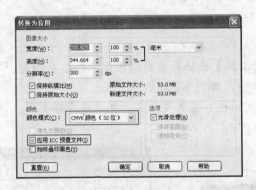

图 6-201　【转换为位图】对话框

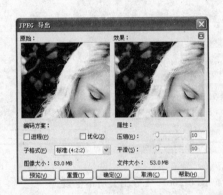

图 6-202　【JPG 导出】对话框　　　　　图 6-203　导出后的图像

图 6-204　检验颜色

6.16.2　位图另存为

（1）运用 【挑选工具】选择处理好的图像，然后在图像上右击，在弹出的右键菜单中选择【位图另存为】命令，如图 6-205 所示。

（2）打开【导出】对话框，输入文件名，并选择保存类型，这里我们选择 JPG 格式，如图 6-206 所示。

图 6-205　【位图另存为】命令

图 6-206　【导出】对话框设置

（3）单击【确定】按钮，打开【JPG 导出】对话框（如图 6-207 所示），单击【确定】按钮，完成图像导出，如图 6-208 所示。

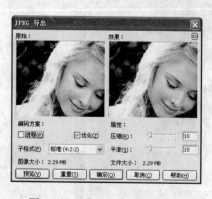

图 6-207　【JPG 导出】对话框

图 6-208　导出后的图像

第 7 章　表格制作工具

本章主要介绍 CorelDRAW X4 中的表格制作工具。在 CorelDRAW 9 时代千呼万唤的表格工具，终于在 CorelDRAW X4 版本中实现了。有了表格工具，你完全可以从【图纸工具】中解放开来，新的表格制作功能在 CorelDRAW X4 中得到了前所未有的发挥。运用新建表格、插入表格、删除表格、选定表格、重新分布行和列、合并单元格、拆分行和列和拆分单元格等命令，可以大大提高在 CorelDRAW X4 中制作表格的工作效率。单击菜单栏中的【表格】命令，打开【表格】菜单，如图 7-1 所示。

7.1　【表格工具】属性栏

图 7-1　【表格】菜单

在 CorelDRAW X4 中，【表格工具】是一个单独的工具，在工具箱中可以找到该工具，它紧靠着【文字工具】，如图 7-2 所示。单击该按钮，即可激活【表格工具】，其属性栏如图 7-3 所示。下面将介绍表格工具的使用方法和一些操作技巧。

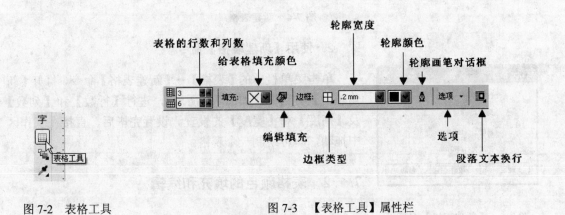

图 7-2　表格工具　　　　　　　　图 7-3　【表格工具】属性栏

7.1.1　新建表格

新建表格有两种方法：一种是通过属性栏设置【表格的行数和列数】；另一种是通过菜单栏中的【表格】→【新建表格】命令进行设置。

1. 设置【表格的行数和列数】

通过行数和列数的设置来创建一个新的表格。单击工具箱中的 ▦【表格工具】，在属性栏中进行【行数】和【列数】的设置。设置完毕后，直接在工作区中拖动，即可形成一个表格。这里设置【行数】为 5，【列数】为 8，如图 7-4 所示。

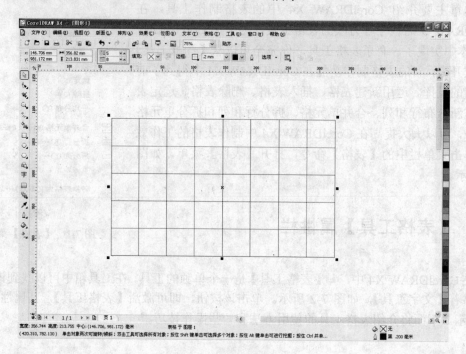

图 7-4　新建表格

2. 使用【新建表格】命令

单击菜单栏中的【表格】→【新建表格】命令，打开【新建表格】对话框（如图 7-5 所示），进行【行数】和【列数】及【高度】和【宽度】的设置。设置完毕后，直接在工作区中拖动，即可绘制一个表格。

图 7-5　【新建表格】对话框

7.1.2　表格颜色的填充和编辑

1. 给表格添加填充颜色

（1）双击绘制好的表格，使表格处于可编辑状态。这时候将鼠标指针放置在行或列的起始位置，鼠标光标会变成一个黑色的箭头模式，如图 7-6 和图 7-7 所示。如果未出现黑色的箭头模式，则表示当前表格处于被选取状态，而不是编辑状态，在表格上双击，即可进入编辑状态。

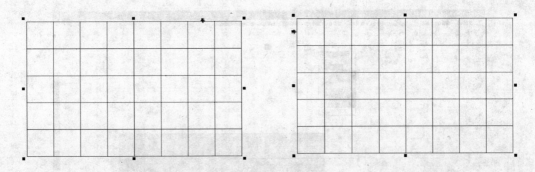

图 7-6　鼠标光标放置在列的起始位置　　　　图 7-7　鼠标光标放置在行的起始位置

（2）分别在列或行的位置上单击，并在属性栏中的【填充】列表中选择一种颜色，这时候 CorelDRAW X4 将自动为该列表格填充选择的颜色（如图 7-8 所示），也可以直接在右侧的颜色库中单击填充颜色。行的颜色填充步骤和列的填充步骤一样，在此不再赘述。

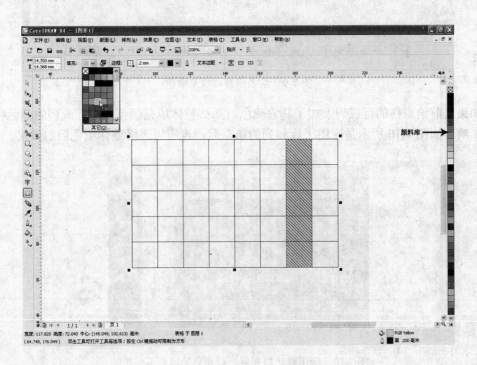

图 7-8　为表格填充颜色

2．给表格整体添加颜色

绘制好一个表格后，可以直接在属性栏中的【填充】下拉列表中进行颜色选择，为表格整体填充颜色，如图 7-9 所示。

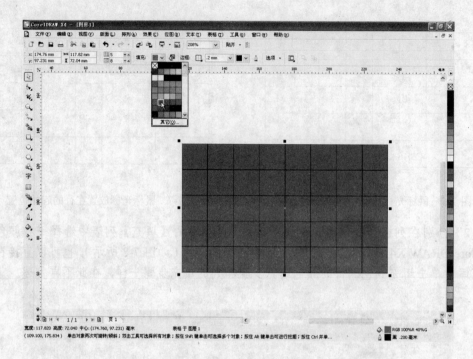

图 7-9　给表格整体填充颜色

如果之前给表格的行或列添加了其它颜色，那么整体填充颜色后，行或列的颜色将不受任何影响。如图 7-10 所示是应用了行和列的填充后，再应用表格整体填色后的效果。

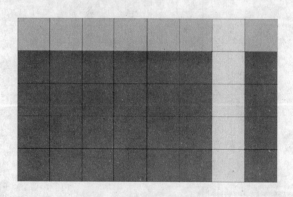

图 7-10　应用整体填充后，行和列的填充不受影响

3．给单元格添加颜色

（1）选取单元格。确认当前表格处于编辑状态，在目标单元格内单击，同时拖动鼠标，即可选择该单元格（如图 7-11 所示）。如果要选择更多的单元格，可直接进行拖曳即可（如图 7-12 所示）。

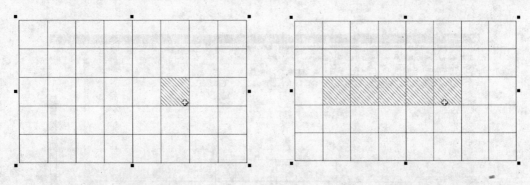

图 7-11　选取单元格　　　　　　　　　图 7-12　选取更多的单元格

（2）在属性栏中的【填充】下拉列表中选择一种颜色，CorelDRAW X4 将自动为该列表格填充选择的颜色，如图 7-13 所示。

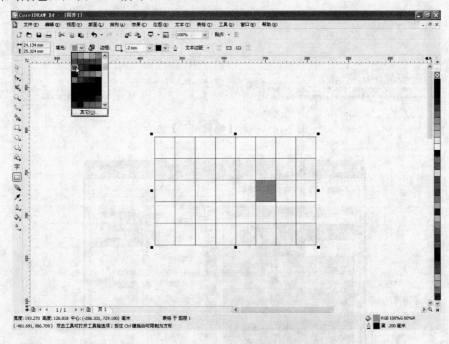

图 7-13　给单元格填充颜色

4. 编辑填充颜色

为表格填充颜色后，单击【填充】下拉列表旁边的 ⊘【编辑填充】按钮（如图 7-14 所示），可在打开的【均匀填充】对话框中对目前填充的颜色进行编辑，如图 7-15 所示。

5. 删除填充颜色

（1）去除单元格或多个单元格的颜色。首先要选中已填充颜色单元格或多个单元格，这时候可以单击右边颜色库中的【去除颜色】，如图 7-16 所示。

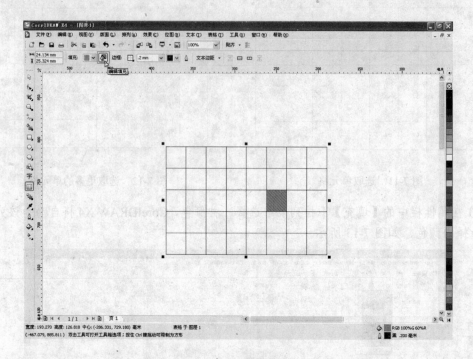

图 7-14　执行【编辑填充】命令

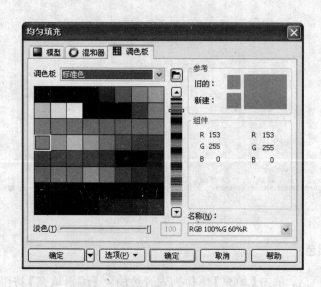

图 7-15　编辑填充颜色

（2）去除表格整体颜色。对整个表格填充颜色之后，同样也可以运用颜色库中的【去除颜色】命令。运用 ⮕【挑选工具】选择整个表格，单击【去除颜色】按钮即可，如图 7-17 所示。

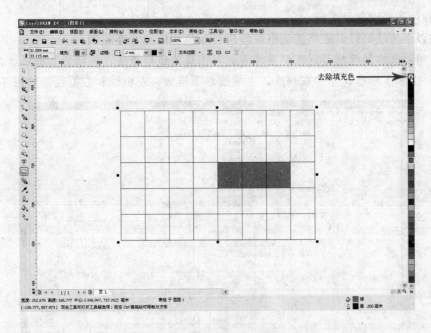

图 7-16 去除单元格填充色

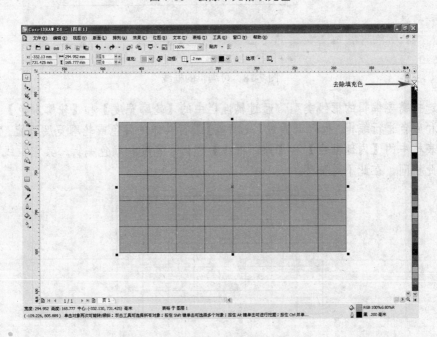

图 7-17 去除整个表格的填充色

7.1.3 表格边框框线的编辑

CorelDRAW X4 中的表格属性栏允许对表格的边框框线进行 9 种不同的边框属性编辑，

311

其中包括颜色和轮廓宽度编辑。

通过以下方法可以对表格的边框框线进行颜色和轮廓宽度编辑。

（1）通过表格属性栏可以很明显地看到可编辑的边框框线，包括所有框线、内部框线、外部框线、上和下框线、左和右框线、上框线、下框线、左框线和右框线，如图 7-18 所示。

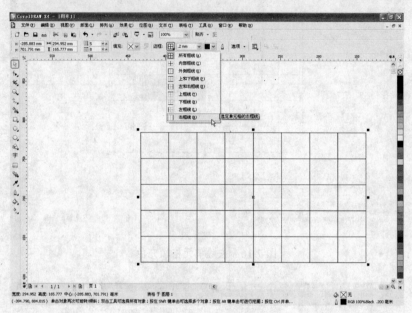

图 7-18　可编辑的框线

（2）选择需要编辑的框线类型，通过属性栏中的【轮廓宽度】和【轮廓颜色】对表格的框线宽度和颜色进行编辑。也可以通过【轮廓笔】进行具体的颜色或轮廓宽度设置。如图 7-19 所示是对表格中的【内部框线】和【外部框线】进行了宽度和颜色编辑。其它框线类型的编辑方法与此相同，在此不再赘述。

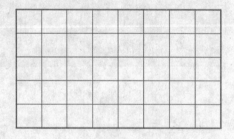

图 7-19　编辑表格【内部框线】和【外部框线】

7.1.4　扩散单元格边框

使用扩散单元格边框命令，可以使表格内的单元格扩散成一个独立的矩形，可以通过属性栏中的【单元格水平间距】和【单元格垂直间距】来控制表格的水平和垂直扩散距离，如图 7-20 所示为执行【扩散单元格边框】后的表格效果。

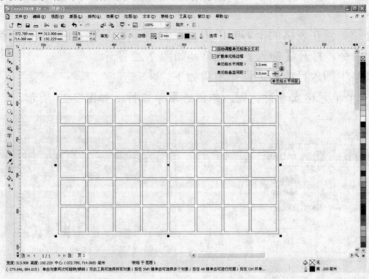

图 7-20 【扩散单元格边框】效果

7.1.5 段落文本换行

应用该命令，可以将表格插入到段落文本当中，执行文本绕图模式。将表格移至段落文本上，然后单击属性栏中的 【段落文本换行】按钮，在弹出的菜单中选择合适的绕图方式，如图 7-21 所示。

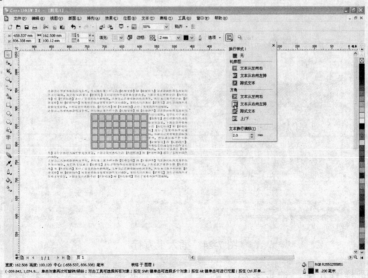

图 7-21 将表格插入到段落文本当中

7.2　在表格中插入行或列

本节主要介绍如何在表格的上方或下方，左侧或右侧插入行或列。单击菜单栏中的【表格】→【插入】命令，打开【插入】子菜单，如图 7-22 所示。

在现有的表格中插入行或列，操作步骤如下。

（1）选取一个单元格或者行、列。本例选取第二行，如图 7-23 所示。

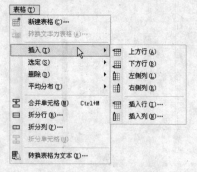

图 7-22　【插入】子菜单　　　　　　　　　　图 7-23　选择一行

（2）单击菜单栏中的【表格】→【插入】→【上方行】/【下方行】命令，在选取的第二行上面（或下面）插入一行，如图 7-24 所示。

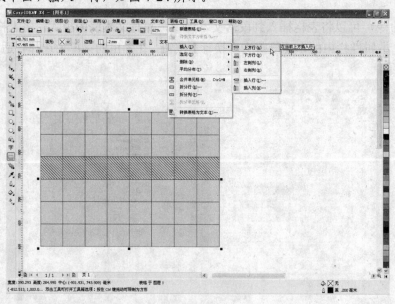

图 7-24　插入上方行

（3）运用同样的方法，选取表格中的任意一列，单击菜单栏中的【表格】→【插入】→【左侧列】（或【右侧列】）命令，在表格的左侧（或右侧）插入。

（4）单击菜单栏中的【表格】→【插入】→【插入行】/【插入列】命令，为表格一次性插入几行（或几列）甚至多行（多列）表格。

1）选择【插入行】命令，即可打开【插入行】对话框（如图 7-25 所示），在其中可以进行插入行数的设置，还可以设置插入上面一行，还是下面一行。

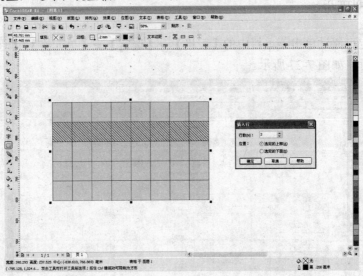

图 7-25 插入行

2）选择【插入列】命令，单击菜单栏中的【表格】→【插入】→【插入列】命令，在弹出的【插入列】命令对话框中（如图 7-26 所示），可以设置插入的列数，和在左侧插入还是在右侧插入。

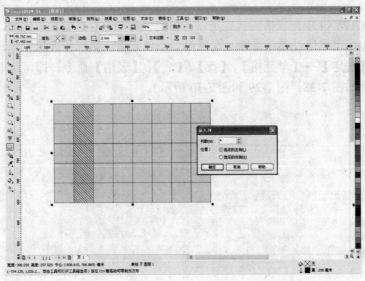

图 7-26 插入列

7.3　表格的选定和删除

7.3.1　表格的选定

表格的选定可通过单击菜单栏中的【表格】→【选定】→【单元格】/【行】/【列】/【表格】命令来执行，如图 7-27 所示。

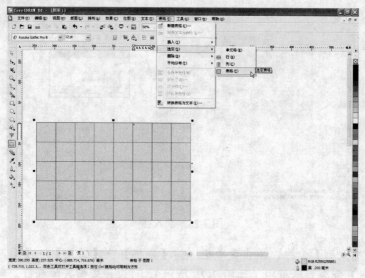

图 7-27　选定表格命令

在 CorelDRAW X4 中，表格的选定是以光标定位为准进行选定的。比如，光标在第三行第二个单元格中，可以通过菜单命令来选择第二个单元格、第三行或第二列，单击菜单栏中的【表格】→【选定】→【单元格】/【行】/【列】/【表格】命令，即可选取单元格、行、列或整个表格（如图 7-28、图 7-29 和图 7-30 所示）。

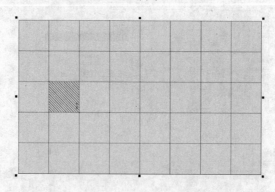

图 7-28　选取【单元格】的效果

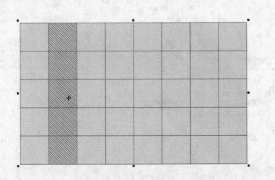

图 7-29　选取【列】的效果

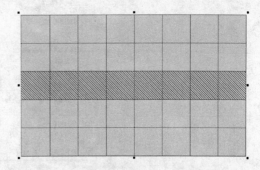

图 7-30　选取【行】的效果

7.3.2　表格的删除

同表格的选定方法一样，单击菜单栏中的【表格】→【删除】→【行】／【列】／【表格】命令，即可将其删除，如图 7-31 所示。

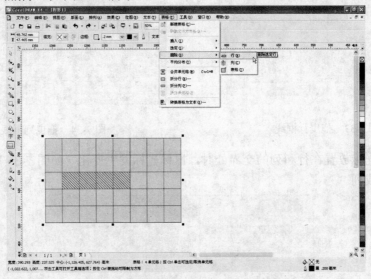

图 7-31　表格的删除

7.4　平均分布行或列

在 CorelDRAW X4 中，可以随意拖曳表格里面的框线进行移动。【平均分布行】和【平均分布列】命令就是为了防止由于拖曳而产生的表格混乱问题，而进行的一项平均分布命令。单击菜单栏中的【表格】→【平均分布】命令，在打开的子菜单中即可找到这两项命令，如图 7-32 所示。

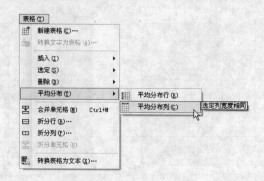

图 7-32　平均分布命令

　　当表格处于编辑状态时，将鼠标放置在表格中的框线上，这时鼠标光标变成了一个呈左右方向的小箭头模式。如果将这个小箭头放置在行或列的框线上，即可对行或列的框线进行拖动，如图 7-33 和图 7-34 所示。

图 7-33　拖曳行框线　　　　　　　　　　　　　　图 7-34　拖曳列框线

　　当把鼠标光标放置在行和列的交界处时，鼠标光标发生变化（如图 7-35 所示），这时可以同时拖动行或列。

图 7-35　同时拖曳行和列

　　如果把表格拖曳乱了，可以选定一行、列或者单元格，单击菜单栏中的【表格】→【平均分布】→【平均分布行】/【平均分布列】命令，CorelDRAW X4 系统将会自动对表格进行重新平均分配，如图 7-36 所示。

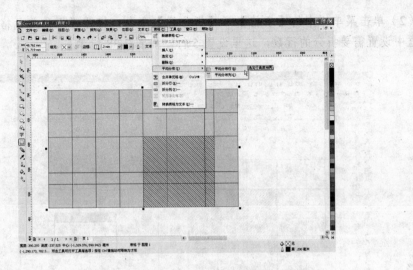

图 7-36 选定单元格进行【平均分布】

7.5 表格的拆分和合并

拆分是指将指定的单元格、行或列进行拆分，进而形成更多的小单元格。
合并是指将现有的单元格、行或列进行合并，以减少单元格的数量。

7.5.1 将表格拆分成行或列

（1）框选需要拆分的单元格、行或列，如图 7-37 所示。

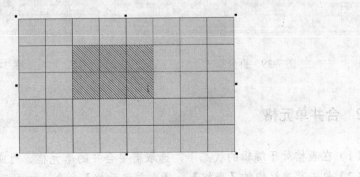

图 7-37 选取需要拆分的单元格

319

（2）单击菜单栏中的【表格】→【拆分行】命令，打开【拆分单元格】对话框，在该对话框中设置需要拆分的行数，这里设置 5 行，如图 7-38 所示。

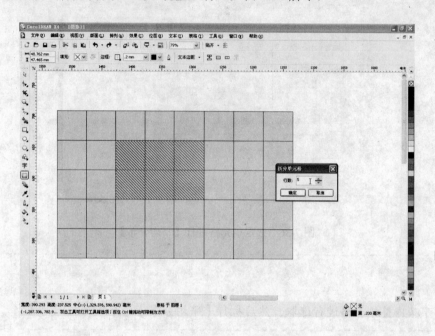

图 7-38　选择【拆分行】命令

（3）按每单元格拆分 5 行来算，总共是 10 行，如图 7-39 所示是执行后的效果。使用同样的方法，执行【拆分列】命令，效果如图 7-40 所示。

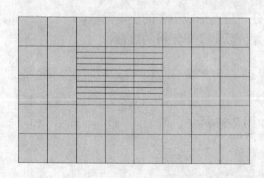

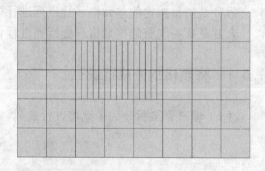

图 7-39　拆分行　　　　　　　　　　　　　　　图 7-40　拆分列

7.5.2　合并单元格

（1）在表格处于编辑的状态下，选取需要合并的单元格、行或列，如图 7-41 所示。

（2）单击菜单栏中的【表格】→【合并单元格】命令，如图 7-42 所示是合并后的效果。

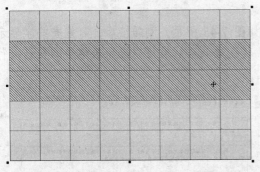

图 7-41 选择需要合并的单元格

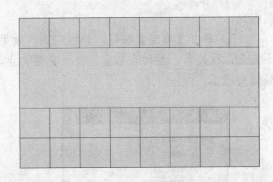

图 7-42 合并后效果

7.6 转换文本为表格和转换表格为文本

运用【转换文本为表格】和【转换表格为文本】命令，可以非常方便地将当前段落文本按照每段一行的转换方式转换为表格形式。

（1）运用 【挑选工具】选择段落文本，单击菜单栏中的【表格】→【转换文本为表格】命令，如图 7-43 所示。

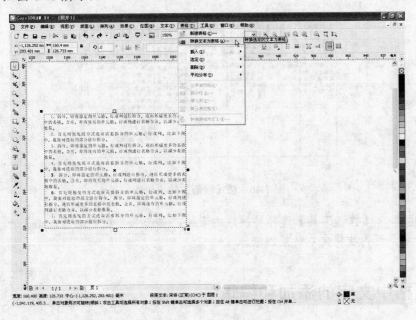

图 7-43 转换文本为表格

（2）选择【转换文本为表格】命令，打开【转换文本为表格】对话框，点选【制表位】单选钮（如图 7-44 所示），每一个段落将形成一行，使用当前分隔符号，表格将由 7 行和 1

列组成。

（3）单击【确定】按钮，转换完成，效果如图 7-45 所示。刚转换后，可能有些字显示不完全，没关系，拉动表格直至显示完整为止，转换成表格后就可以应用表格里的属性进行编辑处理了。

图 7-44　转换文本为表格对话框

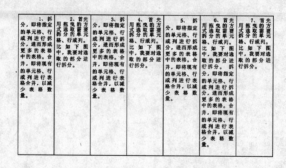

图 7-45　成功转换为表格形式

（4）也可以点选【转换文本为表格】对话框中的【段落】单选钮，对段落进行转换，表格将由 1 行和 7 列组成，如图 7-46 所示是转换后的效果。

图 7-46　按【段落】转换表格

（5）运用 【挑选工具】选择转换后的表格，单击菜单栏中的【表格】→【转换表格为文本】命令，可再次将文本转换回来。

7.7　表格中文字的添加和编辑

在表格中添加或编辑文字，操作方法如下。

（1）在表格上双击使表格处于编辑状态，然后在要输入文字的目标单元格中单击，即可输入文字，如图 7-47 所示。

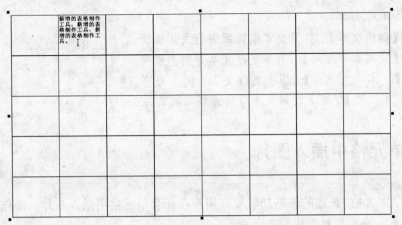

图 7-47　输入文字

（2）此时属性栏发生了变化，这就是表格中内嵌的文本属性栏（如图 7-48 所示），在该属性栏中只可单独对单元格中的文字进行操作，其中各选项功能如下。

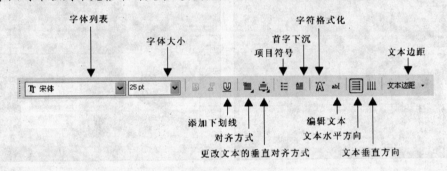

图 7-48　文本属性栏

- **【字体列表】**：单击旁边的小箭头，可弹出字体列表来进行字体选择。

- **【字体大小】**：用于控制当前单元格中字体的大小。

- **【添加下划线】**：用于给单元格中的文字添加下划线。

- **【对齐方式】**：用于控制当前单元格中的文字对齐方式。

- **【更改文本的垂直对齐方式】**：用于更改文本在单元格中的垂直对齐方式。单击可弹出下拉列表，里面集合了一些对齐方式（如图 7-49 所示）。

- **【项目符号】**：用于给单元格中的文字添加项目符号。

- **【首字下沉】**：用于给单元格内的文字添加首字下沉效果。

图 7-49　更改文本的垂直对齐方式

- **【字符格式化】**：打开【字符格式化】泊坞窗，进行文本格式设置。具体可以参考第 4 章 4.2 节。

- <u>abI</u>【编辑文本】：打开文本编辑器进行文本编辑。
- ☰【文本水平方向】：用于更改文本方向为水平。
- ⦀【文本垂直方向】：用于更改文本方向为垂直。
- 【文本边距】：用于设置文本与单元格之间的距离。

7.8　在单元格中插入图片

CorelDRAW X4 中新增的表格功能允许用户在任意单元格中插入图片。操作方法如下。

（1）导入一幅图片到工作区中。

（2）在图片上右击，并按住鼠标右键不放将图片拖动到目标单元格中，如图 7-50 所示。

（3）释放鼠标右键，并在弹出的菜单上选择【置入单元格】命令，如图 7-51 所示。

　　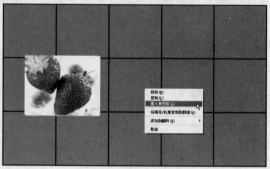

　　　　图 7-50　拖动图片到单元格中　　　　　　　　　图 7-51　置入单元格

（4）置入后，可拖动单元格中的图片进行位置的调整，还可以在单元格中对图像进行缩放、拉伸等操作，从而来确定最佳显示，如图 7-52 所示。置入单元格后的图像，通过拖动鼠标，可以随意的在各单元格之内进行移动。

图 7-52　置入成功

第8章 完善的菜单命令

本章主要介绍 CorelDRAW X4 的菜单命令，系统的掌握并熟悉这些命令，可提高 CorelDRAW 的应用水平。

8.1 【文件】菜单

【文件】菜单（如图 8-1 所示）主要包含 CorelDRAW X4 的一些常用基本命令，如打开或关闭文件、导入或导出图形、打印设置等。其中各选项功能如下。

图 8-1 【文件】菜单

- 【新建】：快速的新建一个文件，也可以通过按<Ctrl>+<N>键来完成。
- 【从模板新建】：如图 8-2 所示，CorelDRAW X4 内置了丰富的模板供用户选择。下侧的模板说明详细地描述了当前模板的一些信息，包括标题、页面尺寸、方向、模板路径等信息。拖动模板说明下侧的控制条，可以控制当前缩略图的大小。

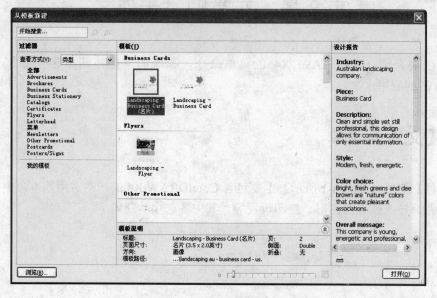

图 8-2　从模板新建

- 【打开】：打开现有的 CorelDRAW 文件（如图 8-3 所示），也可以通过按<Ctrl>+<O>键来完成。CorelDRAW X4 可以直接打开后缀为.ai 的 Adobe Illustrator 文件。

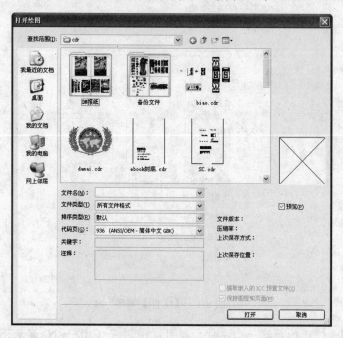

图 8-3　打开文件

- 【关闭】：关闭当前文件，如果当前文件没有保存，这时候系统会自动提示，如图 8-4 所示。

- 【全部关闭】：如当前有 5 个文件，单击该命令后可一次性全部关闭。

- 【保存】：保存当前文件，也可通过按<Ctrl>+<S>键来完成。

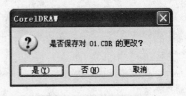

图 8-4 关闭文件

- 【另存为】：将当前文件保存为副本形式，也可通过按<Ctrl>+<Shift>+<S>键来完成。

- 【文档信息】：单击该命令，可以将当前文档保存为 CDT 格式，即 CorelDRAW 模板格式。

- 【还原】：将修改后的文件还原到上次保存时的状态。

- 【获取图像】：主要用于输入图像，选择该选项必须要有扫描仪等外接设备。可在【选择源】或【获取】里面选择扫描仪进行图像扫描工作。

- 【导入】：可以将外部图形导入到 CorelDRAW 中（如图 8-5 所示），也可以通过按<Ctrl>+<I>键来完成。CorelDRAW X4 支持 PSD、CDR、AI、WMF、EPS、EMF、JPG、GIF、TIF、BMP 等图形格式的导入。在导入位图图像时，可以考虑是否要对位图图像进行裁切。可以在【裁切图像】对话框（如图 8-6 所示）中拖动控制手柄来决定导入图像的大小。

图 8-5 执行【导入】命令

● 【导出】：将当前工作区中的文件导出，供第二方软件进行修改或查看，执行【导出】命令也可通过按<Ctrl>+<E>键来完成，如图 8-7 所示。

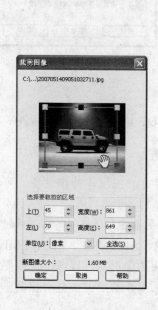

图 8-6 【裁剪图像】对话框

图 8-7 执行【导出】命令

● 【导出到 Office】：可以优化当前图形为演示文稿、桌面打印和商业印刷格式，导出文件格式为 PNG 格式，如图 8-8 所示。

图 8-8 导出到 Office

- 【发送到】：该命令可以将当前文件发送到【我的文档】、【桌面快捷方式】、邮件接收者和邮件中。
- 【打印】：要求当前系统必须安装一台打印机才可以使用该命令。在未安装打印机的情况下，单击该命令会打开默认的【打印】对话框（如图 8-9 所示）。在该对话框中可对当前文件进行印前设置或打印分色等（如图 8-10 所示）；单击【属性】按钮，可对当前打印机进行维护、清洗喷头等操作。按<Ctrl>+<P>键也可执行【打印】命令。

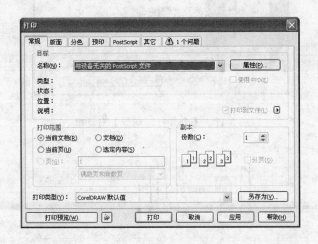

图 8-9　执行【打印】命令

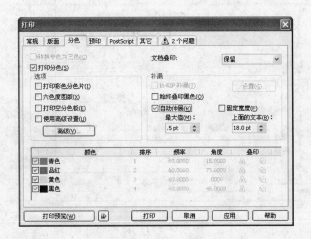

图 8-10　打印分色设置

- 【合并打印】：单击该命令，可打开【合并打印向导】对话框，如图 8-11 所示，根据向导可一步步完成【合并打印】命令。
- 【打印预览】：主要用于预览当前文件打印后的效果（如图 8-12 所示）。在预览界面中可以进行分色、反色和镜像地处理。关闭【打印预览】，可以通过按<Alt>+<C>键来完成。

329

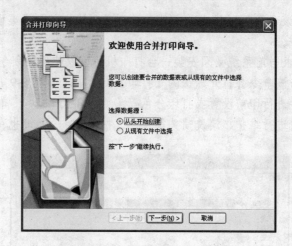

图 8-11 【合并打印向导】对话框

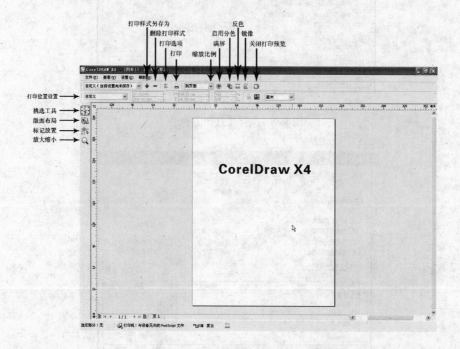

图 8-12 打印预览

- 【打印设置】：准备打印前的设置工作。也可以直接在【打印】对话框中进行设置。如图 8-13 所示为默认设置属性。

- 【为彩色输出中心做准备】：使文件的色彩显示达到最优化，便于输出中心进行彩色印刷，如图 8-14 所示。

- 【发布至 PDF】：输出为 PDF 格式。现在越来越多的印刷机构开始采用 PDF 格式进行印刷，这种印刷方式比较方便、直观，可直接用 PDF 浏览器进行打开并检查错误，在很大程度上避免了错误地发生。

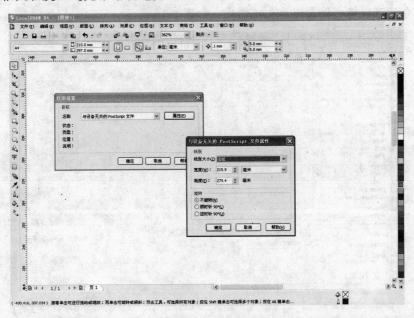

图 8-13　打印设置

● 【发布页面到 ConceptShare】：将当前文件发布到 http://www.coreldrawconceptshare. com 网站，如图 8-15 所示。

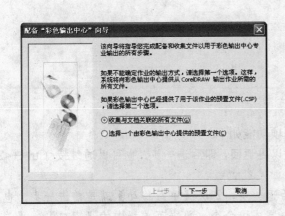

图 8-14　彩色输出中心向导　　　　　　　　图 8-15　发布页面到网站

- 【发布至 Web】：除了将当前文件发布为网页文件格式外，使用【嵌入 html 的 flash】命令还可以将文件导出为.swf 格式，如图 8-16 所示。

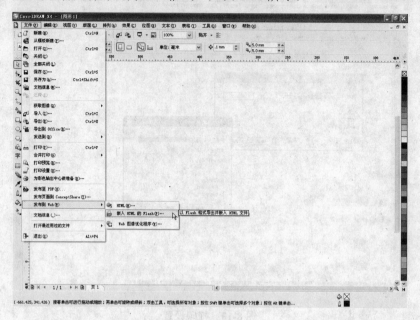

图 8-16　发布至 Web

- 【文档信息】：主要查阅当前文件信息，包括当前文件里的字体数、填色、轮廓色、位图属性、阴影、立体化等。是印前检查工作中最重要的一关。具体可参考第 4 章 4.11.5 节。
- 【打开最近用过的文件】：打开最近使用过的文件。
- 【退出】：退出 CorelDRAW X4 系统。

8.2　【编辑】菜单

8.2.1　编辑命令详解

如图 8-17 所示为编辑菜单。其中各选项功能如下。

- 【撤销移动】：把对象删除后还可以再返回，即后退一步。也可以通过按<Ctrl>+<Z>键来完成该命令。
- 【重做移动】：如果撤销移动是后退一步，那么【重做移动】就是前进一步。也可以通过按<Ctrl>+<Shift>+<Z>键来完成该命令。单击菜单栏中的【窗口】→【泊坞窗】→【撤销泊坞窗】命令，打开【撤销】泊坞窗（如图 8-18 所示），在该泊坞窗中，可以进行后退和前进操作，有点类似与 Photoshop 中的历史记录面板。

- 【重复再制】：类似【再制】命令，将当前对象以一定的角度重复进行复制，也可以通过按<Ctrl>+<R>键来完成该命令。如图 8-19 所示，用 ![挑选工具] 选择源对象（浅色字体为源对象），按住鼠标左键不放，按一定的角度进行拖动，右击同时释放鼠标左键，完成文字复制，然后按<Ctrl>+<R>键执行【重复再制】命令。

图 8-18 【撤销】泊坞窗

图 8-17 编辑菜单

图 8-19 重复再制

- 【剪切】：将对象剪切到另外一个位置，也可以通过按<Ctrl>+<X>键来完成。
- 【复制】：复制一个对象并存放到剪贴板上，也可以通过按<Ctrl>+<C>键来完成。
- 【粘贴】：将对象剪切粘贴到工作区中，也可以通过按<Ctrl>+<V>键来完成。
- 【选择性粘贴】：主要是针对 Word 文档而进行的一项粘贴命令。其中包括 5 种粘贴选项，分别是 Word 文档、图片、rtf、文本和图画，如图 8-20 所示。
- 【删除】：选择一个对象，执行该命令即可将选择的对象从当前工作区中删除。
- 【符号】：通过对常用符号的创建，可以大大提高工作效率。具体请参见 8.2.2 节。
- 【再制】：将当前对象以一定的角度重复进行复制，也可以通过按<Ctrl>+<D>键来完成，类似【重复再制】命令。
- 【仿制】：类似【再制】命令，只能执行一次，选择当前对象即可应用。

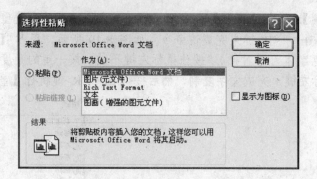

图 8-20　选择性粘贴

● 【复制属性自】：如图 8-21 所示，将目标
对象的属性复制到当前对象上。可复制的
属性包括轮廓笔、轮廓色、填充效果和文
本属性。还可以使用鼠标右键将一个对象
拖动到另一个对象上来复制属性。

● 【步长和重复】：针对文本或图像应用偏
移效果。单击该命令，打开【步长与重复】
泊坞窗。具体请参见 8.2.3 节。

图 8-21　【复制属性】对话框

● 【叠印轮廓】、【叠印填充】和【叠印位图】：
如图 8-22 所示，当两种颜色叠加在一起，产生第三种颜色的时候，为防止印刷过程
中不出现漏白现象，这时候就需要叠印。单击菜单栏中的【编辑】→【叠印轮廓】/
【叠印填充】命令，即可将对象设置为叠印模式。叠印位图主要配合专色效果使用。

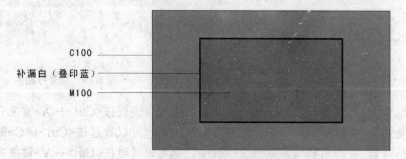

图 8-22　叠印效果

● 【全选】：用于全选对象、文本、辅助性和节点。单击菜单栏中的【编辑】→【全
选】→【对象】命令或按<Ctrl>+<A>键，可以选择当前窗口中的所有内容；单击菜
单栏中的【编辑】→【全选】→【文本】命令，可以全选当前窗口中的所有文本对
象，该命令主要用于将文字全部转曲线前的准备工作；单击菜单栏中的【编辑】→
【全选】→【对象】命令，可以全选当前窗口中所有的辅助线，按<Delete>键即可

进行删除操作，避免了单个删除的麻烦性，提高了工作效率；在使用 【形状工具】对一个对象的节点进行编辑时，单击菜单栏中的【编辑】→【全选】→【节点】命令，可以全选当前编辑对象的全部节点。

TIPS:

当青色和洋红叠加到一起印刷的时候中间就会出现由于叠加而产生的蓝，如果不应用叠印效果，那么很可能在印刷的时候会出现漏白现象，应用后则不会出现。叠印轮廓主要是针对轮廓的叠印效果。

专色是指在印刷时除去 CMYK，而专门用一种特定的油墨来印刷颜色。专色油墨是由印刷厂预先混合好或由油墨生产厂家提供。对于印刷品的每一种专色，在印刷时都有专门的一个色版对应。使用专色可使颜色更准确。对于设计中设定的非标准专色颜色，印刷厂不一定准确地调配出来，而且在屏幕上也无法看到准确的颜色，所以若不是特殊的需求就不要轻易使用自己定义的专色。

- 【查找和替换】：该命令有两个作用，一是用于查找或替换对象（详见第 4 章 4.11.5 节）；二是用于查找或替换文本（详见第 4 章 4.9.1 节）。
- 【插入条形码】：用于制作条形码，可以根据条码向导进行设置，如图 8-23 所示。

图 8-23 插入条形码

- 【插入新对象】：插入外部程序到 CorelDRAW X4 中进行编辑和使用。（详见 8.2.4 节）。
- 【对象】：只有在使用【插入新对象】命令后，该命令才可以使用。（详见 8.2.4 节）。

● 【链接】：【插入新对象】时的一个选项，用于链接外部文件。（详见 8.2.4 节）。
● 【属性】：针对当前对象的所有属性说明，包含填充属性、轮廓属性、位图模式属性。

8.2.2　符号的创建和管理

运用符号功能可以大大提高工作效率，可以自定义自己喜欢的任何图形，将自己喜欢的任何符号图形定义安装到 CorelDRAW X4 程序中，当然外部资源也可以，包括网络上的任何矢量图形。在下次需要用这些图形的时候，直接调出符号面板即可。

1．认识符号管理器

单击菜单栏中的【编辑】→【符号】→【符号管理器】命令，或按<Ctrl>+<F3>键，打开【符号编辑器】泊坞窗（如图 8-24 所示）。

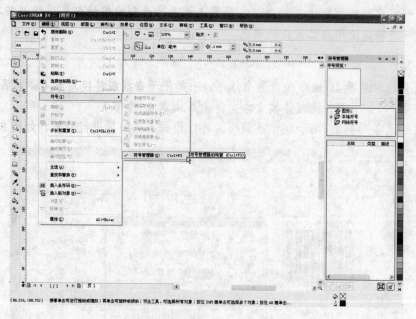

图 8-24　打开【符号编辑器】

2．自定义并创建符号

本例主要介绍如何在 CorelDRAW X4 中将自己所需的一些图形添加到符号库中，方便自己日后调用。操作方法如下。

（1）运用 ☆ 【星形工具】绘制一个图形符号，这个符号可以是任何矢量图形，并不一定是自己绘制的。

（2）运用 ▷ 【挑选工具】选择刚才绘制的图形，单击菜单栏中的【编辑】→【符号】→【新建符号】命令，如图 8-25 所示。

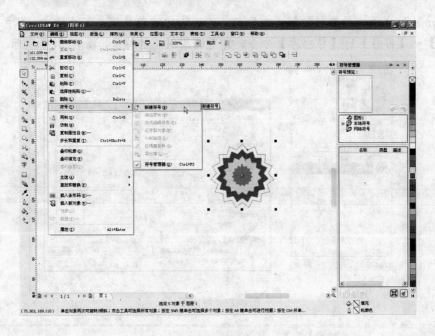

图 8-25　新建符号

（3）在打开的【创建新符号】对话框中为符号输入名称，创建新符号，如图 8-26 所示。

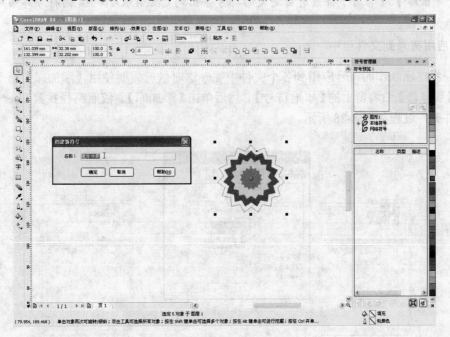

图 8-26　创建新符号

（4）单击【确定】按钮，创建的新符号会自动保存到 CorelDRAW X4 的符号库中，记住 User Symbols 文件夹的路径位置，这是 CorelDRAW X4 符号库专用文件夹。单击菜单栏中的【编辑】→【符号】→【导出库】命令，即可调用保存的符号，如图 8-27 所示。

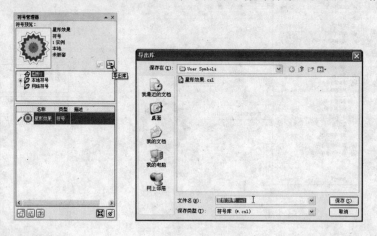

图 8-27　导出库

TIPS:

　　【导出库】命令用于将当前自定义的符号导出到 CorelDRAW X4 的符号库当中。

3．应用符号到文件当中

　　如何将自己制作的符号应用到各个文件中呢？这时候就需要使用【添加库】命令了。单击【符号管理器】泊坞窗上的【本地符号】，然后单击【添加库】，依照路径找到 User Symbols 符号文件夹，过程如图 8-28 所示。

图 8-28　执行【添加库】命令

TIPS:

一定要勾选【递归】复选框，【递归】的作用就是可以将当前所有的符号应用在所有的文件当中。如果不选择的话，它只对当前文件有效。

4．符号命令

- 【新建符号】：在绘制完图形后，建立一个新的符号文件。
- 【编辑符号】：编辑自己绘制的符号图形。
- 【完成编辑符号】：用于编辑完成后。
- 【还原到对象】：回到自己绘制图形的初始状态。
- 【中断连接】：中断连接至指定文件夹的符号。
- 【自连接更新】：替换原来外部库中的符号文件。
- 【导出库】：导出符号到指定的文件夹中。

8.2.3 【步长和重复】泊坞窗

【步长和重复】泊坞窗主要用于完成文字或图像的多重复制。可以对图像或文字应用【水平偏移】或【垂直偏移】命令。单击菜单栏中的【编辑】→【步长和重复】命令，或按<Ctrl>+<Shift>+<D>键，打开【步长和重复】泊坞窗，如图8-29所示。其中各选项功能如下。

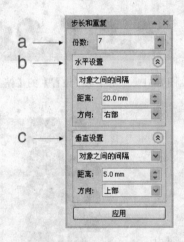

- 【份数】：包括偏移和对象之间的间隔数量。
- 【水平设置】：主要用于进行水平偏移设置，包括【无偏移】、【偏移】和【对象之间的间隔】3个选项。在【偏移】选项状态下是不可以选择方向的。【距离】微调框用于控制【偏移】和【对象之间的间隔】的距离；【方向】下拉列表用于控制对象间隔的方向（只针对【对象之间的间隔】选项有效，有左右之分）。在【水平设置】中选择【对象之间的间隔】选项，设置【份数】为3、【距离】为30mm，【方向】为左部、【垂直设置】为无偏移，效果如图8-30所示。

图8-29 【步长和重复】泊坞窗

设置【水平设置】为偏移，其它设置均不变，效果如图8-31所示。

图8-30 应用【对象之间的间隔】的效果

- 【垂直设置】：主要用于垂直偏移设置，包括【无偏移】、【偏移】和【对象之间的间隔】3个选项。在【偏移】状态下不可以选择方向。【距离】微调框用于控制【偏移】和【对象之间的间隔】的距离；【方向】下拉列表用于控制对象间隔方向（只针对【对象之间的间隔】选项有效，有上下之分）。在【垂直设置】选项中选择【对象之间的间隔】选项，设置【份数】为3、【距离】为30mm、【方向】为上部，【水平设置】为无偏移，效果如图8-32所示。在【垂直设置】选项中选择【偏移】选项，设置【份数】为5、【距离】为30mm，【水平设置】为无偏移，效果如图8-33所示。可以对图像同时应用水平或垂直偏移效果。在【水平设置】选项中选择【偏移】选项，设置【份数】为5、【距离】为30mm，在【垂直设置】选项中选择【偏移】选项，效果如图8-34所示。

 图8-31 应用【水平设置】的【偏移】的效果	图8-32 应用【垂直设置】的【对象之间的间隔】效果

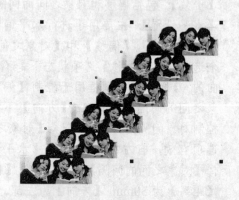

图8-33 应用【垂直设置】的【偏移】　　图8-34 同时应用【水平设置】和【垂直设置】的效果

TIPS:

还可以同时应用【对象之间的间隔】和【对象之间的间隔】、【偏移】和【对象之间的间隔】、【对象之间的间隔】和【偏移】等效果，设置不同的数值，可以得到不同的效果。

8.2.4　插入新对象

应用该命令后可以将外部程序文件嵌入到 CorelDRAW X4 中，并进行编辑。系统允许插入的文件包括 Adobe Illustrator 文件、Adobe Photoshop 文件、Word 文件、PowerPoint 文件、Excel 文件、PDF 文档、写字板、位图图像、视频剪辑、音效等。

单击菜单栏中的【编辑】→【插入新对象】命令，可进行文件插入操作。插入新对象有两个选项可以供选择，第一个是【新建】，第二个是【由文件创建】（如图 8-35 所示）。下面以插入新对象 Word 为例分别进行说明（其它类似）。

图 8-35　插入新对象

1．插入新对象之【新建】

单击菜单栏中的【编辑】→【插入新对象】命令，打开【插入新对象】对话框，并在【对象类型】下拉列表中选择 Microsoft Office Word 文档，如图 8-36 所示。

图 8-36　插入 Word 文档

单击【确定】按钮，Word 文档会自动嵌入到 CorelDRAW X4 程序中，同时双击插入的 Word 文本，还可以进一步对 Word 中的文字进行编辑，如图 8-37 所示。

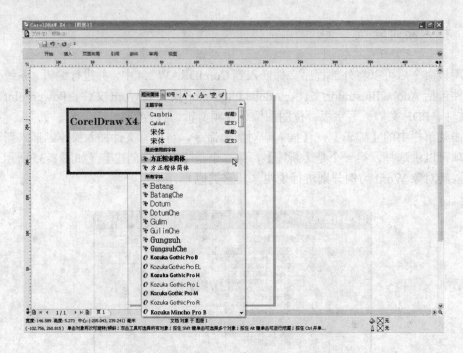

图 8-37　插入 Word 对象到 CorelDRAW X4

　　编辑后直接在空白处双击，即可返回 CorelDRAW X4 工作区中，如图 8-38 所示。插入其它对象与此方法类似，在此不再赘述。

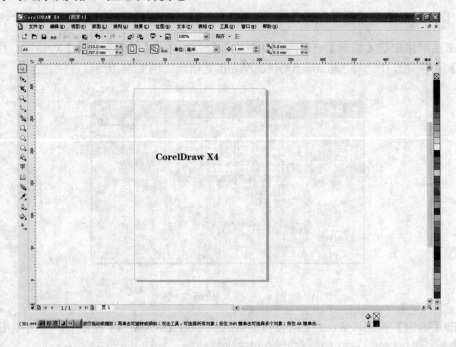

图 8-38　返回 CorelDRAW X4 工作区

2．插入新对象之【由文件创建】

【由文件创建】就是直接将编辑好的文件嵌入到 CorelDRAW X4 程序中，而不需要重新新建内容。下面以 Word 为例进行说明，操作方法如下。

（1）单击菜单栏中的【编辑】→【插入新对象】命令，打开【插入新对象】对话框，如图 8-39 所示。点选【由文件创建】单选钮。

图 8-39　由文件创建

（2）单击【浏览】按钮可以从电脑中的任意目录中选择自己的 Word 文档进行插入。

（3）勾选【链接】复选框，将文件中的任一图片插入到文档，图片将链接到文件，这样文件的改动将反映在文档中。当激活了【链接】后，原来【编辑】菜单下的链接已经变为可用状态，在此之前该命令呈灰色不可用状态。进一步单击菜单栏中的【编辑】→【链接】命令，打开【链接】对话框（如图 8-40 所示），其中各选项功能如下。

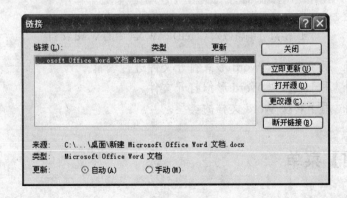

图 8-40　链接

- 【立即更新】：当我们以 Word 的形式对插入到 CorelDRAW X4 程序中的文件进行编辑后，在文档路径不变的前提下，单击该命令，可以快速将 CorelDRAW X4 中的 Word 文档内容进行更新。
- 【打开源】：以 Word 形式打开嵌入到 CorelDRAW X4 中的 Word 文本。

- 【更改源】：更改为另外一个 Word 文档。
- 【断开链接】：断开链接后，将不会自动进行内容或图片更新。

3．嵌入 Word 文档的内容编辑

将 Word 文档嵌入到 CorelDRAW X4 中去后，运用 ▷【挑选工具】选择 Word 文档，单击菜单栏中的【编辑】→【文档对象】→【编辑】/【打开】/【转换】命令，可对文档进行编辑，如图 8-41 所示。其中各选项功能如下。

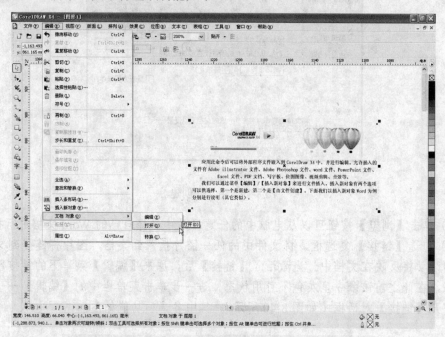

图 8-41　编辑嵌入 CorelDRAW X4 中的 Word 文档

- 【编辑】：用于直接以 Word 形式打开文件进行编辑。
- 【打开】：用于直接以 Word 形似打开文件。
- 【转换】：用于转换 Word 文档的类型。

8.3　【视图】菜单

如图 8-42 所示为【视图】菜单，其中各选项功能如下。
- 6 种视图显示方式分别为简单线框和线框模式（如图 8-43 所示）、草稿模式（如图 8-44 所示）、正常模式（如图 8-45 所示）、增强和叠印增强（如图 8-46 所示）。单击菜单栏中的【工具】→【选项】命令或按<Ctrl>+<J>键，打开【选项】对话框，进行视图方式的默认设置，可以通过文档中的常规选项进行视图更改（如图 8-47 所

示）。更改后，重新启动 CorelDRAW X4 即可应用。

- 【全屏预览】：全屏显示对象，也可以按<F9>键来实现。
- 【只预览选定的对象】：当选择众多对象中的其中一个时，单击该命令，可单独全屏预览所选择的对象。

图 8-42　【视图】菜单

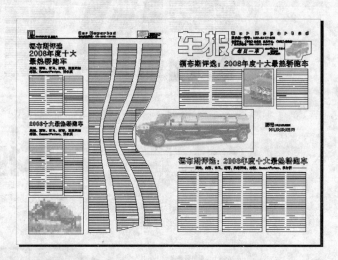

图 8-43　简单线框和线框模式

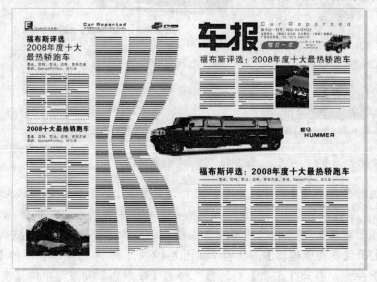

图 8-44　草稿模式

图 8-45 正常模式

图 8-46 增强和叠印增强

- 【页面排序器视图】：当前文件有数十个页面以上的时候，使用该命令就显得十分便利了，它可以帮助用户快速地预览当前工作区中的所有文件页面，如图 8-48 所示。
- 【视图管理器】：主要用于进行放大或缩小的操作，单击该命令或按<Ctrl>+<F2>键，即可打开【视图管理器】泊坞窗（如图 8-49 所示）。单击菜单栏中的【工具】→【自定义】命令，打开【选项】对话框，勾选【命令栏】列表框中的【变焦】复选框，打开【变焦】对话框，可以更为直观视图面板来控制页面缩放，如图 8-50 所示。关于缩放命令，具体可参考第 2 章 2.1.2 节。

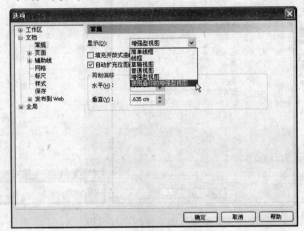

图 8-47　更改视图方式

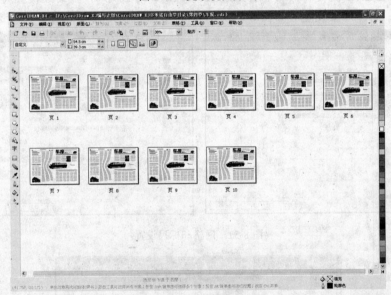

图 8-48　页面排序器视图

图 8-49　视图管理器

● 【启动翻转】：主要用于显示或隐藏设置，可显示或隐藏的对象有标尺、网格、辅助线、页边框、出血等。选择【启动翻转】命令后，则不能按<Ctrl>+<Z>键执行【返回】或【前进】命令，取消【启动翻转】后即可使用。

● 【贴齐网格】：将对象贴齐网格，但前提是网格必须显示出来。【贴齐辅助线】用于将对象贴齐辅助线。【贴齐对象】用于进行操作或移动时贴齐对象。【动态导线】为辅助图形设计的导线。

347

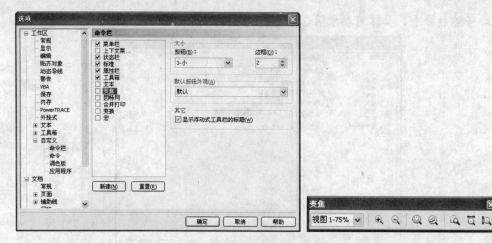

图 8-50　调出视图控制面板

- 　【设置】：主要进行网格和标尺设置（如图 8-51 所示）、辅助线设置（如图 8-52 所示）、贴齐对象设置（如图 8-53 所示）和动态导线设置（如图 8-54 所示）。

 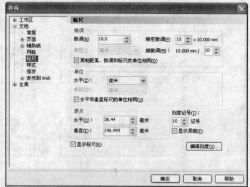

图 8-51　网格和标尺设置

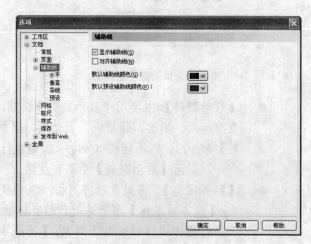

图 8-52　辅助线设置

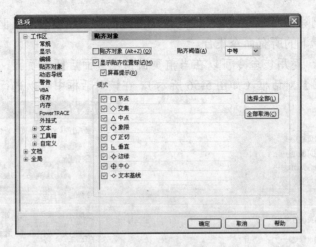

图 8-53 贴齐对象设置

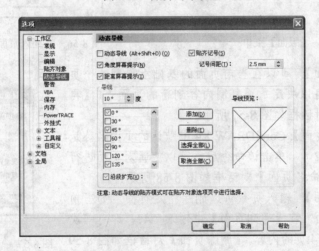

图 8-54 动态导线设置

TIPS:

　　直接用鼠标从水平标尺上往下拖曳，可形成水平辅助线；从垂直标尺往右拖曳，可形成垂直标尺。运用 ⌖ 【挑选工具】单击标尺，可对标尺进行旋转操作。在工作区右侧的调色板中需要的颜色上右击，可以更改辅助线的颜色。按<+>键或方向键，可以通过微调来精确移动辅助线。

8.4 【版面】菜单

　　【版面】菜单主要针对当前页面设置而进行各项操作，其主要设置包括插入页、再制页面、重名命页面、删除页面、转到某页、切换页面方向、页面设置和页面背景等。如图 8-55 所示是【版面】菜单下的所有命令集合。

- 【插入页】：运用该命令可以在当前页面前或页面后插入页面。单击该命令，打开【插入页面】对话框（如图 5-56 所示），在该对话框中可以进行插入页的设置。

图 8-55　【版面】菜单　　　　　　　　　图 8-56　【插入页面】对话框

- 【再制页面】：可以在当前页面的基础上再制一个页面，并且可以决定是否复制内容到新的页面上。【再制页面】对话框如图 8-57 所示。
- 【重命名页面】：CorelDRAW X4 中默认的页面名称是页 1、页 2……单击该命令后，可以重新对页面进行命名，【重命名页面】对话框如图 8-58 所示。
- 【删除页面】：输入页数可以删除指定页面。如当前有 5 个页面，在【通到页面】中输入"4"，即可一次性删除 1～4 页的内容。【删除页面】对话框如图 8-59 所示。

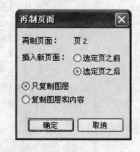

图 8-57　【再制页面】对话框

- 【转到某页】：可以快速的转换页面到指定页面。【转到某页】对话框如图 8-60 所示。

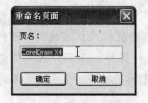

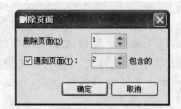

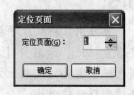

图 8-58　【重命名页面】对话框　　　图 8-59　【删除页面】对话框　　　图 8-60　【转到某页】对话框

- 【切换页面方向】：在 CorelDRAW X4 中页面方向有横式和竖式两种。单击该命令，可以在这两种方式之间进行切换。
- 【页面设置】：进行纸张、尺寸、单位、宽度和高度设置，如图 8-61 所示。
- 【页面背景】：包括无背景、纯色和位图 3 个选项设置（如图 8-62 所示）。无背景一般是系统默认的；纯色就是以某种颜色来做为背景；位图是以一张图像作为背景。

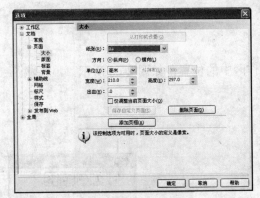

图 8-61　页面设置

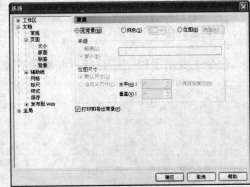

图 8-62　页面背景设置

在工作区中的左下角右击【页1】或【页2】，弹出右键菜单，从中选择相应的命令即可，如图 8-63 所示。

图 8-63　页面控制

8.5　【排列】菜单

【排列】命令主要针对图形或图像进行操作，用来排列或组织分布对象在工作区中的位置。如图 8-64 所示是【排列】菜单的所有命令集合。

8.5.1　【变换】命令

【变换】命令主要用于对对象进行位置、旋转、比例、大小和倾斜度地改变。单击菜单栏中的【排列】→【变换】→【位置】/【旋转】/【比例】/【大小】/【倾斜度】命令，或单击菜单栏中的【窗口】→【泊坞窗】→【变换】命令，或按<Alt>+<F7>/<F8>/<F9>/<F10>键，可以

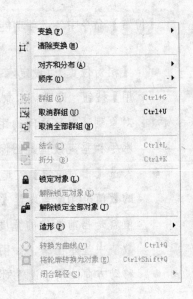

8-64　【排列】菜单

分别打开【位置】、【旋转】、【缩放和镜像】、【大小】和【倾斜】泊坞窗，如图 8-65
所示。

1.【位置】命令

该命令主要用于控制移动或再制对象在工作区中的位置，如图 8-66 所示。

图 8-65 【变换】泊坞窗

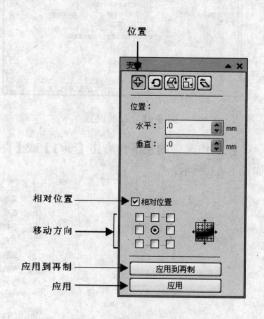

图 8-66 【位置】泊坞窗

【位置】命令中各选项功能如下。

- 【相对位置】：设定水平或垂直移动距离后，勾选【相对位置】复选框，单击【应用】按钮，即可将对象移动到新设定的位置。取消该复选框的勾选，即可显示出原对象到新对象之间的距离大小。不勾选【相对位置】复选框时，【位置】中显示的水平和垂直数值是图像在工作区中的定位数值，如图 8-67 所示。

- 勾选【相对位置】复选框，下面的【方向】设置为中心，这时【水平】和【垂直】的数值是 0。当设置【方向】为向右时，【水平】上的数值就会显示出来，这个数值就是当前图像的宽度。同样的道理，当选择向下，图像的高度就会在【垂直】数值中显示出来，如图 8-68 所示。

- 移动方向：用于设置对象的移动方向，如图 8-69 所示。

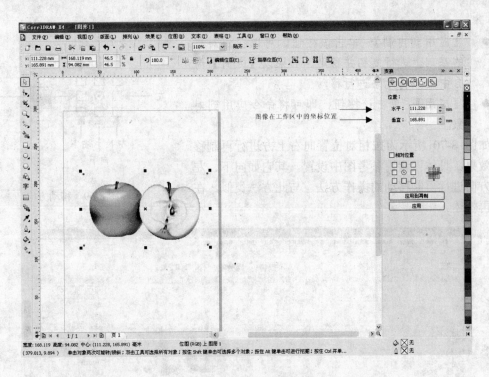

图 8-67 显示图像的位置

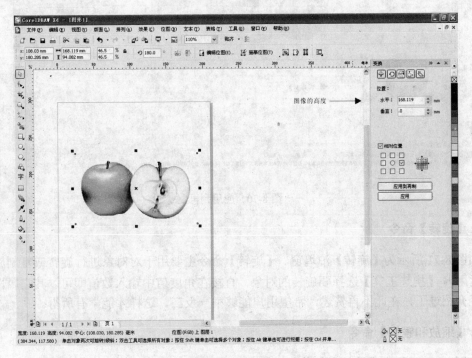

图 8-68 显示图像高度

- 【应用到再制】：单击该按钮，可以在源对象的基础上进行复制并移动。如果以【方向】为自中心，将无法进行移动。

- 【应用】：单击该按钮，即可将命令应用到对象上。

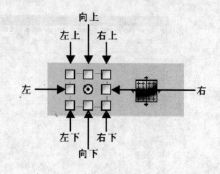

图 8-69　移动方向

如图 8-70 所示为按相对位置向右上方进行再制移动的效果。具体设置请参考图中设置。其它如向下、左下等方向进行再制移动的操作方法，与此方法类似，在此不再赘述。

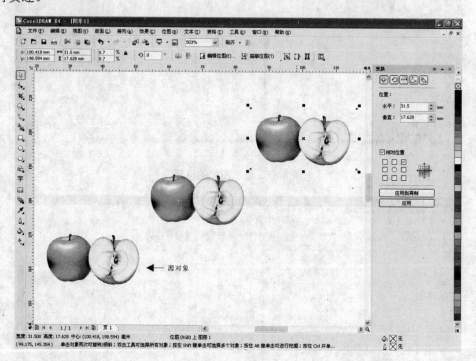

图 8-70　应用到再制

2.【旋转】命令

如图 8-71 所示为【旋转】泊坞窗。【旋转】命令主要用于对对象进行旋转或复制旋转操作。运用 【挑选工具】选择要旋转的对象，直接在角度值中输入数值即可。其它属性在前面已经介绍过了，在此不再赘述，希望用户能够举一反三，这样才能学有所得。

3.【缩放和镜像】命令

如图 8-72 所示为【缩放和镜像】泊坞窗。【缩放和镜像】命令主要用于对图形图像进行比例缩放或镜像操作。如果要对图形进行缩放，在缩放比例中输入百分比即可。取消【不成比例】复选框的勾选，对图形进行缩放或镜像操作时，只需在【水平】文本框中输入一个数值即可，应用后图形会自动成比例进行缩放；如果勾选【不成比例】复选框，缩放的时候图形有可能会变形，但是如果同时在【水平】和【垂直】文本框中输入相同的数值，图形是也不会变形。

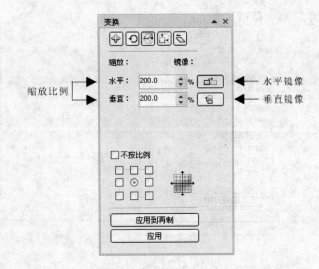

图 8-71 【旋转】泊坞窗　　　　　　　　　　　图 8-72 【缩放和镜像】泊坞窗

如图 8-73 所示为 200%的水平镜像缩放效果，左边图像为源图像，右边图像为应用【缩放和镜像】后的效果。

图 8-73 应用【缩放和镜像】前后的效果

4.【大小】命令

如图 8-74 所示，为【大小】泊坞窗。【大小】命令主要用于对象大小地更改。直接在【水平】或【垂直】文本框中输入数值即可，按比例进行更改图像不会变形。

5.【倾斜】命令

如图 8-75 所示，为【倾斜】泊坞窗。【倾斜】命令用于使对象产生倾斜效果。负值是向右倾斜，正值是向左倾斜。勾选【使用锚点】复选框，可以控制倾斜中心点的位置。

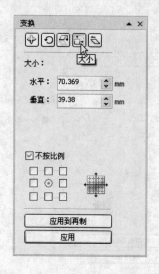

图 8-74　【大小】泊坞窗

图 8-75　【倾斜】泊坞窗

如图 8-76 所示，为设置【水平】为 30°和-30°的效果。其中，左边图像为源图像，中间图像和右边图像是应用【倾斜】命令后的效果。

图 8-76　倾斜效果

单击菜单栏中的【排列】→【清除变换】命令，可以清除所有的变换效果。

8.5.2　【对齐和分布】命令

运用【对齐和分布】命令，可以非常精确地控制对象在工作区中的位置，和对象与对象之间的距离。单击菜单栏中的【排列】→【对齐和分布】命令，可以对工作区中的对象进行对齐与分布。

还可以在【对齐与分布】对话框中进行对象的精确定位（如图 8-77 所示）。打开【对齐与分布】对话框有以下 3 种方法。

（1）单击菜单栏中的【排列】→【对齐和分布】→【对齐和分布】命令，如图 8-78 所示。

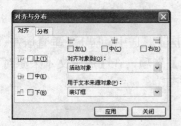

图 8-77　【对齐与分布】对话框

（2）按<Ctrl>+<A>+<A>+<A>键，即可打开【对齐分布】对话框，进行精确设置定位。

（3）当前工作区中有两个或两个以上对象时，全选对象，这时候可在属性栏中找到【对齐和分布】按钮，单击即可打开【对齐与分布】对话框，如图 8-79 所示。

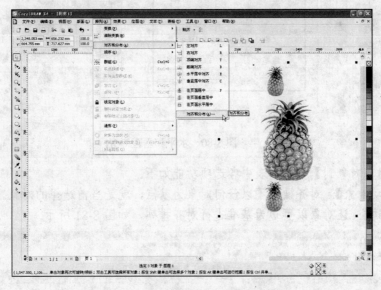

图 8-78　执行【对齐和分布】命令

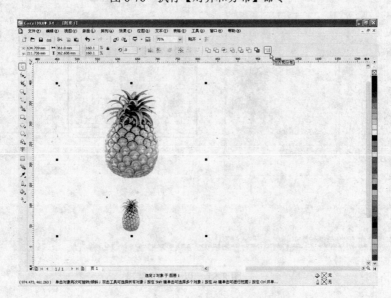

图 8-79　应用【对齐和分布】的效果

1. 对齐

对齐方式分为水平对齐和垂直对齐，水平对齐方式又包括居上、居中、居下，垂直居左、居中和居右。在【按对齐对象到】下拉列表中选择【活动对象】选项，在【用于文本来源对象】下拉列表中选择【装订框】，其对齐效果演示如图 8-80 所示。

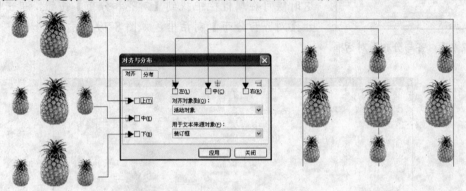

图 8-80　水平和垂直对齐

（1）【对齐对象到】下拉列表中各选项功能如下。

● **【活动对象】**：对齐操作不以任何对象为基点，就是当前选择的对象。

● **【页边】**：让对象以页边为基准进行对齐排列，如图 8-81 所示。

图 8-81　以页边为基准

● **【页面中心】**：将对象对齐到页面中心，如图 8-82 所示。

图 8-82　对齐到页面中心

● 【网格】: 将对象对齐到网格，如图 8-83 所示。

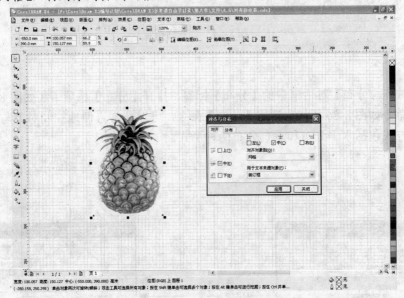

图 8-83　对齐到网格

● 【对齐到指定点】: 该选项用于将对齐后的对象放置在工作区的任意位置，当光标变成 ✛ 时，在想放置的位置上单击一下即可，如图 8-84 所示。

（2）【用于文本来源对象】下拉列表中各选项功能如下。

● 【第一条线的基线】: 使用 CorelDRAW 中的第一行文本的基线作为对齐操作的参考。

- 【最后一条线的基线】：使用 CorelDRAW 中的最后一行文本的基线作为对齐操作的参考。
- 【装订框】：默认选项，使用 CorelDRAW 文本的装订线作为对齐操作的参考。

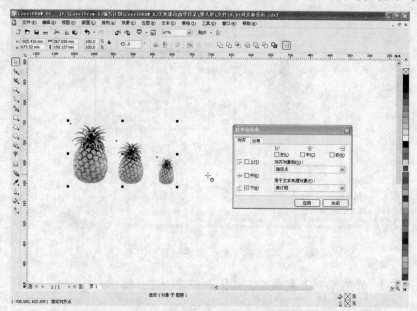

图 8-84　对齐到指定点

2．分布

单击【对齐与分布】对话框中的【分布】标签，打开【分布】选项卡（如图 8-85 所示），其中各选项命令如图 8-86 所示。运用【分布】命令，可以非常方便地控制对象与对象之间的距离。分布方式包括水平分布和垂直分布两种形式。

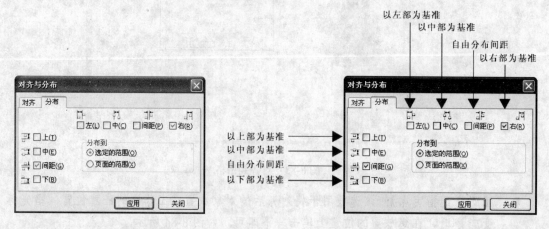

图 8-85　【分布】选项卡　　　　　　　图 8-86　【分布】命令

- 【选定的范围】：针对当前所选择的对象进行分布操作，如图 8-87 所示。

● 【页面的范围】：在页面范围内进行分布操作，如图 8-88 所示。

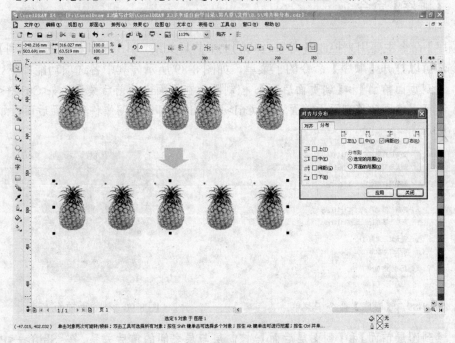

图 8-87　以选定的范围进行分布间距

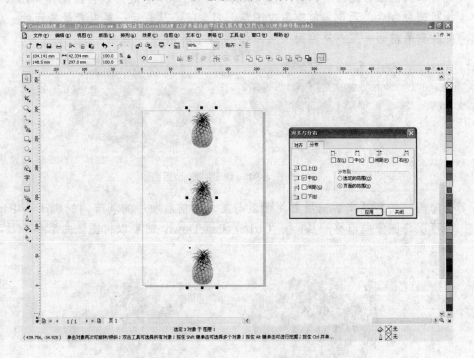

图 8-88　以中部为基准在页面范围内分布间距

8.5.3 【顺序】命令

【顺序】命令主要用来控制各对象之间的上下前后关系。单击菜单栏中的【排列】→【顺序】命令，可以打开【顺序】命令的子菜单，如图8-89所示。其中各选项功能如下。

- 【到页面前面】和【到页面后面】：控制图像在页面上的前后关系。按<Ctrl>+<Home>键可以将图像移到页面前面；按<Ctrl>+<End>键可以将图像移到页面后面，如图8-90所示。

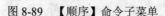

图8-89　【顺序】命令子菜单　　　　　　　图8-90　到页面前面/后面

- 【到图层前面】和【到图层后面】：控制层与层之间的前后关系。按<Shift>+<PageUp>键可以将图像移到图层前面；按<Shift>+<PageDown>键可以将图像移到图层后面。执行该命令后，无论当前有多少图层，对象都会从最后一层或者最前面的一层快速的跳到最前面一层或最后面一层，如图8-91所示。

图8-91　到图层前面/后面

- 【向前一层】和【向后一层】：用于层与层之间前后顺序的调节。按<Ctrl>+<PageUp>键可以将图像向前移一层；按<Ctrl>+<PageDown>键可以将图像向后移一层，如图8-92所示。

图8-92　向前一层/向后一层

- 【置于此对象前】和【置于此对象后】：执行该命令，在目标对象上单击即可将当前对象置于目标对象之上或之下。如图 8-93 所示，执行【置于此对象前】命令后在苹果上面单击，即可把菠萝置于苹果之上。同样的如果要把菠萝置于苹果之下，再次执行【置于此对象后】命令并在苹果上单击，菠萝又会重新回到苹果下。

图 8-93 置于此对象前

- 【反转顺序】：反转图层与图层之间的顺序，效果如图 8-94 所示。

图 8-94 反转顺序

8.5.4 群组和锁定对象

1.【群组】命令

当前工作区中有若干个对象的时候，使用群组命令，可以将这些对象群组到一起，便于整体性地进行移动。也可以通过按<Ctrl>+<G>键来完成群组命令。如图 8-95 和图 8-96 所示为群组前后的效果。

图 8-95 群组前

图 8-96　群组后

单击菜单栏中的【排列】→【取消群组】命令或按<Ctrl>+<U>键可以取消群组。当工作区中有多个群组对象的时候，单击菜单栏中的【排列】→【全部取消群组】命令，来取消当前工作区中的所有群组对象。

TIPS:

当全选或群组两个或两个以上对象后，观察属性栏，里面出现【群组】、【取消群组】、【取消全部群组】3 个选项可供选择。

2.【锁定对象】命令

该命令主要用于锁定工作区中的图形或图像。锁定后的对象是不能进行任何操作的。可以通过菜单【排列】下的命令来【锁定对象】或者【解除锁定】。也可以在对象上右击，在弹出的右键菜单中选择【锁定对象】，如图 8-97 所示。锁定后的对象如图 8-98 所示。

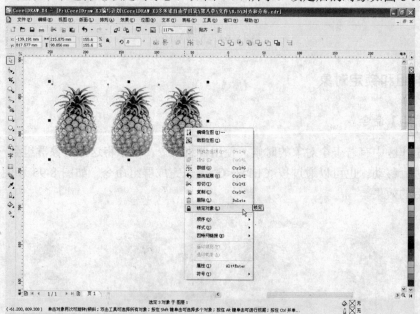

图 8-97　锁定对象

图 8-98　锁定后对象状态

8.5.5　结合和造型

1.【结合】和【拆分】命令

结合和拆分只针对矢量图形，图像是不存在结合和拆分的。结合就是将原本互不相干的两个图形结合到一起，成为一个整体，但是在两个图形的交叉点会形成镂空。

单击菜单栏中的【排列】→【结合】命令，或按<Ctrl>+<L>键来执行【结合】命令。如图 8-99 所示为结合前后效果。

拆分就是将结合后的图形打散，让结合后的图形重新回到初始状态。单击菜单栏中的【排列】→【拆分】命令，或按<Ctrl>+<K>键来执行【拆分】命令。如图 8-100 所示为结合前后效果。

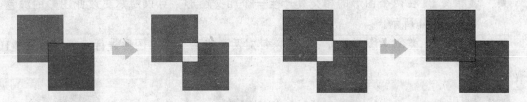

图 8-99　应用【结合】前后的效果　　　　图 8-100　应用【拆分】前后的效果

2.【造型】命令

【造型】命令主要针对图形进行焊接、修剪、相交、简化、前减后和后减前 6 个命令的操作，单击菜单栏中的【排列】→【造型】→【造型】命令，打开【造型】泊坞窗，如图 8-101 所示，其中各选项功能如下。

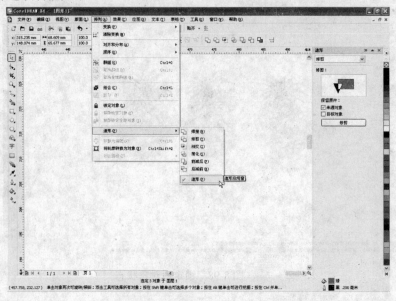

图 8-101　【造型】泊坞窗

- 　【焊接】：将两个图形融合在一起，成为一个新的整体，如图 8-102 所示。
- 　【修剪】：将两个图形的相交处进行修剪，如图 8-103 所示。

图 8-102　应用【焊接】前后的效果　　　　　图 8-103　应用【修剪】前后的效果

- 　【相交】：在两个图形的相交处产生一个相交图形，可以随意更改此图形的颜色，如图 8-104 所示。
- 　【简化】：类似【修剪】命令，可以针对两个或两个以上图形进行修剪，如图 8-105 所示。

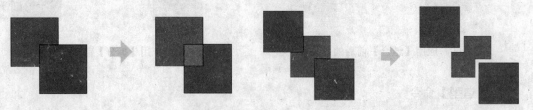

图 8-104　应用【相交】前后的效果　　　　　图 8-105　应用【简化】前后的效果

- 【前减后】：前面的图形减去后面的图形，从而得到新的图形，如图 8-106 所示。
- 【后减前】：后面的图形减去前面的图形，从而得到新的图形，如图 8-107 所示。

图 8-106 应用【前减后】前后的效果   图 8-107 应用【后减前】前后的效果

- 【创建围绕选定对象的新对象】：当选择两个图形的时候，这时候属性栏上也会随之发生变化，这个功能就是属性栏中的最后一个功能，如图 8-108 所示。通过执行该命令，可以在对象的周围形成一个外边框，如图 8-109 所示。

创建围绕选定对象的新对象

图 8-108 创建围绕选定对象的新对象   图 8-109 应用【创建围绕选定对象的新对象】前后的效果

8.5.6 【转换为曲线】和【将轮廓转换为对象】

1.【转换为曲线】命令

该命令一般针对文字，主要用于印前的准备工作。转换为曲线后的文字是不能修改的，因为形成了曲线路径，如图 8-110 所示。也可以通过按<Ctrl>+<Q>键来完成转曲工作。

图 8-110 将文字转换为曲线

2.【将轮廓转换为对象】命令

如运用 □【矩形工具】或 ☆【星形工具】等绘制的一些几何图形，这些图形都由自己的属性，这时候可以用 ↖【形状工具】进行自由的拉伸，而产生不同的形状，如图 8-111 所示。单击菜单栏中的【排列】→【将轮廓转换为对象】命令，CorelDRAW X4 会自动根据当前图形的轮廓宽度创建填充路径。转换后看到的是组合后的图形，按<Ctrl>+<K>键可以使图形回到最原始的状态，如图 8-112 所示。

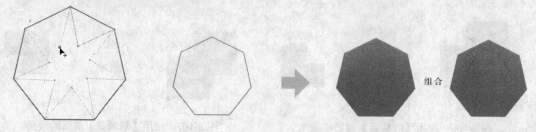

图 8-111 未将轮廓转换为曲线前   图 8-112 将轮廓转换为曲线

TIPS:

如果想用低版本的 CorelDRAW 程序打开高版本的文件，高版本在存低版本文件格式的时候，为了避免在低版本中打开后做的效果不出问题，这时一定要将轮廓转换为对象。

8.5.7 【闭合路径】命令

如果一段路径是半封闭的，那么就无法对这个路径进行填色，而闭合路径则完全是封闭的曲线路径。该命令的主要功能就是使未封闭的路径封闭起来，该命令针对闭合路径无效。闭合效果如图 8-113 中的右侧所示。

图 8-113 未闭合路径

单击菜单栏中的【排列】→【闭合路径】命令，打开【闭合路径】的子菜单（如图 8-114 所示），其中各项功能如下。

● 【最近的节点和直线】：找到最近的节点并用直线建立连接，如图 8-115 所示。
● 【最近的节点和曲线】：找到最近的节点并用曲线建立连接，如图 8-116 所示。

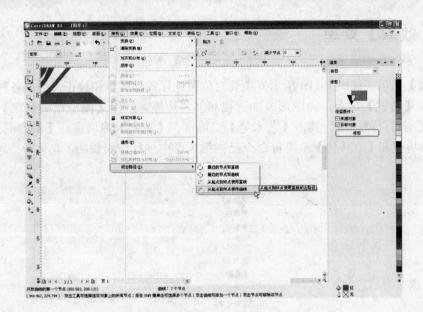

图 8-114 闭合路径命令

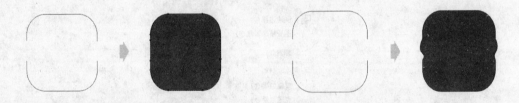

图 8-115 最近的节点和直线   图 8-116 最近的节点和曲线

● 【从起点到终点使用直线】: 应用效果如图 8-117 所示。

图 8-117 应用【从起点到终点使用直线】前后的效果

● 【从起点到终点使用曲线】: 应用效果如图 8-118 所示。

图 8-118 应用【从起点到终点使用曲线】前后的效果

8.6 【效果】菜单

【效果】菜单（如图 8-119 所示）主要对位图进行各种调整和校正，应用各种泊坞窗、【斜角】和【透镜】命令，为图形添加透视和创建边界，应用【图框精确剪裁】和翻转效果，应用复制和克隆效果。其中【艺术笔】泊坞窗、【调和】泊坞窗、【轮廓图】泊坞窗、【封套】泊坞窗和【立体化】泊坞窗命令已在第 3 章中进行详细说明，具体命令可参见第 3 章内容。

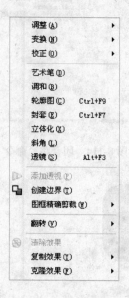

图 8-119 【效果】菜单

8.6.1 【调整】命令

图 8-120 【调整】命令

【调整】命令主要针对位图进行高反差、曲线、亮度对比度等颜色调整。单击菜单栏中的【效果】→【调整】命令，可以看到下面包含的子命令，如图 8-120 所示。

1. 高反差

该命令用于对图像的亮色调和暗色调的颜色进行重新分布，进而得到新的图像效果。如图 8-121 所示，对该命令常用选项进行了标注说明。

如图 8-122 所示为应用【高反差】命令后的效果。

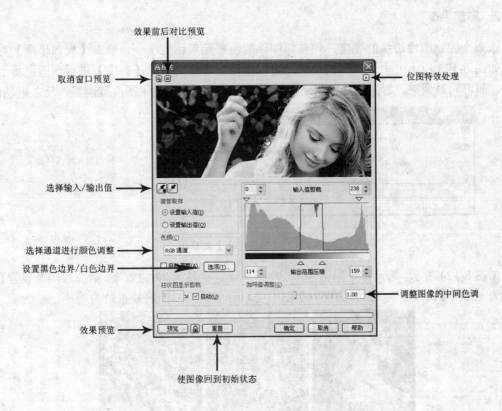

效果前后对比预览

取消窗口预览

位图特效处理

选择输入/输出值

选择通道进行颜色调整

设置黑色边界/白色边界

效果预览

调整图像的中间色调

使图像回到初始状态

图 8-121　【高反差】命令说明

TIPS:

在预览窗口单击，可放大图像；右击可缩小图像。

图 8-122　应用【高反差】前后的效果

371

2. 局部平衡

该命令控制图像边缘的亮度，使整幅图像的色彩元素达到统一。单击【局部平衡】对话框（如图 8-123 所示）中最右边的小锁，可以单独对【宽度】和【高度】进行调整；将小锁锁定，即可同时调整。数值越低，效果就越明显，画面的效果的平衡度就越高，反之则越低。

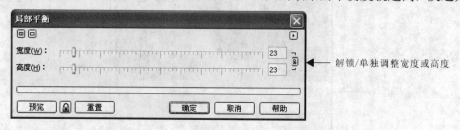

图 8-123　【局部平衡】对话框

如图 8-124 所示，第一幅是原图，第二幅图是设置宽高为 23 的效果，第三幅图是设置【宽度】为 150，【高度】为 82 的效果。从图中可以看出第二幅图的效果最为明显。

图 8-124　应用【局部平衡】前后的效果

3. 取样/目标平衡

该命令用于根据取样的颜色值来调整图像的整体颜色效果，使之达到目标平衡。单击【样本/目标平衡】对话框中【目标】下面的矩形框，可以打开【颜色填充】对话框，如图 8-125 所示。如图 8-126 所示为应用后的效果。

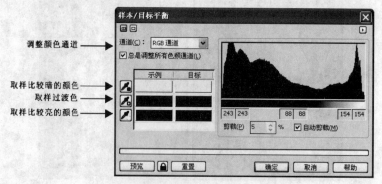

图 8-125　【样本/目标平衡】对话框

图 8-126 应用【取样/目标平衡】前后的效果

4. 调和曲线

使用该命令可以通过通道来精确调整图像的颜色值。调节方式包括曲线调节（如图 8-127 所示）、线性调节（如图 8-128 所示）、手绘调节（如图 8-129 所示）和伽玛值 4 种。

TIPS:

拖动曲线至左上可以提亮图像，至左下可以降暗图像。直接在曲线上点击，即可添加调节节点，点住一个节点，然后按<Delete>键即可删除调节节点。

如图 8-130 所示是对图像应用红色通道和蓝色通道调节后的效果，第一幅为源图像。

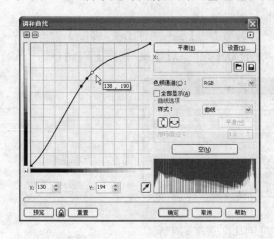
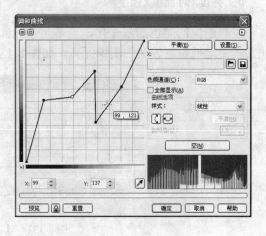

图 8-127 曲线调节 　　　　　　　　　　　　　　图 8-128 线性调节

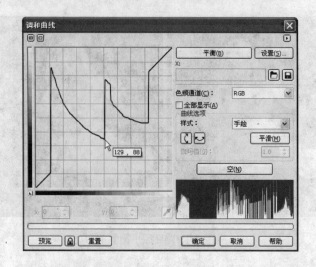

图 8-129　手绘调节

图 8-130　应用【调和曲线】调节红、蓝色通道前后的效果

5．亮度/对比度/强度

控制图像的颜色深浅变化，调节值从-100～100。运用【亮度/对比度/强度】命令可以非常方便地把颜色较灰的图像提亮。如图 8-131 所示为【亮度/对比度/强度】对话框。

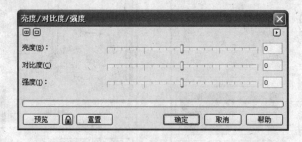

图 8-131　【亮度/对比度/强度】对话框

如图 8-132 所示，其中左边为原图，右边为调节后的图像，分别设置【亮度】为 18，【对比度】为 44，【强度】为 13。

图 8-132　应用【亮度/对比度/强度】前后的效果

6．颜色平衡

从整体上改变图像的色彩属性，使颜色达到平衡。通过【颜色平衡】对话框，可以调节当前图像当中的阴影、中间色调、高光和亮度值，保持亮度可以在调节图像的过程中保持当前图像的亮度，如果不调节其中的"阴影"范围，可以取消阴影前面的对勾，如图 8-133 所示。

通过使用色频通道可以来改变图像的颜色。拖动"青—红"上面的滑块，正值逐渐加红，负值会将图像逐渐加青。拖动"品红—绿"上面的滑块，正值逐渐加绿，负值逐渐加红。拖动"黄—蓝"上面的滑块，正值逐渐加蓝，负值逐渐加黄。

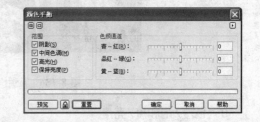

图 8-133　【颜色平衡】对话框

如图 8-134 所示是调节图像"黄—蓝"通道值为-100 的效果。

图 8-134　改变"黄—蓝"通道值前后的效果

7．伽玛值

【伽玛值】对话框如图 8-135 所示。该命令是一种校色方法，伽玛校正就是对图像的伽玛曲线进行编辑，以对图像进行非线性色调编辑的方法，检出图像信号中的深色部分和浅色部分，并使两者比例增大，从而提高图像对比度效果。调节范围从 0.1～10，当伽玛值为 1 的时候，图像不会有任何变化；当值低于 1 时，图像会逐渐变暗；高于 1 时，则会逐渐变亮。

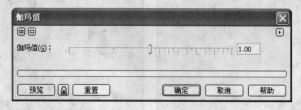

图 8-135　【伽玛值】对话框

如图 8-136 所示为设置伽玛值为 0.5 和 2 的对比效果，第一幅图为源图像。

图 8-136　应用【伽玛值】前后的效果

8．色度/饱和度/亮度

通过通道来控制图像的色度、饱和度和亮度。【色度/饱和度/亮度】对话框如图 8-137 所示。当点选【色频通道】中的【主对象】单选钮后，将对图像中的通道进行整体调节，如果选择红色通道，则单独调节红色通道的色度、饱和度和亮度值。色度调节值在-180～180 之间，饱和度和亮度值控制在-100～100 之间。当饱和度的负值越大时，灰度就越明显，亮度的负值越大则越接近黑色，反之则越接近白色。

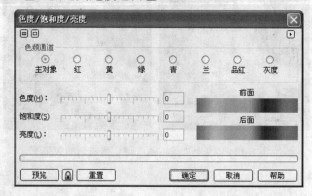

图 8-137　【色度/饱和度/亮度】对话框

如图 8-138 所示是单独对黄色通道进行调节的前后过程，调节值为 100。

图 8-138　单独调节黄色通道前后的效果

9．所选颜色

通过 CMYK 来控制图像的颜色，通过调整 CMYK 其中的任意值来改变图像的色彩。【所选颜色】对话框设置如图 8-139 所示。

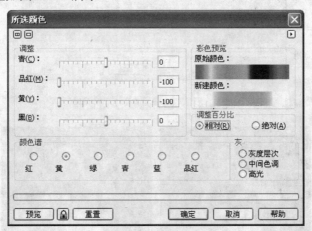

图 8-139　【所选颜色】对话框设置

如图 8-140 所示为在颜色谱中选择黄色，【品红】和【黄】数值设置为-100 的前后对比效果。

10．替换颜色

该命令可以用吸管选择原来的颜色和新的颜色，并对当前图像进行应用，应用过程中还可以对图像的色度、饱和度和亮度进行调节，调节中的范围越大，效果影响也就越大。如图 8-141 所示为【替换颜色】对话框。

如图 8-142 所示是选择原颜色和新建颜色为红色，范围设置为 100 的前后对比效果。

图 8-140　应用【所选颜色】前后的效果

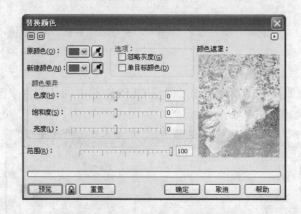

图 8-141　【替换颜色】对话框

图 8-142　应用【替换颜色】前后的效果

11．取消饱和

该命令用于取消图像的饱和度，使其成为灰度图。如图 8-143 所示为取消饱和前后对比效果。

图 8-143 应用【取消饱和】前后的效果

12. 通道混合器

使用该命令，通过改变 RGB 或 CMYK 图像的通道值来改变图像的颜色，数值控制在 −200～200 之间，【通道混合】对话框如图 8-144 所示。

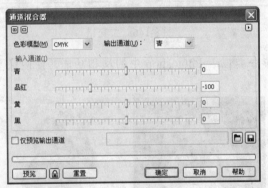

图 8-144 【通道混合器】对话框

如图 8-145 所示为设置输出通道为青色，【品红】值为−100 的前后对比效果。

图 8-145 应用【通道混合器】前后的效果

8.6.2 变换和校正

1. 变换

【变换】命令下面包含 3 个菜单命令，分别是去交错、反显和极色化。下面详细介绍这几个命令。

- 【去交错】：该命令用于修正并提高扫描图像的质量，主要是修正扫描图像中出现的网点。【去交错】对话框如图 8-146 所示。【扫描行】选项包括偶数行和奇数行两项，主要用来控制消除网点。【替换方法】有复制和插补两种，【复制】就是复制周围相近的像素来填补网点，【插补】就是取扫描图像像素的平均值来填补网点。

图 8-146　去交错

- 【反显】：该命令类似于 Photoshop 中的反相功能，使图像呈底片形式显示，效果如图 8-147 所示。

图 8-147　应用【反显】前后的效果

- 【极色化】：【极色化】对话框如图 8-148 所示。该命令用于控制图像的层次感。其数值设置从 2～32 之间，数值越低层次感越强，极色化效果也就越明显。应用该命令效果如图 8-149 所示。

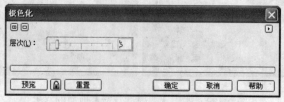

图 8-148　【极色化】对话框

图 8-149　应用【极色化】前后的效果

2．尘埃与刮痕

校正图像中的瑕疵，力求使图像达到完美，【尘埃与刮痕】对话框如图 8-150 所示。

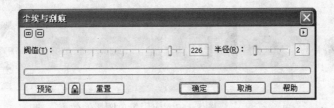

图 8-150　【尘埃与刮痕】对话框

8.6.3　斜角和透镜

1．斜角

【斜角】命令主要用于给图形添加浮雕或柔和边缘效果，使图形增加立体感，在 CorelDRAW X4 中，这一功能更是得到了增强，单击菜单栏中的【效果】→【斜角】命令，打开【斜角】泊坞窗，如图 8-151 所示，其中各选项功能如下。

- 【样式】：包括【柔和边缘】和【浮雕】两种样式，应用后的效果如图 8-152 所示。
- 【斜角偏移】：有到中心和距离两种偏移方式。
- 【阴影颜色】：单击旁边的小箭头，可打开下拉式颜色库，从中选择阴影颜色即可，如图 8-153 所示为应用黑色阴影效果。
- 【光源控件】：用于控制光源的颜色、强度、方向和高度。光源颜色主要用于控制投到图形上的颜色。强度用来控制浮雕效果的硬度，方向用于控制浮雕的方向，高度用于控制光源的高度，高度越高，浮雕效果就越浅。如图 8-154 所示为设置不同的光源颜色、强度、方向和高度的对比效果。

图 8-151　【斜角】泊坞窗 　　　　　图 8-152　应用【柔和边缘】和【浮雕】的对比效果

图 8-153　应用黑色阴影的效果

图 8-154　设置不同的光源颜色、强度、方向和高度的对比效果

TIPS:

【斜角】命令只针对填充的图形有效，对未填充的图形或图像无效。

2. 透镜

【透镜】命令可以对图形或图像实现许多难以实现的效果，简单的理解透镜就像是一个

万能的放大镜,透过这个放大镜可以使图形图像形成许多特殊的效果。最新的 CorelDRAW X4
包含了 11 种透镜效果,它们分别是使明亮、颜色添加、色彩限度、自定义彩色图、鱼眼、热
图、反显、放大、灰度浓淡、透明度和线框透镜效果。单击菜单栏中的【效果】→【透镜】
命令或按<Alt>+<F3>键,打开【透镜】泊坞窗,如图 8-155 所示。其中各选项功能如下。

- 　【使明亮】:使对象变亮或者变暗,比率值控制在-1～100 之间,正值为越来越亮,
负值为越来越暗。当比率为 0 时,无任何效果,当比率为 100 时,当前中的透镜填
充则是纯白色。如图 8-156 所示为比率 60% 和-20% 的效果。

图 8-155 　【透镜】泊坞窗　　　　　　　图 8-156 　比率为 60% 和-20% 的对比效果

- 　【颜色添加】:给图形或图像添加颜色。比率值控制在 1%～100%。在如图 8-157 所
示中分别对狐狸应用了比率为 50%、填充色为黄色和比率为 90%、填充色为蓝色。

图 8-157 　应用【颜色添加】前后的效果

- 　【色彩限度】:从图形或图像中删除颜色。比率值控制在 1%～100%,当比率值设置
为 0 时,则不会去掉任何颜色。如图 8-158 所示,其左图中按 60% 的比率限制了对
象中的青色,右图中按 80% 的比率限制了对象中的蓝色。

图 8-158　应用【色彩限度】前后的效果

● 【自定义彩色图】：将图形或图像通过此透镜映射到指定的颜色范围。其中包含 3
种映射选项，它们分别是直接调色板、向前的彩虹和反转的彩虹。如图 8-159 所示
分别应用从青到红来看下这 3 种映射模式不同的对比效果。

图 8-159　应用【直接调色板】、【向前的彩虹】和【反转的彩虹】的对比效果

● 【鱼眼】：通过这种透镜来执行一中凸出或凹入的图形效果。设置数值在-1000%～
1000%。负值越大，凹进去的范围就越大；正值越大，凸出来的范围就越大。如图
8-160 所示是分别设置数值为-200%与 200%的对比效果。

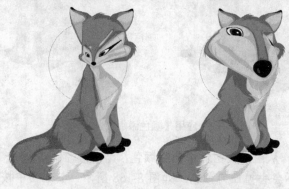

图 8-160　设置数值为-200%与 200%的对比效果

- 【热图】：让对象的颜色看起来更暖。我们可以通过调色板旋转值来控制颜色的冷暖程度，值控制在0%～100%。如图8-161所示是对图形执行30%和60%的对效果。
- 【反显】：类似负片效果，如图8-162所示。

图8-161 应用【热图】前后的效果　　　　图8-162 应用【反显】的效果

- 【放大】：通过此透镜可以给对象添加局部放大效果。数量控制在1～100。如图8-163设置的是2和4之间的对比效果。
- 【灰度浓淡】：透过透镜使下面的对象呈一定的灰度值显示。如图8-164所示为分别应用了黑色和蓝色效果。

图8-163 应用【放大】前后的效果　　　　图8-164 应用【灰度浓淡】前后的效果

- 【透明度】：给对象添加一个透镜，从而进一步改变此透镜的透明度。这个透镜就相当于对象上面的一个图层，我们可以通过改变这个图层的透明度，而改变对象的叠加效果。透明度控制在0%～100%之间。如图8-165所示是透明度设置蓝色为0和80%的对比效果。
- 【线框】：改变对象的轮廓颜色和填充颜色。如图8-166所示是将轮廓颜色设置为红色，填充颜色设置为深黄色的效果。

图 8-165　应用【透明度】的对比效果　　　　图 8-166　应用【线框】的效果

● 【冻结】：冻结可以使执行后的效果和透镜分离开来，两者互不干扰，从而形成一个新的对象。正常情况下当我们随意移动上面的圆形效果就会随着移动的位置而不断改变，如果使用【冻结】选项，就可以将这一部分冻结出来，作为一个新的独立的矢量对象，过程如图 8-167 所示。

图 8-167　冻结前后

● 【视点】：勾选【视点】复选框，该复选框后面会出现【编辑】按钮，单击该按钮这时候会发现鼠标光标变成 ，如图 8-168 所示（X 值和 Y 值分别代表着当前光标在工作区中的位置）。然后将鼠标光标移至绘制的圆形透镜的中心点上，并拖动。拖动的目标位置就代表着新的视点位置，应用后，会看到新的放大视点效果。假如把中心点移动到狐狸的鼻子上，然后单击【应用】按钮，这时候会发现原来位置的放大效果已经改变成狐狸鼻子的放大效果了。这就是视点的运用原理（如图 8-169所示），利用这种原理，可以在绘制地图的时候可以进行地理位置局部的详细放大说明。

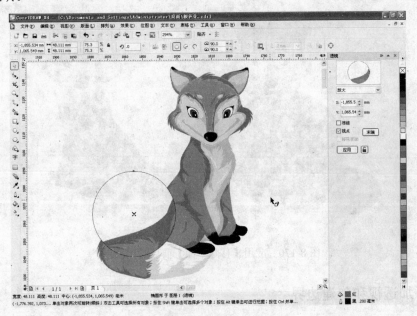

图 8-168　鼠标光标变化

图 8-169　视点原理

- 使用透镜选项【移除平面】。此透镜的作用是移除除对象之外的背景颜色，效果如
  图 8-170 所示。

可以通过以下方法来执行透镜效果。

（1）在需要做透镜效果的对象上绘制一个圆形或其它形状的一个透镜遮罩。

（2）选择透镜遮罩，按<Alt>+<F3>键，打开【透镜】泊坞窗。

（3）选择透镜方式，然后对图形或图像进行应用。

（4）透镜效果可对矢量图使用，也可对位图进行使用。

图 8-170　应用【移除平面】前后对比效果

8.6.4　添加透视和创建边界

1. 添加透视

运用透视原理给图形添加透视点，使其更具有立体感。透视命令主要配合形状工具来进行立体透视的调节。单击菜单栏中的【效果】→【添加透视】命令，即可对图形应用透视命令。如图 8-171 所示是执行透视后的效果。如图 8-172 所示为对文字应用透视后的效果。

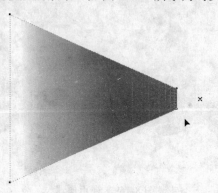

图 8-171　应用透视

TIPS:

按住\<Ctrl\>键可以进行垂直拖动，注意最前面的"×"标志，该标志即为调节的灭点。

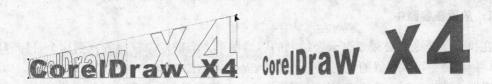

图 8-172　应用【透视】前后的效果

2．创建边界

创建图形的外轮廓，效果如图 8-173 所示。

图 8-173　应用【创建边界】前后的效果

8.6.5 【图框精确剪裁】命令

将对象置入特定的容器中，进而形成特殊的效果。单击菜单栏中的【效果】→【图框精确剪裁】命令，即可执行该命令。它总共包含 4 个命令，分别是放置在容器中、提取内容、编辑内容和结束编辑，如图 8-174 所示。

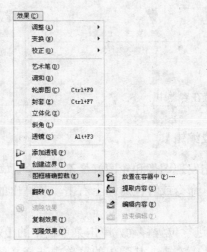

图 8-174　执行【图框精确剪裁】命令

1．放置在容器中

在执行该命令前必须要有一个绘制的容器图形，当前对象就是置入到这个目标容器当中。运用该命令可以很好的实现在 CorelDRAW 中的抠图工作。

以图 8-175 为例，我要将图中的图像抠出来，把背景色和下面的阶梯之类的全部去掉。首先我们需要绘制一个以符合图像轮廓的图形边框出来，如图 8-176 所示。

图 8-175　原图像

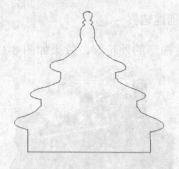

图 8-176　绘制好的图形边框

绘制好的这个图形边框就是要置入的容器。选中源图像，单击菜单栏中的【效果】→【图框精确剪裁】→【放置在容器中】命令，当光标变为一个大箭头形状时，在绘制好的图形边框上单击，即可将源图像置入到图形边框当中，如图 8-177 所示。如图 8-178 所示为置入后的效果。

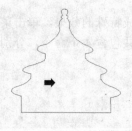

图 8-177　放置在容器中

图 8-178　置入容器后

2．【编辑内容】和【完成编辑】

图像置入容器中之后我们发现图像和轮廓好像不太吻合。单击菜单栏中的【效果】→【图框精确剪裁】→【编辑内容】命令或者在对象上右击，从弹出的菜单中选择【编辑内容】命令，如图 8-179 所示。

然后可拖动里面的图像进行位置移动，单击菜单栏中的【效果】→【图框精确剪裁】→【结束编辑】命令或者在对象上右击，从弹出的菜单中选择【结束编辑】命令，完成内容编辑。如图 8-180 所示为完成编辑后的效果。

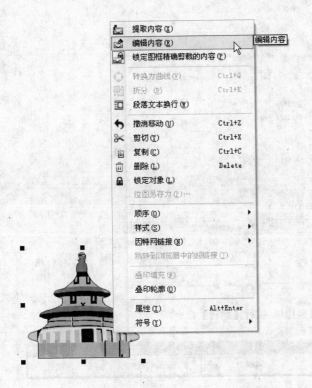

图 8-179　编辑内容

图 8-180　编辑后的效果

3．提取内容

将图像从置入的图形容器中提取出来，使其分离。单击菜单栏中的【效果】→【图框精确剪裁】→【提取内容】命令或者在对象上右击，从弹出的菜单中选择【提取内容】命令，将置入的图像从图形容器中提取出来。

8.6.6　【翻转】命令

该命令主要应用于网页制作中，用来实现按钮的不同效果，比如鼠标放到按钮上的效果或点击到按钮上的效果等。在 CorelDRAW 中，这个命令基本上是闲置不用的。只要了解下它的功能就可以了。单击菜单栏中的【效果】→【翻转】打开翻转命令里的子菜单（如图 8-181 所示）。这个命令的执行方式类似于图框精确剪裁。

单击菜单栏中的【窗口】→【工具栏】→【因特网】命令，打开【翻转】属性栏（如图 8-182 所示），可以单击【翻转效果预览】按钮来预览翻转效果。具体翻转效果可以参考光盘文件 8.6.6 使用翻转效果。

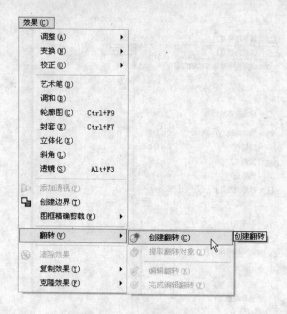

图 8-181　执行【翻转】命令

图 8-182　翻转属性栏

8.6.7　【清除效果】、【复制效果】和【克隆效果】命令

【清除效果】：当前使用什么效果就可以清除什么效果，如透视、封套、变形等。

【复制效果】：将效果应用到新的对象上。可以复制的对象包括透视效果、封套、调和、立体化、轮廓图、透镜、图框精确剪裁、阴影和变形效果，如图 8-183 所示。

执行【复制效果】效果，操作方法如下。

图 8-183　复制效果

（1）当前必须有两个对象，一个是应用效果了，比如透视。一个是未应用效果的。

（2）选择未应用效果的对象，单击菜单栏中的【效果】→【复制效果】→【建立透视自】命令，当鼠标光标变为一个黑色的实心箭头时，在应用透视效果的图形上单击，即可将透视效果应用到新的图形上（如图 8-184 所示）。其它效果的应用原理与此相同，在此不再赘述。

图 8-184　复制透视效果

（3）【克隆效果】：克隆的效果包括调和、立体化、轮廓图和阴影。使用方法和复制效果一样，唯一有点区别就是克隆后的新图形是会随着原图形的效果的改变而改变。也就是说原图形如果改变了效果，应用了克隆效果的新图形也会随着改变，它们成为了一体。有一点需要注意，在克隆的时候最好能单击到效果部分，如果单击到上面的文字部分，阴影效果就有可能克隆不上，如图 8-185 所示。

图 8-185　克隆阴影属性

8.7　【工具】、【窗口】和【帮助】菜单

8.7.1　【工具】菜单

工具菜单下主要包含一些针对 CorelDRAW 系统的一些设置，另外还可以进行脚本编程来实现其它的功能。【工具】菜单如图 8-186 所示，其中各选项功能如下。

- 【选项】：主要进行 CorelDRAW X4 的一些系统设置，如工作区设置、文档中的页面和辅助线设置等。通过单击栏轴的【工具】→【选项】命令，可以打开【选项】对话框，如图 8-187 所示。

图 8-186 【工具】菜单

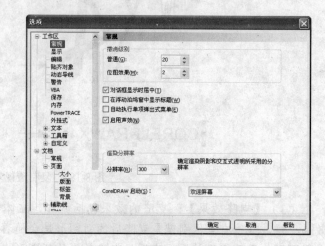

图 8-187 【选项】对话框

- 【自定义】: 包含 4 个可自定义对象, 分别是命令栏、命令、调色板和应用程序。
  命令栏可以控制菜单栏、工具栏、状态栏和文本工具栏的显示与隐藏。命令主要用
  于控制菜单栏的命令, 调色板用来控制调色板的显示方式和一些其它属性, 应用程
  序用来控制 CorelDRAW X4 界面的透明度。单击菜单栏中的【工具】→【自定义】
  命令, 打开【自定义】对话框, 如图 8-188 所示。

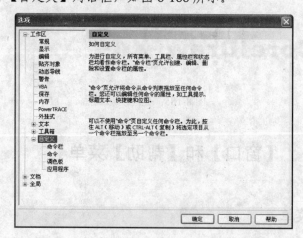

图 8-188 【自定义】对话框

- 【颜色管理】: 进行颜色系统设置, 使之更符合印刷或打印标准。可以通过配置分
  色打印机来控制 CorelDRAW X4 中的图像转换为 CMYK 时和 Photoshop 中的效果一
  样, 具体配置可参考第 6 章 6.2 节。单击菜单栏中的【工具】→【颜色管理】命令,
  打开【颜色管理】对话框, 如图 8-189 所示。

- 【另存默认设置】：当修改了一些 CorelDRAW X4 的一些系统设置后，单击该命令可以恢复 CorelDRAW X4 的初始设置。
- 【对象管理器】：用于控制 CorelDRAW X4 中的图层功能。由于 CorelDRAW 的界面比较直观，所以这项功能很少用到，有兴趣的朋友可以研究下，由于版面有限，这里就不再叙述了。单击菜单栏中的【工具】→【对象管理器】命令，打开【对象管理器】泊坞窗，如图 8-190 所示。

图 8-189　【颜色管理】对话框　　　　　　图 8-190　【对象管理器】泊坞窗

- 【对象数据管理器】：为当前工作区中的对象建立数据。单击菜单栏中的【工具】→【对象数据管理器】命令，打开【对象数据管理器】泊坞窗，如图 8-191 所示。
- 【视图管理器】：控制放大与缩小，具体可参考第 2 章 2.1.2 节。单击菜单栏中的【工具】→【视图管理器】命令，打开【视图管理器】泊坞窗，如图 8-192 所示。

图 8-191　【对象数据管理器】泊坞窗　　　图 8-192　【视图管理器】泊坞窗

- 【链接管理器】：主要用于管理链接外部的图像，具体可参考第 6 章 6.1 节。单击菜单栏中的【工具】→【链接管理器】命令，打开【链接管理器】泊坞窗，如图 8-193 所示。

● 【撤销泊坞窗】: 用于控制后退与向前,相对于 Photoshop 中的历史记录功能。具体可参考 8.2.1 节中的撤销命令。单击菜单栏中的【工具】→【撤销泊坞窗】,可打开【撤销】泊坞窗,如图 8-194 所示。

图 8-193 【链接管理器】泊坞窗   图 8-194 【撤销】泊坞窗

● 【书签管理器】: 管理因特网中的书签。单击菜单栏中的【工具】→【因特网书签管理器】命令,打开【书签管理器】泊坞窗,如图 8-195 所示。

● 【颜色样式】: 自定义颜色或专色。单击菜单栏中的【工具】→【颜色样式】命令,可打开【颜色样式】泊坞窗,如图 8-196 所示。

图 8-195 【书签管理器】泊坞窗   图 8-196 【颜色样式】泊坞窗

● 【调色板编辑器】: 添加或删除 CorelDRAW X4 系统中的颜色信息。单击菜单栏中的【工具】→【调色板编辑器】命令,可打开【调色板编辑器】对话框,如图 8-197 所示。

● 【图形和文本样式】: 双击泊坞窗中的某种样式,即可将样式应用到当前的段落文本当中,单击泊坞窗右上角的小箭头,我们可以进行载入模板样式或对样式进行重命名等操作。单击菜单栏中的【工具】→【图形和文本样式】命令或按<Ctrl>+<F5>键,可打开【图形和文本】泊坞窗(如图 8-198 所示)。

● 【创建箭头】: 该命令主要应用于轮廓线的两端。打开需要创建为箭头的图,单击菜单栏中的【工具】→【创建】→【箭头】命令,然后在出现的提示上点击【确定】,运用【手绘工具】绘制一条直线。然后在属性栏中的起始箭头选择器或终止箭头选择器中找到自己刚才定义的箭头,如图 8-199 所示。应用到轮廓线上,完成创建后的应用。

图 8-197 【调色板编辑器】对话框

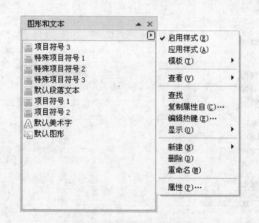

图 8-198 图形和文本

图 8-199 自定义箭头

- 【创建字符】：详细内容请参考第 4 章 4.5.2 节。
- 【创建图样】：打开或导入一张需要创建成为图样的图形或图像。单击菜单栏中的【工具】→【创建】→【图样】命令，打开【创建图样】对话框，选择图样的样式，如图 8-200 所示。选择双色或全色，单击【确定】后，这时候会出现一个十字定位线，直接在工作区中的画面中进行拖动即可，形成图样。在工具箱中的填充工具组中打开图样填充，自己刚才定义的图样就在那里面。
- 【运行脚本】：运行编写的脚本程序，用于实现特定的效果。

- 【Visual Basic】：可以对经常操作的对象进行录制或编辑，方便以后使用。里面有自带的 VB 编辑器，还可以进行自定义编程等。如图 8-201 所示为 VB 的其它菜单命令。

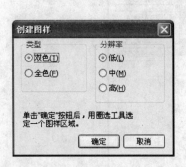

图 8-200 【创建图样】对话框

图 8-201 【Visual Basic】菜单

8.7.2 【窗口】菜单

进行窗口的显示方式和对泊坞窗的显示与隐藏控制。如图 8-202 所示为窗口菜单的所有命令集合，其中各选项功能如下。

图 8-202 窗口

- 【新建窗口】：新建一个文件，也可以通过按<Ctrl>+<N>键来完成。
- 【层叠】、【水平平铺】、【垂直平铺】和【排列图标】：4 种不同的窗口排列方式，【层叠】的效果如图 8-203 所示、【水平平铺】的效果如图 8-204 所示、【垂直平铺】的效果如图 8-205 所示、【排列图标】的效果如图 8-206 所示。

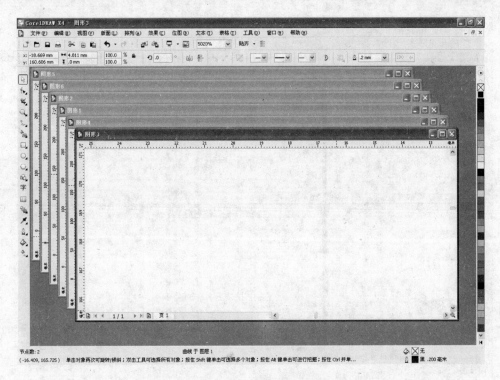

图 8-203 【层叠】的效果

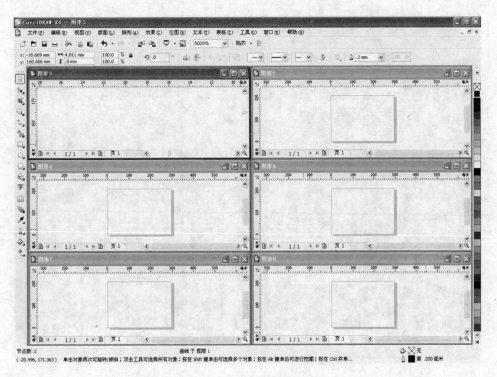

图 8-204 【水平平铺】的效果

CoreIDRAW X4 多米诺自由学

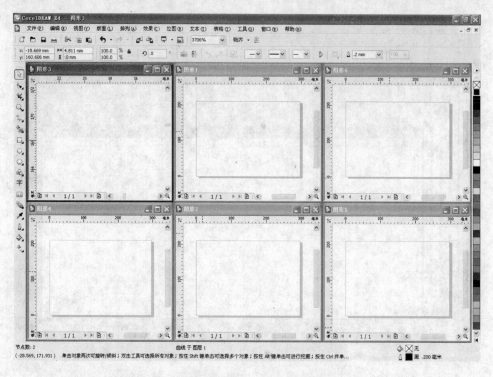

图 8-205　【垂直平铺】的效果

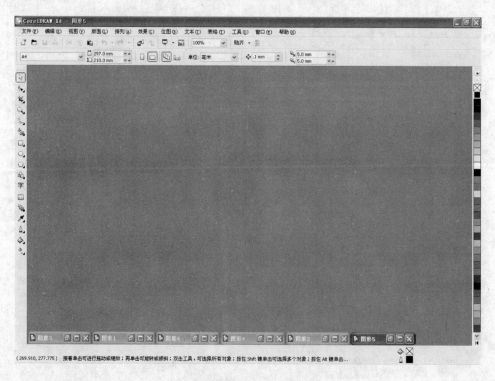

图 8-206　【排列图标】的效果

400

- 【调色板】：打开 CorelDRAW X4 中的调色板，其中包含 CMYK 色库、RGB 色库、标准色库、HKS 色、SVG 色和专色等。
- 【泊坞窗】：控制 CorelDRAW X4 中的所有泊坞窗的显示与隐藏。
- 【工具栏】：控制 CorelDRAW X4 中的菜单栏、状态栏、属性栏、工具箱和文本属性栏的显示和隐藏。
- 【关闭】：关闭当前文件
- 【全部关闭】：关闭所有文件。
- 【刷新窗口】：也可以按<Ctrl>+<W>键来完成。

8.7.3　【帮助】菜单

如图 8-207 所示为【帮助】菜单，其中各选项内容如下。

图 8-207　【帮助】菜单

- 【帮助主题】：可打开官方自带的帮助主题，如图 8-208 所示。

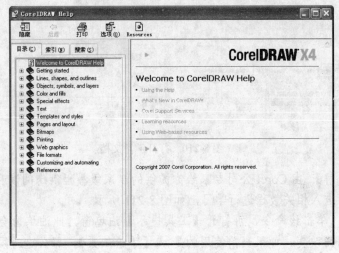

图 8-208　帮助主题

401

- 【欢迎屏幕】：可打开启动 CorelDRAW X4 后的欢迎屏幕，如图 8-209 所示。

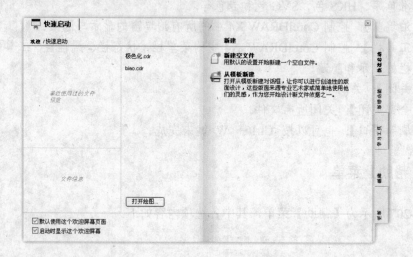

图 8-209　欢迎屏幕

- 【CorelTUTOR】：可打开 Corel 公司撰写的学习课程，单击上面的图形即可打开相关 PDF 学习文档，如图 8-210 所示。

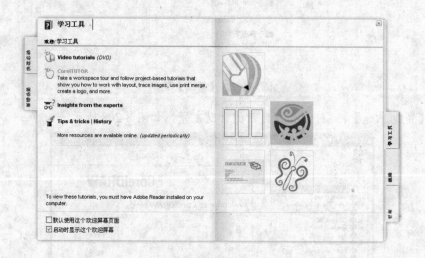

图 8-210　打开学习文档

- 【专家见解】：由 Corel 公司专家给你提供的专家级教程供您阅读和学习。点击相关图形即可进入相关教程进行学习，如图 8-211 所示。
- 【提示】：单击该命令，可打开【工具提示】泊坞窗，此泊坞窗会随着当前使用工具的不同而改变，如果当前使用的是 【手绘工具】，那么这时候出现的提示就是关于手绘工具的一些应用提示。

图 8-211　专家见解

- 【新增功能】: 单击下图中的 CorelDRAW X4 界面, 可以打开 Corel 官方关于 CorelDRAW X4 新功能的语音视频解说, 如图 8-212 所示。

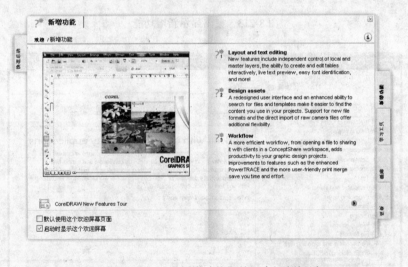

图 8-212　打开【新增功能】的语言视频解说

- 【突出显示新增功能】: 可以从 CorelDRAW9、10、11、12 或 13 任意一版本与 CorelDRAW X4 进行对比, 突出的浅黄色部分为 CorelDRAW X4 中新增的功能或改进的部分。如图 8-213 所示是以 CorelDRAW9 版本和 CorelDRAW X4 进行对比后 CorelDRAW X4 新增和加强的功能。
- 【Office】: 单击该命令, 可打开 Office 相关帮助信息, 如图 8-214 所示。
- 【About CorelDRAW】: 用于查看当前注册版权信息。
- 【技术支持】: Corel 公司提供的技术支持。

● 【更新】：用于在线查看 CorelDRAW X4 有无更新文件。

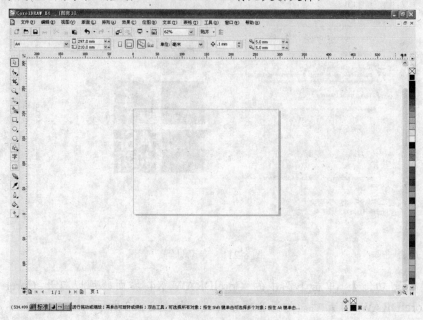

图 8-213　突出显示新增功能

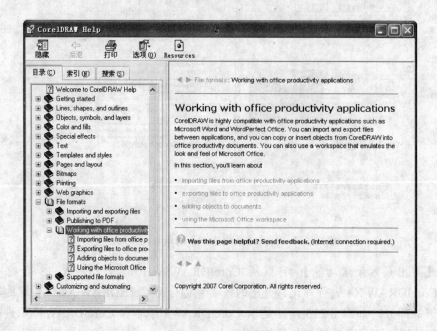

图 8-214　使用 Office

附录 CorelDRAW X4 常用快捷键

【工具箱】

名称	快捷键	名称	快捷键
形状工具	<F10>	椭圆形工具	<F7>
擦除工具	<X>	多边形	<Y>
放大镜	<F2>	图纸工具	<D>
缩小	<F3>	螺纹工具	<A>
显示当前工作区中所有内容	<F4>	文本工具	<F8>
缩放选定范围	<Shift>+<F2>	轮廓笔	<F12>
手形工具	<H>	轮廓色	<Shift>+<F12>
手绘工具	<F5>	颜色填充	<Shift>+<F11>
艺术笔工具	<I>	渐变填充	<F11>
智能绘图	<Shift>+<S>	交互式填充	<G>
矩形工具	<F6>	网状填充	<M>

【文件】

名称	快捷键	名称	快捷键
新建文件	<Ctrl>+<N>	导入	<Ctrl>+<I>
打开	<Ctrl>+<O>	导出	<Ctrl>+<E>
保存	<Ctrl>+<S>	打印	<Ctrl>+<P>
另存为	<Ctrl>+<Shift>+<S>	退出	<Alt>+<F4>

【编辑】

名称	快捷键	名称	快捷键
撤销	<Ctrl>+<Z>	删除	<Delete>
重做	<Ctrl>+<Shift>+<Z>	符号管理器	<Ctrl>+<F3>
重复再制	<Ctrl>+<R>	再制	<Ctrl>+<D>
剪切	<Ctrl>+<X>	步长和重复	<Ctrl>+<Shift>+<D>
复制	<Ctrl>+<C>	全选	<Ctrl>+<A>
粘贴	<Ctrl>+<V>	属性	<Alt>+<Enter>

【视图】

名称	快捷键	名称	快捷键
全屏预览	\<F9\>	工作区上移	\<Alt\>+\<↑\>
视图管理器	\<Ctrl\>+\<F2\>	工作区下移	\<Alt\>+\<↓\>
贴齐网格	\<Ctrl\>+\<Y\>	工作区左移	\<Alt\>+\<←\>
贴齐对象	\<Alt\>+\<Z\>	工作区右移	\<Alt\>+\<→\>
动态导线	\<Alt\>+\<Shift\>+\<D\>		

【排列】

名称	快捷键	名称	快捷键
变换	\<Alt\>+\<F7\>	到图层前面	\<Shift\>+\<PageUp\>
左对齐	\<L\>	到图层后面	\<Shift\>+\<PageDown\>
右对齐	\<R\>	向前一层	\<Shift\>+\<PageUp\>
顶端对齐	\<T\>	向后一层	\<Shift\>+\<PageDown\>
低端对齐	\<B\>	群组	\<Ctrl\>+\<G\>
水平居中对齐	\<E\>	取消群组	\<Ctrl\>+\<U\>
垂直居中对齐	\<C\>	结合	\<Ctrl\>+\<L\>
在页面居中	\<P\>	拆分	\<Ctrl\>+\<K\>
对齐与分布	\<Alt\>+\<A\>+\<A\>+\<A\>	转换为曲线	\<Ctrl\>+\<Q\>
到页面前面	\<Ctrl\>+\<Home\>	将轮廓转换为对象	\<Ctrl\>+\<Shift\>+\<Q\>
到页面后面	\<Ctrl\>+\<End\>		

【效果】

名称	快捷键	名称	快捷键
亮度/对比度/强度	\<Ctrl\>+\<B\>	轮廓图泊坞窗	\<Ctrl\>+\<F9\>
颜色平衡	\<Ctrl\>+\<Shift\>+\<B\>	封套	\<Ctrl\>+\<F7\>
色度/饱和度/亮度	\<Ctrl\>+\<Shift\>+\<U\>	透镜	\<Alt\>+\<F3\>

【文本】

名称	快捷键	名称	快捷键
字符格式化	\<Ctrl\>+\<T\>	将文本对齐方式更改为两端对齐	\<Ctrl\>+\<J\>
编辑文本	\<Ctrl\>+\<Shift\>+\<T\>	将文本对齐方式更改为右对齐	\<Ctrl\>+\<R\>
插入符号字符	\<Ctrl\>+\<F11\>	显示/隐藏首字下沉	\<Ctrl\>+\<Shift\>+\<D\>

名称	快捷键	名称	快捷键
对齐基线	\<Alt\>+\<F12\>	设定文本选项	\<Ctrl\>+\<F10\>
转换	\<Ctrl\>+\<F8\>	向上选择一段文本	\<Ctrl\>+\<Shift\>+\<↑\>
显示/隐藏项目符号	\<Ctrl\>+\<M\>	向上选择一行文本	\<Shift\>+\<↑\>
给文本添加粗体	\<Ctrl\>+\<B\>	向上选择一段文本	\<Ctrl\>+\<Shift\>+\<↑\>
给文本添加斜体	\<Ctrl\>+\<I\>	向下选择一段文本	\<Ctrl\>+\<Shift\>+\<↓\>
给文本添加下划线	\<Ctrl\>+\<U\>	向下选择一行文本	\<Shift\>+\<↓\>
更改文本为水平方向	\<Ctrl\>+\<,\>	将光标移至行首	\<Ctrl\>+\<Home\>
更改文本为垂直方向	\<Ctrl\>+\<.\>	将光标移至行尾	\<Ctrl\>+\<End\>
更改大小写	\<Shift\>+\<F3\>	增大字间距	\<Ctrl\>+\<Shift\>+\<.\>
将文本对齐方式更改为居中对齐	\<Ctrl\>+\<E\>	减小字间距	\<Ctrl\>+\<Shift\>+\<,\>

【工具】

名称	快捷键	名称	快捷键
选项	\<Ctrl\>+\<J\>	Visual Basic 编辑器	\<Alt\>+\<F11\>
视图管理器	\<Ctrl\>+\<F2\>	记录临时宏	\<Ctrl\>+\<Shift\>+\<R\>
图形和文本样式	\<Ctrl\>+\<F5\>	运行临时宏	\<Ctrl\>+\<Shift\>+\<P\>